プログラマーのための

Visual Studio Code

JN068733

川崎庸市、平岡一成、阿佐志保 [共著]

マイナビ

本書のサポートサイト

　本書の補足情報、訂正情報などを掲載します。適宜ご参照ください。

https://book.mynavi.jp/supportsite/detail/9784839970925.html

- 本書は2020年3月段階での情報に基づいて執筆されています。
- 本書に登場する製品やソフトウェア、サービスのバージョン、画面、機能、URL、製品のスペックなどの情報は、すべて原稿執筆時点でのものです。執筆以降に変更されている可能性があります。
- 本書に記載された内容は、情報の提供のみを目的としております。したがって、本書を用いての運用は、すべてお客さま自身の責任と判断において行ってください。
- 本書の制作にあたっては正確な記述につとめましたが、著者、出版社のいずれも、本書の内容に関して何らかの保証をするものではなく、内容に関するいかなる運用結果についても一切の責任を負いません。あらかじめ、ご了承ください。
- 本書中の会社名や商品名は、該当する各社の商標または登録商標です。また、本書中では™および®マークは省略しています。

はじめに

　Visual Studio Code（以下、「VS Code」）は、オープンソースのコードエディターです。2015年4月のMicrosoftの開発者向けカンファレンス「Build 2015」にてプレビュー版が発表されてから急速に開発者の人気を獲得し、今日ではもっとも人気のあるエディターの1つとなっています。プレビュー版の発表当時、私は日本マイクロソフトに所属していましたが、その発表を受けて、何かとてもおもしろいものが出てきたという興奮と熱狂が、社内はもとより世界中の開発者の間にあったことを今でも覚えています。

　VS Codeがなぜこれほどまでに人気を獲得することができたのかについてはいろいろな意見があると思いますが、個人的にはエディターとしてのバランスのよさと柔軟なカスタマイズ性・拡張性にあると考えています。VS Codeを初めて使ったときに感じたのは、とにかく起動が速いという気持ちのよさと、テキストエディターとして開発統合環境として、文書やコードの編集、フォーマット、静的チェック、デバック、ソースコード管理システムとの連携といった開発ライフサイクルにおける必要最低限の機能が最初から揃っているという安心感でした。

　また、必要に応じて機能を簡単にカスタマイズでき、世界中の開発者が公開している豊富な拡張機能を手軽に取り込める仕組みとエコシステムがあることもVS Codeの大きな価値であると思っています。そして、足りないと思った機能は自分で拡張機能として開発してVS Codeに取り込んだり、それを簡単に世に公開できる仕組みがあることも開発者にとっては大きな魅力の1つといえるでしょう。

　VS Codeは、その歴史はまだ浅いものの、世界中のユーザーからのフィードバックを受け、クロスプラットフォーム対応、新しいプログラミング言語のサポート、クラウド連携、コンテナーベース開発、リモート開発など、時代の潮流を取り込みつつ、急速な勢いで進化を続けています。この素晴らしいツールは、確実に今後の皆さまのソフトウェア開発やドキュメント編集活動の生産性を向上させてくれることでしょう。本書がその一助になれば幸いです。

2020年4月　著者を代表して
川崎 庸市

本書の構成

　本書は、書名にもなっているようにプログラマー向けのトピックに重きを置いてますが、プログラマーに限らず、なるべく多くの人に活用いただきたいという思いから、幅広いトピックをカバーするように心がけました。

　大きく分けて、次の4つのパートから構成されています。

Part 1：VS Codeの基礎（VS Codeの基本機能と全体像）
Part 2：VS Codeによるソフトウェア開発（開発ライフサイクルの支援機能、リモート開発、チーム開発のための統合機能）
Part 3：VS Codeの拡張機能開発（拡張機能API、開発方法、テスト、公開方法）
Part 4：VS Codeによるドキュメント作成（仕様書や論文／書籍などのドキュメント作成のための基本的機能や関連拡張機能）

　それぞれのパートが独立した内容になっており、読者の目的にマッチしたところから選んで読み進められるようにしています。最初から読み進めても興味のあるトピックに絞って読んでもよいですし、あるいはリファレンスとしても利用できます。

　なお、本書で紹介しているサンプルコードなどは、GitHubで公開しています。必要に応じてクローンして活用してください。また、付録で取り上げた「お勧め拡張機能一覧」も画像付きで紹介しています。お勧め拡張機能があれば、ぜひプルリクエストしてください。

https://github.com/vscode-textbook

Contents

Part 2
統合開発環境としてのVisual Studio Code

Part 3
拡張機能の作成と公開

Part 1
Visual Studio Codeの基礎

「Visual Studio Code」は、すべての開発者があらゆるアプリを開発でき、Windows
だけではなく、macOSやLinuxなど、クロスプラットフォームで動作するオープンソ
ースのエディターです。このパートでは、Visual Studio Codeを使いこなすため、そ
の概要や魅力、インストール方法、画面構成、基本操作などを説明します。そして、具
体的に開発者にとってどんなメリットがあるのかを体感するため、複数の言語で開発さ
れたコンテナーによるマイクロサービス型のアプリケーションを開発する例に沿って、
Visual Studio Codeの全体像を俯瞰していきましょう。

Part1

01

02

03

Part2

04

05

Part3

06

07

08

09

10

11

12

13

Part4

14

pendix

Chapter **1**
VS Codeの概要と導入

近年、スマートフォンやIoTデバイスの普及、クラウドサービスの利用拡大など、開発者が求める開発環境も多様な変化を続けています。そういった背景のもと、プラットフォーム(OS)に依存せず、すべての開発者があらゆるアプリを開発できることを目標に、オープンソースで「Visual Studio Code」(以降、VS Code)が2015年に誕生しました。その後、約1年の一般公開ベータ期間を経て、2016年4月に正式版としてリリースされました。

VS Codeは、MicrosoftがGitHub上で開発をリードするオープンソースのソースコードエディターです。Windowsだけではなく、macOSやLinuxなど、クロスプラットフォームで動作します。また、「Visual Studio Marketplace」から拡張機能を組み込んで、カスタマイズして使えることも特徴の1つです。

1-1　Visual Studio Codeの概要

Microsoftは、VS Codeを表すのに「Code editing, redefined」(コードエディターの再定義)というスローガンを掲げています。また、VS CodeのチーフアーキテクトであるEric Gamma氏は、Microsoftのデベロッパー向けカンファレンス「Build 2015」のVS Codeのセッションで、「VS Codeは、統合開発環境(IDE)とテキストエディターの間の位置付けであり、コードエディターのシンプルさとコーディングやデバッグサイクルで開発者が必要とする機能を組み合わせた新しいツールの選択肢である」[1]と説明しています。

VS Codeは、2015年4月29日に「Build 2015」でプレビュー版が公開されると、急速にデベロッパーの人気を獲得し、今日ではもっとも人気のあるエディターの1つになっています。「Stack Overflow 2019 Developer Survey」[2]では、VS Codeはもっとも人気のある開発者環境ツールにランクされています。

このようにユーザーからの圧倒的な支持を得ているVS Codeの主な特徴として、次の3点が挙げられます。

※1 "Visual Studio Code a new choise of tool that combines the simplicity of a code editor with what developers need for their code-edit-debug cycle" Eric Gamma @ Build 2015
https://channel9.msdn.com/Events/Build/2015/3-680
※2 https://insights.stackoverflow.com/survey/2019

・クロスプラットフォームで動作するデスクトップアプリケーション
・シンプルで軽量かつ安定的な動作
・柔軟な拡張性

1-1-1　VS Codeの歴史

　VS Codeの特徴を語る際に避けては通れないのは、歴史的な経緯です。VS Codeは、スクラッチから開発されたものではありません。発表から遡ること4年前から、MicrosoftはHTML5ベースでWebブラウザー上で動くエディター&ツールフレームワークの開発を行っていました。この技術は、「Visual Studio Online」（コードネーム「Monaco」）、Azureサービス（Azure Web App、Azure DevOps）のオンラインエディター、Internet ExploerやMicrosoft Edgeの「F12開発者ツール」などに活用され、VS Codeのエディターとツールフレームワークのベースとなっています。

　このWebブラウザーベースのオンラインエディター開発は成熟に達し、一定の成功を収めました。しかし、日々新しく登場する技術やツールと連携したり、リッチなプログラミング言語機能や開発エクスペリエンスをサポートするためには、すべてをオンラインで提供するには限界があります。それを突破するには、パソコンで動作するデスクトップアプリケーション（ネイティブアプリケーション）にする必要がありました。そこで重視されたのが、前述のVS Codeの3つの特徴だったのです。

　VS Codeは、クロスプラットフォームで動くデスクトップアプリケーションの基盤として「Electron」[3]を採用しています。Electron（以前は「Atom Shell」と呼ばれていました）は、GitHubによって開発および保守されているオープンソースのフレームワークで、HTML、CSS、JavaScriptといったWeb技術を使って、Windows、macOS、Linuxなどの環境に対応したクロスプラットフォームで動作するデスクトップアプリケーションの開発を可能にします。

Part1
O1
O2
O3
Part2
O4
O5
Part3
O6
O7
O8
O9
1O
11
12
13
Part4
14
Append

※3　https://electronjs.org/
※4　https://electronjs.org/apps

　なお、Electronは、当初、GitHubのソースコードエディター「Atom」[4]のために開発されたフレームワークですが、その後、VS Code以外にも非常に多くのデスクトップアプリケーションに採用されています。[5]

　「シンプルで軽量かつ安定的な動作」は、「ユーザーエクスペリエンス重視」という設計思想の中心となるもので、そのためにアーキテクチャや技術面の工夫が凝らされています。たとえば、ツールのコア機能をメインプロセスで動かし、それ以外は別プロセスで動かすという「マルチプロセスアーキテクチャ」によってツールの基本機能を安定動作させるといったことが挙げられます。また、拡張機能を遅延ロードさせることで、機能追加によるスタートアップ速度の劣化を抑えるといった仕組みも採用されています。

　「シンプルさ」については、冒頭のEric Gamma氏の言葉にもあるように、VS Codeはエディターと統合開発環境（IDE）の間に位置付けられていますが、どちらかといえばエディター寄りです。したがって、IDEの機能を取り込んだ重厚なアプリケーションにするのではなく、重要なエッセンスは取り込みつつ、必要に応じて外部の優良なツールや仕組みと連携すること（たとえば、ファイルシステム、ターミナル、コード管理システムなど）を重視しています。

　また、VS Codeは、柔軟な機能追加・言語サポートの仕組みを提供しており、拡張APIを通じてほぼすべての機能をカスタマイズしたり拡張したりできます。言語サポートでは、プロトコル、言語サーバー、デバックアダプターなどの仕組みにより、VS Codeのコア実装の言語[6]に依存することなく、実装に最適なプログラミング言語で拡張実装を行えます。

　そして、VS Codeは毎月のリリースイテレーションを繰り返し、猛スピードで進化を続けています。Live ShareやリモートSSH接続などのリモート開発向けの機能、機械学習ベースのIntelliSense機能、コンテナーベースのマイクロサービス開発のための機能、クラウドサービスとの連携機能、データサイエンス向けの機能など、枚挙に暇がありませんが、新しい時代のニーズに合ったユーザーエクスペリエンスを実現できるようになっています。

[4]　https://atom.io/
[5]　https://electronjs.org/apps
[6]　VS Codeは、JavaScriptとTypeScriptで実装されています。

　このように、VS Codeは、エディターとしてのシンプル性とIDEとしてのエッセンスを備えつつ、優れた拡張能力で柔軟な進化を続け、開発者から圧倒的な支持を得ている、まさに新時代のコードエディターといえるでしょう。

1-1-2　VS Codeの機能

　VS Codeでは、シンタックスハイライトや対応括弧の強調／移動機能といった基本的なコードエディターの機能に加え、次のような機能が提供されています。

- ・IntelliSense
- ・デバッグ機能
- ・リンティングやパラメーターヒント
- ・インデントや要素でコード表示を折りたたむFolding
- ・コードのフォーマット
- ・変数やオブジェクトの参照および定義個所を画面遷移を必要とすることなく
  表示するピーク定義へのナビゲーション
- ・ソースコードのバージョン管理

　VS Codeは、ファイルまたはフォルダーをベースとして扱います。フォルダーは「ワークスペース」として抽象化され、ワークスペースに配置されるファイルの言語モードによって、それに最適化された機能を提供します。

　デフォルトでバージョン管理システムGitとの連携をサポートしており、VS Code上でcommitやpush、pullなどの作業を実行できます。また、拡張機能を使うことで、「Azure Repos」[7]「Mercurial」[8]「Apache Subversion」[9]などのバージョン管理システムを利用することも可能です。

　ターミナル機能も備えており、PowerShellやbashなどでさまざまなコマンドをシームレスに実行できます。

※7　https://azure.microsoft.com/ja-jp/services/devops/repos/
※8　https://www.mercurial-scm.org
※9　http://subversion.apache.org

Part1
O1
O2
O3
Part2
O4
O5
Part3
O6
O7
O8
O9
10
11
12
13
Part4
14
Appendix

Part1
01
02
03
Part2
04
05
Part3
06
07
08
09
10
11
12
3
art4
4
endix

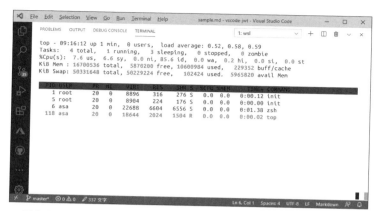

▲ **図1-1-1**　VS Codeのターミナル機能

　また、VS Codeの魅力には、クロスプラットフォーム対応していることに加え
て、「拡張機能」の豊富さも挙げられます。拡張機能が公開されている「Visual
Studio Code Marketplace」※10では、さまざまな拡張機能が公開されており、自
分に必要なものをインストールして自由にカスタマイズできます。

　開発者にとって有効な機能が標準で提供されていることも、VS Codeの大きな
特徴の1つでしょう。何百もの開発言語をサポートしており、構文の強調表示／
自動インデント／ボックス選択／スニペットなどで、コーディングの生産性を向
上できます。さらに、IntelliSense ／コード補完／ナビゲーション／リファクタ
リングといったプログラミングをサポートする機能も組み込まれています。

　対話型デバッガーも搭載されています。ソースコードをステップ実行したり、
変数を調べたり、コールスタックを表示したり、コンソールでのコマンド実行し
たりといったデバック作業が、すべてVS Code内で行えます。

　エディターを使う用途はさまざまでしょう。そのため、VS Codeの豊富な拡張
機能を好みに応じてインストールし、利用者のニーズに合わせてカスタマイズす
ることが醍醐味ともいえます。必要な拡張機能がなければ自分で作成することも
できます。これについては、Part 3で詳しく解説します。

　そして、VS Codeはオープンソースプロジェクトなので、GitHub上で開発コミ
ュニティに気軽に貢献できるということも魅力の1つとして挙げられるでしょう。

※10　https://marketplace.visualstudio.com/vscode

1-2　インストール

それでは、さっそくVS Codeを使ってみましょう。

VS Codeをインストールするには、公式サイト[11]にアクセスします。トップページを表示すると、アクセスしているPCのOSに合わせたインストーラーのダウンロードボタンが表示されます。

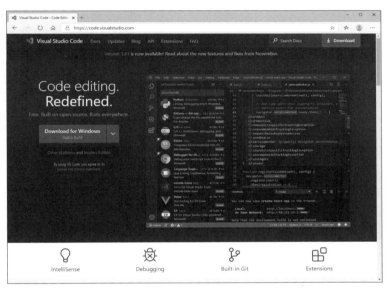

▲ 図1-2-1　VS Code公式サイト

VS CodeはStable版とInsiders版の2種類が提供されています。Stable版は、月に一度のペースでリリースされている安定バージョンです。ほとんどのプラットフォームで自動更新をサポートしており、新しいリリースが利用可能になったときにアップデートが求められます。なお、［ヘルプ］→［アップデートの確認］を実行すると、手動でアップデートの有無を確認できます。もちろん、自動更新は無効にもできます。Insiders版は、新機能やバグフィックスを先取りしたバージョンです。最新機能をいち早く使いたいのであれば、Insiders版をインストー

※11　https://code.visualstudio.com/

ルするとよいでしょう。正式リリース前に新機能を試してもらい、問題の報告や
フィードバックを受けることで、開発チームは機能や品質の改善に活かしてい
ます。

　なお、Insiders版とStable版は、同じPCにインストールして、別々のソフト
ウェアとして動作させることもできます。

> **Tips** 最新のアップデート情報
>
> VS Codeは、GitHubで活発に開発が進められています。毎月の最新のアップデー
> ト情報は、公式サイト (https://code.visualstudio.com/updates/) で確認できます。

1-2-1　インストール要件

　VS Codeのインストール要件は次の通りです。

ハードウェア

・1.6GHz以上のCPU

・1GBのRAM

プラットフォーム

　次のプラットフォームでテストされています。

・OS X Yosemite
・Windows 7 (.NET Framework 4.5.2を使用)、8.0、8.1、および10 (32bitお
　よび64bit)
・Linux (Debian)：Ubuntu Desktop 14.04、Debian 7
・Linux (Red Hat)：Red Hat Enterprise Linux 7、CentOS 7、Fedora 23

　インストール要件は常にアップデートされています。最新の情報は、公式サイ
トの動作環境のページ[12]を確認してください。

※12　https://code.visualstudio.com/docs/supporting/requirements

1-2-2　Windowsの場合

Windows版は、インストーラーをダウンロードして、ダブルクリックで実行します。インストーラーのオプションでPATHにVS Codeを追加しておくと、コマンドプロンプトやPowerShellで「code」と入力すると、VS Codeを起動できます。

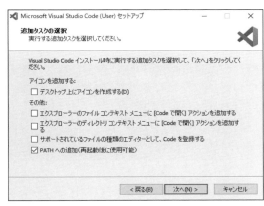

▲ **図1-2-2**　VS Codeのインストーラー（PATHへの追加）

1-2-3　Linuxの場合

Linuxの場合、ディストリビューションによって手順が異なります。

Debian／Ubuntuの場合

debパッケージをインストールすると、自動的にaptリポジトリと署名鍵がインストールされ、システムのパッケージマネージャーを使った自動更新ができます。次のスクリプトを使用して、リポジトリとキーを手動でインストールしましょう。

● **コマンド1-2-1**　debパッケージのインストール

```
curl https://packages.microsoft.com/keys/microsoft.asc | gpg --dearmor > m
icrosoft.gpg
sudo install -o root -g root -m 644 microsoft.gpg /etc/apt/trusted.gpg.d/
sudo sh -c 'echo "deb [arch=amd64] https://packages.microsoft.com/repos/vs
code stable main" > /etc/apt/sources.list.d/vscode.list'
```

Part1

01

02

03

Part2

04

05

Part3

06

07

08

09

10

11

12

13

Part4

14

Appendix

```
sudo apt-get install apt-transport-https
sudo apt-get update
sudo apt-get install code
```

RHEL / Fedora / CentOSの場合

yumリポジトリに64bitのStable版のVS Codeがあります。次のスクリプトで
キーとリポジトリをインストールします。

● コマンド1-2-2　RPMパッケージのインストール

```
sudo rpm --import https://packages.microsoft.com/keys/microsoft.asc
sudo sh -c 'echo -e "[code]\nname=Visual Studio Code\nbaseurl=https://pack
ages.microsoft.com/yumrepos/vscode\nenabled=1\ngpgcheck=1\ngpgkey=https://
packages.microsoft.com/keys/microsoft.asc" > /etc/yum.repos.d/vscode.repo'
dnf check-update
sudo dnf install code
```

その他のディストリビューションについては、公式サイトのセットアップのペ
ージ[13]を参照してください。

1-2-4　macOSの場合

macOS版はZIP形式のファイルになっているので、これを展開して、appファ
イルを「アプリケーション」フォルダーに移動させます。これでインストールは
完了です。

> **Column**　「コマンドパレット」とは
>
> 「コマンドパレット」は、キーボードでVS Codeを操作することができる便利な機
> 能です。VS Codeの起動後に Ctrl + Shift + P (macOS: ⌘ + Shift + P) を
> 押してコマンドパレットを表示してみましょう。キーボード操作のみで、さまざ
> ま機能を選択できます。

※13　https://code.visualstudio.com/docs/setup/linux

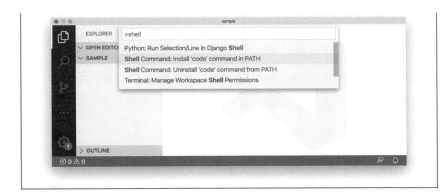

　ターミナルから起動するには、VS Codeの「コマンドパレット」を使用します。VS Codeの起動後に `⌘` + `Shift` + `P`キーを押して「コマンドパレット」を表示し、「shell」と入力すると、パレットに［Shell Command: Install 'code' command in PATH］が表示されるので、これを選択します。そうすると、PATH変数にVS Codeを起動するためのコマンド「code」が追加されるので、ターミナルで「code」と入力すればVS Codeを起動できるようになります。

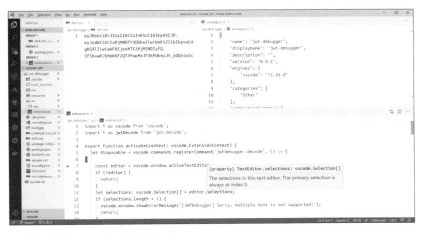

▲ 図1-2-3　masOS版VS Code

1-2-5　メニューの日本語化

　VS Codeをインストールした初期状態では、メニュー表示言語は英語になっています。日本語環境でインストールした場合は、インストール後に日本語化するための拡張機能のインストールを促すダイアログが表示されます。日本語以外の環境でVS Codeをインストールしたときは、ローカライズされたUIを提供する「Japanese Language Pack for VS Code」をインストールすると、メニューなどが日本語化されます。

　そのためには、VS Codeを起動し、左にある「拡張機能」のアイコンをクリックして拡張機能の画面を表示させます。「japanese」で検索すると、「Japanese Language Pack for VS Code」という拡張機能が表示されるはずです。そこで[Install]ボタンを押すと、拡張機能のダウンロードとインストールが行われます。その際、再起動を促すダイアログが表示されるので[YES]を選びます。

　インストールが完了したら、「Japanese Language Pack」を読み込むためにlocale.json内で「"locale": "ja"」を設定します。locale.jsonを編集するには[Ctrl]＋[Shift]＋[P](macOS:[⌘]＋[Shift]＋[P])を押してコマンドパレットを開き、configと入力し、利用できるコマンドの候補を表示して、その中のConfigure Languageコマンドを選択します。

▲図1-2-4　VS Codeの日本語化

これで、日本語のメニューが表示されました。

Japanese Language Pack for VS Codeの詳細は、公式サイトの説明ページ※14を参照してください。

1-3　画面構成

VS CodeのUIは5つの領域に分けられます。それぞれの領域ごとに説明していきましょう。

(A)アクティビティバー　　　　　　　　　　　(C)エディター

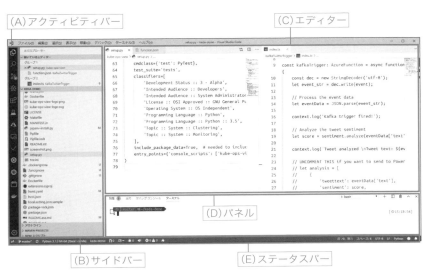

(B)サイドバー　　　　　(D)パネル　　　　(E)ステータスバー

▲ 図1-3-1　VS CodeのUI

1-3-1　アクティビティバー

VS Codeで使用される機能をアイコンで表示するエリアです。

※14 https://marketplace.visualstudio.com/items?itemName=MS-CEINTL.vscode-language-pack-ja

Part1
O1
O2
O3
Part2
O4
O5
Part3
O6
O7
O8
O9
1O
11
12
13
Part4
14
Appendix

▼表1-3-1 アクティビティバー

アイコン		説明
	エクスプローラー	開いているファイルを一覧表示
	検索	ファイルから指定したキーワードを含むファイルを検索/置換
	Git	Git連携機能
	デバッグ	プログラムのデバッグ
	拡張機能	拡張機能の検索

アクティビティーバーは、コマンドパレットから［表示: アクティビティ バーの表示の切り替え］（View: Toggle Acitivity Bar Visibility）コマンドを実行することで、表示/非表示を切り替えられます。

表示位置の左端と右端を切り替えるには、コマンドパレットから［表示: サイド バーの位置の切り替え］コマンドを実行します。

1-3-2 サイドバー

サイドバーには作業の状態を表す［エクスプローラー］ビューや［検索］ビューなどが表示されます。

エクスプローラービュー

エクスプローラービューでは、プロジェクト内のすべてのファイルとフォルダーを参照/管理できます。ドラッグ&ドロップでファイルやフォルダーの移動もできます。

複数のファイルを選択するときは Ctrl または Shift （macOS: ⌘）を押します。2つのアイテムを選択した場合は、コンテキストメニューの［選択したアイテムの比較］コマンドでファイルの比較ができます。

デフォルトの状態では「.git」などの編集する必要のないフォルダーが非表示になります。この表示/非表示のルールは、変更が可能です。

アウトラインビュー

アウトラインビューは、エクスプローラーの下にあるセクションで、現在アクティブなファイルのアウトラインが表示されます。

アウトラインビューには、シンボルを検索またはフィルタリングする入力ボックスも含まれています。エラーと警告もアウトラインビューに表示され、問題の場所をすばやく確認できます。表示する内容はファイルの拡張子によって異なります。たとえばMarkdownの場合は、ヘッダー階層のアウトラインを表示します。

1-3-3 エディター

ファイルを編集するためのメインエリアです。エディターで開いているファイルは、エディター領域の上部にタブで表示されます。また、エディターを論理的なグループにまとめたもののことを「エディターグループ」と呼びます。

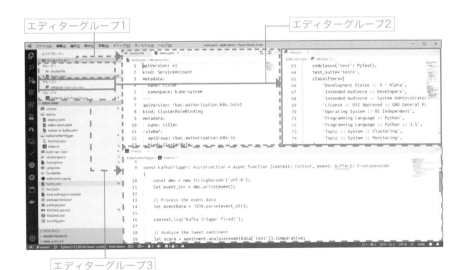

▲ 図1-3-2 エディターグループ

Part1

O1

O2

O3

Part2

O4

O5

Part3

O6

O7

O8

O9

10

11

12

13

Part4

14

ppendix

エディターの縦横配置

　VS Codeでは縦と横に並べてエディターを開くことができます。デフォルトで
は、新しいファイルを開くと、アクティブなエディターの右側に表示されます。
開く位置は、`workbench.editor.openSideBySideDirection`で設定できます。

　また、アクティブなエディターを2つに分割できます Ctrl + \ （macOS： ⌘
+ \）を押すか、エディターのタイトル領域をドラッグ＆ドロップして、エディ
ターの位置やサイズを自由に変更できます。作業しやすい位置に調整するとよい
でしょう。

　縦位置と横位置を切り替えるには、エクスプローラービューの［開いているエ
ディター］にある切り替えボタンをクリックします。なお、これらのファイルや
タブの移動は、ドラッグ＆ドロップができます。

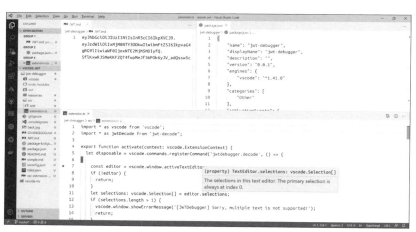

▲ **図1-3-3**　エディターを縦横に分割したところ

Minimap

　エディターの右端に表示される「Minimap」は、ファイル全体と現在どの位置
で編集しているかを表示するものです。たとえば、行の多い大きなファイルを編
集しているときに、現在の作業位置を確認したり、Minimapをクリックして任意
の場所に移動できるので、非常に便利です。

　Minimapは、非表示にすることもできます。

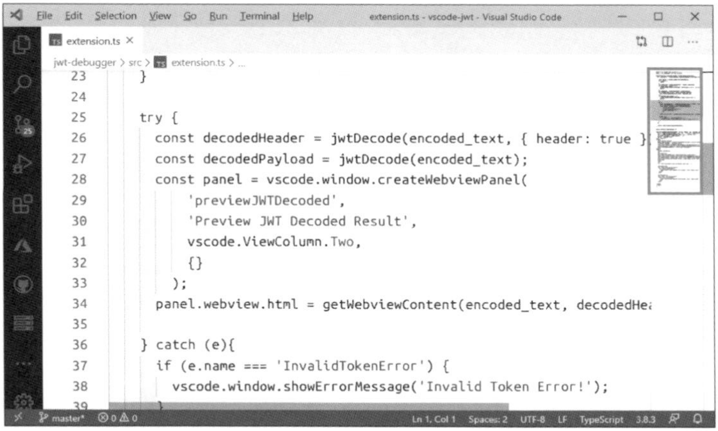

▲ 図1-3-4　Minimap

1-3-4　パネル

パネルには、出力・デバッグ情報・エラーと警告・統合ターミナルなど、さまざまな情報が表示されます。パネルを右に移動させて、垂直方向のスペースを増やすこともできます。パネル上部の境界線をドラッグすればサイズの変更が可能です。また、［上向きの矢印］をクリックすると、ウィンドウ内でパネルを最大化して表示します。［右に移動］ボタンを押すと、パネルをウィンドウの右側にドッキングできます。

1-3-5　ステータスバー

開いているプロジェクトと編集したファイルに関する情報を表示します。なお、VS Codeを起動すると、最後に終了したときと同じ状態で開くので、その時点で表示されていたフォルダー／レイアウト／ファイルが保持されています。

1-3-6　VS Codeとネットワーク通信

先に説明したように、VS CodeはElectronで構築されており、自動更新や拡張機能の参照、インストールやテレメトリなどで、外部とのネットワーク通信が

必須です。これらの機能が社内システムなどのプロキシ環境で正しく機能するための構成とテレメトリデータの取り扱いについて説明します。

ファイアウォール

VS Codeは、次のホストと通信します。ファイアウォールの内側でVS Codeを使用する場合は、これらのホストをホワイトリストに入れておきます。

- update.code.visualstudio.com
- code.visualstudio.com
- go.microsoft.com
- vscode.blob.core.windows.net
- marketplace.visualstudio.com
- *.gallery.vsassets.io
- *.gallerycdn.vsassets.io
- rink.hockeyapp.net
- vscode.search.windows.net
- raw.githubusercontent.com
- vsmarketplacebadge.apphb.com
- az764295.vo.msecnd.net

なお、執筆時点と異なる場合もあるので、最新の情報については、公式サイト[15]を確認してください。

プロキシサーバーのサポート

VS Codeでは、プロキシ設定が自動的に選択されます。なお、VS Codeを起動するときに次のコマンドライン引数を使用すると、プロキシ設定を制御できます。

●**リスト1-3-1**　プロキシサーバーの設定

```
# プロキシサーバーを利用しない
--no-proxy-server
```

---

[15]　https://code.visualstudio.com/docs/setup/network#_common-hostnames

```
# プロキシサーバーのアドレスを設定
--proxy-server=<scheme>=<uri>[:<port>][;...] | <uri>[:<port>] | "direct://"

# PACファイルによる設定
--proxy-pac-url=<pac-file-url>

# 使用しないプロキシの設定
--proxy-bypass-list=(<trailing_domain>|<ip-address>)[:<port>][;...]
```

テレメトリデータの収集

　VS Codeは製品の改善方法を知るために「テレメトリデータ」[※16]を収集しています。たとえば、これらの使用状況データは、起動時間が遅いなどの問題をデバッグしたり、新機能を優先したりするのに役立ちます。また、これらのデータの送信はユーザー設定で無効化できます。

● **リスト1-3-2**　テレメトリデータ収集の設定

```
"telemetry.enableTelemetry": false
"telemetry.enableCrashReporter": false
```

　このオプションを有効にするには、VS Codeの再起動が必要です。

Column GDPRとVS Code

VS Codeチームはプライバシーを真剣に考えています。たとえば、Visual Studio ファミリが、EU一般データ保護規則（GDPR）にどのようにアプローチするかについての詳細は「Visual Studioファミリデータ対象者へのGDPRの要求」（https://docs.microsoft.com/ja-jp/microsoft-365/compliance/gdpr-dsr-visual-studio-family）を参照してください。

※16　https://code.visualstudio.com/docs/getstarted/telemetry

Chapter 2
VS Codeの基本操作と環境設定

インストールが終わったら、さっそく使い始めましょう。この章では、VS Code
のエディターとしての基本的な使い方とカスタマイズ方法について説明します。

2-1　基本操作

　キーボードショートカットの活用はエディターを使いこなすための第一歩とい
えます。ここでは、まずVS Codeの起動方法やキーボードを使った基本操作に
ついて触れていきます。

2-1-1　VS Codeの起動・終了

　VS Codeは、インストール後に作成されるアイコンをダブルクリックするなど
して起動します。Chapter 1でも説明したように、パスが通っていれば、コマン
ドラインから起動することも可能です。これについては、後述します。

　VS Codeが起動すると、基本的な操作やドキュメントへのリンクがあるウエル
カムページが表示されます。

▲ 図2-1-1　ウエルカムページ

　なお、起動時のウエルカムページを非表示にするには、画面下部にある「起動時にウエルカムページを表示」のチェックを外します。

　VS Codeのウィンドウは、上部のメニューバーをドラッグして移動できます。それぞれのメニュー項目をクリックしたり、 Alt を押しながらメニューにあるキーを押すと、ドロップダウンリストが表示されるのは、一般的なアプリケーションと同じです。メニューバーの項目の主な機能は、表2-1-1の通りです。

▼ **表2-1-1**　VS Codeのメニューバー

メニュー項目	説明
ファイル(F)	ファイル作成や保存、設定など
編集(E)	コピー・切り取り・貼り付けや検索・置換など
選択(S)	行の選択やカーソルの移動など
表示(V)	エクスプローラーメニューの表示やコマンドパレットなど
移動(G)	行・列やブラケットの移動
デバッグ(D)	ブレークポイントの設定やデバッグの開始など
ターミナル(T)	ターミナルの表示やタスクの実行
ヘルプ(H)	ヘルプの表示

　VS Codeを終了するには、コマンドパレットから［Close Window］コマンドを選ぶか、 Ctrl + Shift + W または Ctrl + W （macOS: ⌘ + Shift + W または ⌘ + W ）を押します。

　最初にも触れたように、VS Codeはコマンドラインからも起動できます。コマンドから起動する場合、起動オプションを指定できます。

▼**表2-1-2**　VS Codeのコマンドライン起動オプション

オプション	コマンドライン	説明
-d	diff `<file1> <file2>`	file1とfile2の比較
-a	add `<dir>`	指定したフォルダーを追加
-g	goto `<file:line [:column]>`	fileのlineで指定した行、さらにcolumnで指定したカラムにカーソルを移動
-n	new window	新しいウィンドウで起動
-r	reuse window	すでに開いているVS Codeウィンドウで開く
-w	wait	コマンドプロンプト／シェルに制御を返さない
--locale `<locale>`		指定したlocaleを表示言語として起動
--user-data-dir `<dir>`		ユーザーデータを保存するフォルダーを指定
-v	version	VS Codeのバージョンの表示
-h	help	ヘルプの表示

　たとえば、-dオプションで2つの異なるファイルを指定してVS Codeを起動すると、差分表示が行われます。

●**コマンド2-1-1**　VS Codeで2つのファイルをコマンドラインから開く

```
code -d hoge.py fuga.py
```

　また、-gオプションでファイルの行とカラムを指定すると、指定した位置にカーソルが置かれた状態でVS Codeが起動します。ファイルの行とカラムは、<file[:line[:column]]>形式で指定します。lineとcolumnは省略可能で、lineを省略した場合は、それぞれ先頭行・行頭にカーソルが置かれます。ただし、カラムを指定したいときはlineを指定する必要があります。

　次のコマンドは、hoge.pyの8行5カラム目にカーソルを移動してVS Codeを起動する例です。

●**コマンド2-1-2** 8行5カラム目にカーソルを移動させてVS Codeでファイルを開く

```
code -g hoge.py:8:5
```

VS Codeの表示言語は-localeオプションで指定します。これは、locale.jsonファイルで設定することも可能です。ただし、あらかじめ対応する言語拡張機能がインストールされている必要があります。

Tips ▶ マルチワークスペースとは

VS Codeには「マルチルートワークスペース」という機能があります。これは、別々のフォルダーで管理されている複数のプロジェクトをひとまとめに扱いたいときに、VS Code内で1つの論理的なプロジェクトフォルダーとして扱うという機能です。-a ／ --addオプションを付けることで、VS Codeで直前にアクティブになっていたウィンドウに、指定したフォルダーを追加して、マルチルートワークスペースとして利用できます。

2-1-2 キーボードショートカットとキーマップ

VS Codeに限らず、エディターを操作するときには、可能な限りマウスを使わず、キーボードのみで操作できるほうが便利です。VS Codeは、ほとんどの操作について、キーボードで行えるショートカットが用意されています。まずは基本となるキーボードショートカットを確認しましょう。キーバインドは、メニューの［ファイル］（macOS:［Code］）→［基本設定］→［キーボード ショートカット］を選ぶか、Ctrl + K → Ctrl + S（macOS:⌘ + K → ⌘ + S）で確認や設定ができます。

初めてVS Codeを利用する場合は、公式サイトで公開されているリファレンスシートを手元に置き、よく利用するものから徐々に慣れていくとよいでしょう。もちろん、キーボードショートカットはすべて覚える必要はありません。

・Windows版キーボードショートカット

　https://code.visualstudio.com/shortcuts/keyboard-shortcuts-windows.
　pdf
・macOS版キーボードショートカット

　https://code.visualstudio.com/shortcuts/keyboard-shortcuts-macos.
　pdf
・Linux版キーボードショートカット

　https://code.visualstudio.com/shortcuts/keyboard-shortcuts-linux.pdf

　すでにVimやEmacsなどのほかのテキストエディターを使い慣れた人にとっては、新たにVS Codeのためのキーマップを覚えるのは大変かもしれません。しかし、VS CodeではVim ／ macs ／ Eclipse ／ IntelliJ IDEA ／ Sublime Text ／ Atomなどの主要なコードエディターやIDEに対応したキーマップが「拡張機能」[*1]として提供されています。メニューの［ファイル］（macOS：［Code］）→［基本設定］→［キーマップ］からキーマップをインストールできます。

　もちろん、キーボードショートカットを自分のスタイルに合うように変更することもできます。[*2]

2-1-3　画面の操作

　ほとんどの画面の操作も、ショートカットキーで可能です。

▼ 表2-1-3　画面操作のショートカットキー

操作	Windows ／ Linux	macOS
サイドバーの表示／非表示の切り替え	Ctrl + B	⌘ + B
サイドバーに［エクスプローラー］ビューを表示	Ctrl + Shift + E	Shift + ⌘ + E
サイドバーに［検索］ビューを表示	Ctrl + Shift + F	Shift + ⌘ + F
サイドバーに［ソース管理］ビューを表示	Ctrl + Shift + G	Ctrl + Shift + G
サイドバーに［デバッグ］ビューを表示	Ctrl + Shift + D	Shift + ⌘ + D
サイドバーに［拡張機能］ビューを表示	Ctrl + Shift + X	Shift + ⌘ + X

※1　https://code.visualstudio.com/docs/getstarted/keybindings#_keymap-extensions
※2　https://code.visualstudio.com/docs/getstarted/keybindings#_customizing-shortcuts

また、ターミナルやデバックコンソールなどのパネルを開くときは、`Ctrl` + `@`（macOS：`⌘` + `@`）を押します。

`F11` を押すと、VS Codeが全画面表示になります。さらにエディターの編集に集中したいときは、エディター以外のすべてのUIを非表示にする「**Zenモード**」が用意されています。Zenモードは、メニューの［表示］→［外観］→［Zen Mode］（`Ctrl` + `K` + `Z`）（macOS：`⌘` + `K` + `Z`）で切り替えできます。

▲ **図2-1-2**　Zenモード

画面全体の表示サイズ変更を変更するには、次のショートカットを使います。

▼ **表2-1-4**　画面全体のサイズを変更するショートカットキー

操作	Windows／Linux	macOS
サイズを大きくする	`Ctrl` + `+` または `Ctrl` + `Shift` + `;`	`⌘` + `+` または `⌘` + `Shift` + `;`
サイズを小さくする	`Ctrl` + `"` または `Ctrl` + `Shift` + `=`	`⌘` + `"` または `⌘` + `Shift` + `=`
サイズのリセット	`Ctrl` + `0`	`⌘` + `0`

2-1-4　ワークスペースとフォルダー

VS Codeでは「**ワークスペース**」でプロジェクトを管理します。このワークスペースは、ソフトウエアを開発するにあたって必要な定義ファイルやモジュールを1つにまとめて管理し、Gitなどのソースコード管理システムを使うための論理的な単位と考えてください。VS Codeでは、このワークススペースごとに設定を細かくカスタマイズできます。1つのワークスペースには複数のフォルダーを含めることができます。あるプロジェクトの内容を、ほかのプロジェクトで参照したい場合などは、このマルチルートワークスペースを使うと便利です。

▲ **図2-1-3**　マルチルートワークスペース

ワークスペースの操作は、コマンドパレットで「Workspace」と入力してメニューを選びます。たとえば、ワークスペースにフォルダーを追加するときは[Workspace：ワークスペースにフォルダーを追加]を選択してからフォルダーを指定して追加します。ワークスペースは .code-workspaceの拡張子で設定を保存できます。VS Codeの[ファイル]→[ワークスペースを開く]や .code-workspaceファイルをダブルクリックすれば、ワークスペースを開くことができます。

2-1-5 設定のカスタマイズ

VS Codeは、利用者にとって使いやすいエディターとなるように、柔軟に設定をカスタマイズできるのが大きな魅力です。プラットフォームに応じて、ユーザー設定ファイル（settings.json）は表2-1-5の場所にあります。

▼ **表2-1-5** 設定ファイルの保存場所

プラットフォーム	設定ファイルの保存場所
Windows	%APPDATA%\Code\User\settings.json
macOS	$HOME/Library/Application Support/Code/User/settings.json
Linux	$HOME/.config/Code/User/settings.json

settings.json以外のキーボード（keybindings.json）や言語設定（locale.json）も各プラットフォームごとのCode/User/配下に置かれます。設定を保存しておきたいときやほかのマシン環境で使いたいときなどに備えてバックアップをとっておきましょう。ただし、keybindings.jsonについては、Windows／macOS／Linuxでキー配列が異なるため、使用するキーによっては設定値が上書きされずにデフォルトのままになります。

また、VS Codeでは次のスコープで設定をカスタマイズできます。

・ユーザー設定
・ワークスペース設定
・フォルダー設定

ワークスペース設定はユーザー設定よりも優先されます。それぞれのスコープの設定ファイルの場所は表2-1-6のとおりです。

▼ **表2-1-6**　ワークスペース設定の保存場所

名称	パス	ファイル名
ユーザー設定	**Windows：** %APPDATA%\Code\User	settings.json
	macOS： $HOME/Library/Application Support/ Code/User	settings.json
	Linux： $HOME/.config/Code/User/	settings.json
ワークスペース設定	フォルダー内の .vscode	settings.json

　また、マルチルートワークスペースを使っている場合には、.code-workspace
ファイルに設定内容が保存されます。

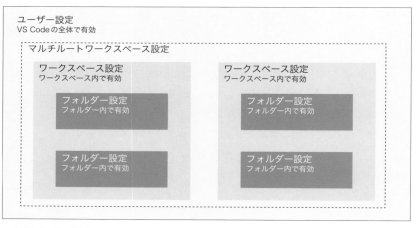

▲ **図2-1-4**　設定ファイル

　VS Codeのユーザー設定／ワークスペース設定を変更するには、［ファイル］
（macOS：［Code］）→［基本設定］→［設定］を選択するか、[Ctrl] + [,]（macOS：
[⌘] + [,]）を押すと、GUIの設定エディターが開きます。設定やウィンドウ、拡
張機能などのカテゴリごとに分類されているので、必要な項目を変更して保存し
ます。ショートカットキーは、メニュー上部の［ユーザー］→［ワークスペース］
をクリックすることで、設定したいファイルに切り替えることができます。

▲ **図2-1-5**　設定

> **Tips** デフォルトの設定を確認するには
>
> 設定ファイルでカスタマイズをしなくとも、あらかじめデフォルト値が設定がされ
> ています。詳細は、次に示したデフォルト設定を紹介しているページで値を確認し
> てみてください。
> https://code.visualstudio.com/docs/getstarted/settings#_default-settings

　設定エディターを使うと、チェックボックス／テキスト入力／ドロップダウン
リストで編集できます。

▲ **図2-1-6**　設定エディター

Part1
01
02
03
Part2
04
05
Part3
06
07
08
09
10
11
12
13
Part4
14
Appendix

　また、JSON形式のファイルを直接編集することも可能です。メニュー上部の
[設定（JSON）を開く]アイコンをクリックすると、JSONファイルが表示されま
す。ここでカスタマイズしたい項目と値を記述して上書きすることで設定が反映
されます。

▲図2-1-7　設定（JSON）を開く

▲図2-1-8　JSON設定

> **Tips** 複数の端末で設定ファイルを共有したいときは？
>
> オフィスでの開発用のマシン、自宅のマシン、モバイル用マシンなど、複数の環境
> で開発をしている場合、VS Codeの設定を同期させる拡張機能である「Settings
> Sync(Shan Khan)」（https://marketplace.visualstudio.com/items?itemName
> =Shan.code-settings-sync）を使うとよいでしょう。この拡張機能を使うと、
> GitHubのGistにVS Codeの設定ファイルをアップロードし、複数の環境間で同期

させることが可能になります。同期される設定ファイルは、次のとおりです。

・extensions.json（拡張機能）
・keybindings.json（キーカスタマイズ設定）
・settings.json（環境設定）

　なお、執筆時点（2020年4月）でリリースされているInsiders版では、デフォルトで設定ファイルを共有できる機能が追加されています。試してみるとよいでしょう。

https://code.visualstudio.com/docs/editor/settings-sync

2-1-6　見た目のカスタマイズ

　配色テーマを指定すると、自分の好みや作業環境に合わせてユーザーインターフェイスの色を変更できます。配色テーマを選択するには、［ファイル］（macOS：[Code]）→［基本設定］→［配色テーマ］を選択するか、Ctrl + K → Ctrl + T（macOS：⌘ + K → ⌘ + T）を押します。ここでテーマを選択すると、プレビューとして仮に全体に適用されるので、設定したい配色テーマを選んで Enter を押すと反映されます。

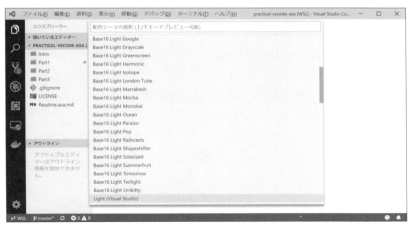

▲ 図2-1-9　配色テーマ

Part1
01
02
03
Part2
04
05
Part3
06
07
08
09
10
11
12
13
Part4
14
Appendix

　デフォルトでは、配色テーマはユーザー設定に保存され、すべてのワークスペースでグローバルに適用されます。ワークスペース固有のテーマをしたいときは、ワークスペース設定で配色テーマを設定します。

> **Tips** ワークスペースごとに色を変えて見分けやすくしよう
>
> 複数のプロジェクトで並行して作業していると、どのワークスペースなのかの見分けがつかなくなることがあります。そういったときには、ワークスペースごとにタイトルバーやアクティビティバーの色を変更すると便利です。アクティビティバーの色の変更は、次のように設定を行います。
>
> ```
> {
>     "workbench.colorCustomizations": {
>         "titleBar.activeBackground": "#FFFFFF",
>         "titleBar.activeForeground": "#000000",
>         "activityBar.background": "#FFFFFF",
>         "activityBar.foreground": "#000000"
>     }
> }
> ```

配色テーマのカスタマイズ

　配色テーマは、ユーザー設定の次の項目をカスタマイズすると変更できます。

・workbench.colorCustomizations
・editor.tokenColorCustomizations

　たとえば、テーマ「Monokai」のサイドバーの背景色をカスタマイズしたいときには、次の構文を使用します。

● **リスト2-1-1**　サイドバーの背景色を設定

```
"workbench.colorCustomizations": {
    "[Monokai]": {
        "sideBar.background": "#347890"
    }
}
```

カスタマイズ可能な色については、「公式リファレンス」※3を参照してください。

VS Codeにはあらかじめ配色テーマが組み込まれていますが、コミュニティ有志が作成した数多くの配色テーマが「VS Code Extension Marketplace」にアップロードされています。Marketplaceで好みのものが見つかったら、それをインストールしてVS Codeを再起動すると、新しいテーマが利用できます。

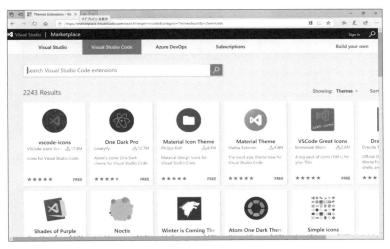

▲ **図2-1-10**　配色テーマのMarketplace

拡張機能ビューを選ぶか、Ctrl + Shift + X（macOS：⌘ + X）を入力し、検索ボックスに「theme」と入力すると一覧が表示されます。

また、見た目を確認しながら探せるサイト「VSCodeThemes」※4も便利です。好みの色やデザインのテーマが見つかったら、そのままインストールすることもできます。

※3　https://code.visualstudio.com/api/references/theme-color
※4　https://vscodethemes.com/

Part1
01
02
03
Part2
04
05
Part3
06
07
08
09
10
11
12
13
Part4
14
pendix

▲ 図2-1-11　VSCodeThemes

アイコンテーマ

ファイルアイコンのテーマも拡張機能によって提供されており、ユーザーが自分の好きなファイルアイコンのセットとして選択できます。ファイルアイコンは、ファイルエクスプローラーとタブ付きの見出しに表示されます。

ファイルのアイコンを変更するには［ファイル］（macOS：［Code］）→［基本設定］→［ファイルのアイコンテーマ］を選択し、任意のアイコンを選びます。

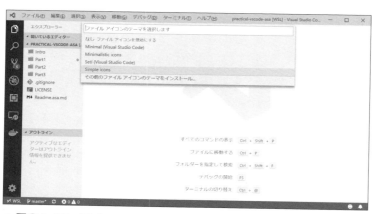

▲ 図2-1-12　アイコンテーマ

　配色テーマと同様に、Marketplaceから好みのテーマをインストールすること
もできます。また、独自のアイコンテーマも作成できます。

Tips▶ 配色テーマ／アイコンの拡張機能作成

VS Codeの大きな魅力は拡張機能を自分で作成できることです。本書でもPart 3で
拡張機能の開発に触れますが、全体感をつかむために、オリジナルの配色テーマを
作成することから始めてみるのがお勧めです。まずはユーザー設定で色をカスタマ
イズしてから、コマンドパレットの [developer:現在の設定からカラーテーマを生成]
を使用してテーマ定義ファイルを生成します。
VS Codeの「Yeoman 拡張ジェネレータ」を使用すると、拡張機能がそのまま作成
できます。詳細については、「配色テーマ作成の公式サイト」(https://code.
visualstudio.com/api/extension-guides/color-theme) や「アイコン作成の公式サ
イト」(https://code.visualstudio.com/api/extension-guides/icon-theme) を参
照してください。

2-2　ファイルの基本操作

　エディターの基本機能としてファイル／ディレクトリの操作があります。GUI
で行うときはファイルエクスプローラーが便利ですが、コマンドパレットやショ
ートカットキーを利用すると、キーボードだけで操作を行えます。

2-2-1　ファイルの操作

　VS CodeのファイルとフォルダーをGUIで操作したいときは「エクスプローラ
ーメニュー」を使います。

▲ **図2-2-1**　エクスプローラーメニュー

　新たにファイルを作成するには、ファイルアイコンをクリックします。また、フォルダーを作成するには、フォルダーアイコンをクリックします。これらの操作は、キーボードショートカットでも行えます。

▼ **表2-2-1**　ファイル操作のキーボードショートカット

操作	コマンドパレット	Windows／Linux	macOS
ファイルの オープン	**Win/Linux**：File:OpenFile	Ctrl + O	
	macOS：File:Open	Ctrl + O	⌘ + O
すべてのファイルの クローズ	View:CloseAllEditors	Ctrl + K → Ctrl + W	⌘ + K → ⌘ + W
フォルダーのオープン	**Win/Linux**： File:OpenFolder **macOS**：File:Open	Ctrl + K → Ctrl + O	⌘ + O
フォルダーのクローズ	File:CloseWorkspace	Ctrl + K → F	⌘ + K → F

2-2-2　文字／行の挿入と削除

　VS Codeの標準のキーバインドでは、カーソル位置にキーボードから入力された文字が挿入されます。文字の削除、行の挿入と削除は、表2-2-2のようなキーボードショートカットが有効です。

▼ **表2-2-2**　文字／行の挿入と削除のキーボードショートカット

操作	Windows ／ Linux	macOS
カーソルの右にある 1文字を削除	Delete	Ctrl + D ／ Fn + Delete
カーソルの左にある 1文字を削除	Back space	Delete ／ Ctrl + H
カーソルの右側を すべて削除	−	Ctrl + K ／ ⌘ + Fn + Delete
カーソルの左側を すべて削除	−	⌘ + Delete
カーソル行を削除	Ctrl + Shift + K	Shift + ⌘ + K
カーソル行の上に 行を挿入	Ctrl + Shift + Enter	Shift + ⌘ + Enter
カーソル位置に改行を挿入	−	Ctrl + O
カーソル行の下に 行を挿入	Ctrl + Enter	⌘ + Enter

2-2-3　マルチカーソル

　VS Codeには、カーソル位置にある単語と同じ単語をまとめて選択できる「**マルチカーソル機能**」があります。たとえば、ソースコードの任意の箇所や編集中のドキュメントの単語をまとめて操作したいときなどに使いこなすと非常に便利な機能です。

▼ **表2-2-3**　マルチカーソル機能のキーボードショートカット

操作	Windows ／ Linux	macOS
カーソル位置にある単語と同じ単語を一括 して選択	Ctrl + Shift + L	⌘ + Shift + L
カーソル位置にある単語と同じ単語を1つ ずつ選択範囲に追加	Ctrl + D	⌘ + D

　マルチカーソル機能を実行すると複数のカーソルが薄く表示され、各カーソルは独立して別々に動作します。

```
Kubernetes| is an open-source system for automating deployment,
    Kubernetes| is an open-source system for automating deploym
        Kubernetes| is an open-source system for automating dep
            Kubernetes| is an open-source system for automating
```

```
Kubernetes is an open-source system for automating deployment,
    Kubernetes is an open-source system for automating deploym
        Kubernetes is an open-source system for automating dep
            Kubernetes is an open-source system for automating
```

```
Kubernetes is an open-source system for automating deployment,
    Kubernetes is an open-source system for automating deploym
        Kubernetes is an open-source system for automating dep
            Kubernetes is an open-source system for automating
```

▲ **図2-2-2**　マルチカーソル

　マルチカーソルを使用するためのショートカットキーは、editor.multiCurso rModifierで変更できます。

　また、現在のカーソルの選択範囲を縮小または拡大したいときは、Shift ＋ Alt ＋ ← または Shift ＋ Alt ＋ → （macOS：⌘ ＋Ctrl ＋ Shift ＋ ← または ⌘ ＋Ctrl ＋ Shift ＋ →）で変更可能です。

2-2-4　ファイルの保存と自動保存

　VS Codeでは、一般的なアプリケーションと同様に、Ctrl ＋ S （macOS：⌘ ＋S）でファイルの保存を行います。また、［ファイル］→［自動保存］にチェックを入れると自動保存が有効になります。自動保存を制御するには、ユーザー設定またはワークスペース設定で次の設定を行います。

▼ **表2-2-4**　自動保存の制御

設定項目	説明
files.autoSave	off：自動保存の無効化 afterDelay：設定時間が経過するたびにファイルを保存（デフォルト：1000ms） onFocusChange：エディターからフォーカスが外れたタイミングでファイルを保存 onWindowChange：VSCodeのウィンドウからフォーカスが外れたタイミングでファイルを保存
files.autoSaveDelay	ミリ秒：自動保存の遅延時間を設定

　また、VS Codeは「**hotExit機能**」がデフォルトで有効です。これは、VS Code終了時に未保存のファイルをそのまま記憶する機能です。この機能を管理するには、ユーザー設定またはワークスペース設定でfiles.hotExitに次のように設定します。

▼ **表2-2-5**　hotExit機能の制御

設定項目	説明
off	hotExitを無効化
onExit	hotExitを有効化
onExitAndWindowClose	アプリケーションが閉じられたとき、つまりWindows ／ Linux上で最後のウィンドウが閉じられたとき、またはworkbench.action.quitコマンドが起動されたとき、およびフォルダーのあるウィンドウに対してもhotExitを行う

2-2-5　検索・置換

　VS Codeの［検索］メニューを選ぶか Ctrl + Shift + F （macOS： ⌘ + Shift + F）を押すと、プロジェクトに含まれるファイルから、特定の語句を含んだファイルをまとめて検索できます。

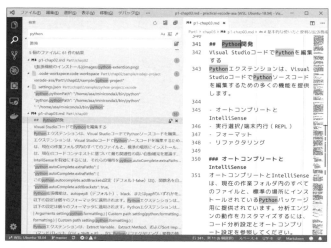

▲ 図2-2-3　検索

　検索結果は検索語を含むファイルにまとめられ、各ファイルのヒット数とその場所が示されます。検索したファイルを展開すると、そのファイルでヒットしたキーワードが表示されます。また、検索で大文字と小文字を区別したいときには[Aa]を、単語単位で検索したいときには[Abl]を押して切り替えます。検索には「正規表現」[※5]が使えます。検索ボックスに、検索に含めるパターンまたは検索から除外するパターンを入力できます。しかし、デフォルトでは後方参照とルックアラウンドアサーションはサポートされていません。これらを有効にしたいときは、正規表現エンジンとして「PCRE2ライブラリ」[※6]を使うように、ユーザー設定でsearch.usePCRE2を「true」にします。ただし、サポートされている正規表現のライブラリは、JavaScriptで利用できるもののみに限られます。

　置換テキストボックスにテキストを入力すると、保留中の変更の差分表示が表示されます。これにより、すべてのファイルを置換したり、1つのファイルをすべて置換したり、1つの変更を置換できます。

※5　https://docs.microsoft.com/ja-jp/visualstudio/ide/using-regular-expressions-in-visual-studio?view=vs-2019
※6　https://ja.osdn.net/projects/sfnet_pcre/

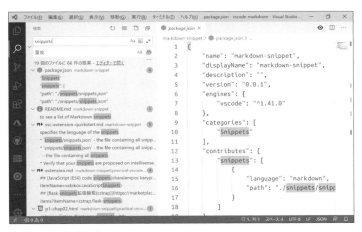

▲ 図2-2-4 置換

高度な検索オプションの使用

　右側の検索ボックスの下にある「…」（検索の詳細の切り替え）を選ぶか、Ctrl + Shift + J（macOS：⌘ + Shift + J）を入力すると、高度な検索オプションを設定できます。

▲ 図2-2-5 高度な検索

　これを利用すると、.gitignoreファイルを無視したりfiles.excludeやsearch.excludeで設定と一致したファイルを除外するかどうかを制御できます。開発時にソースコードのみを検索対象にしたい場合などは設定しておくと便利です。

2-2-6　ソースコードのフォーマッター

　VS Codeには、デフォルトでJavaScript ／ TypeScript ／ JSON ／ HTMLのフォーマッター（コード整形ツール）が搭載されています。

▼**表2-2-6**　hotExit機能の制御

機能	ショートカットキー	説明
ドキュメントの フォーマット	`Shift` + `Alt` + `F` (macOS: `Shift` + `Option` + `F`)	アクティブファイル全体を整形
選択の フォーマット	`Ctrl` + `K` → `Ctrl` + `F` (macOS: `⌘` + `K` → `⌘` + `F`)	選択したテキストを整形

　また、コードの入力／保存／ペースト時に自動でフォーマッターを実行したいときは、ユーザー設定またはワークスペース設定で次のような設定をします。

●**リスト2-2-1**　フォーマッターの自動実行を設定

```
editor.formatOnType  // 入力後に行をフォーマット
editor.formatOnSave  // 保存時にフォーマット
editor.formatOnPaste // ペースト時にフォーマット
```

　また、Marketplaceには「Formatters」カテゴリがあり、さまざまな言語に対応した機能拡張を入手できます。任意のフォーマッターを拡張機能として使用すると、デフォルトのフォーマッターを無効にできます。

2-2-7　ソースコードの折りたたみ

　行番号と行頭の間の溝にある▽ ▷アイコンを使用して、ソースコードの領域を折りたたむことができます。

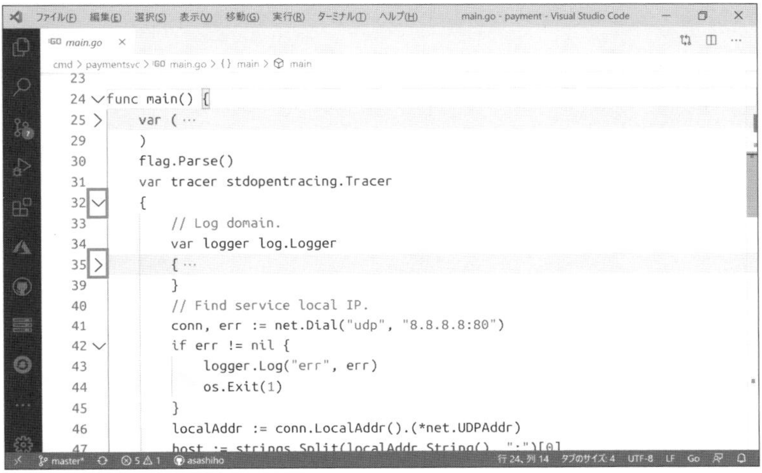

▲ 図2-2-6　ソースコードの折りたたみ

▼ 表2-2-7　ソースコードの折りたたみ

説明	Windows ／ Linux	macOS
カーソル位置の一番内側の折りたたまれていない領域を折りたたむ	Ctrl + Shift + [	⌘ + Shift + [
カーソル位置の折りたたまれた領域が展開	Ctrl + Shift +]	⌘ + Shift +]
カーソルの位置にあるもっとも内側の領域とその中のすべての領域を再帰的に折りたたむ	Ctrl + K → Ctrl + [	⌘ + K → ⌘ + [
カーソル位置の領域とその中のすべての領域を再帰的に展開	Ctrl + K → Ctrl +]	⌘ + K → ⌘ +]
すべての領域を折りたたむ	Ctrl + K → Ctrl + 0	⌘ + K → ⌘ + 0
すべての領域を展開	Ctrl + K → Ctrl + J	⌘ + K → ⌘ + J
現在のカーソル位置の領域を除く、レベルの領域を折りたたむ	レベル2を折りたたむ場合: Ctrl + K → Ctrl + 2	レベル2を折りたたむ場合: ⌘ + K → ⌘ + 2
ブロックコメントすべての領域を折りたたむ	Ctrl + K → Ctrl + /	⌘ + K → ⌘ + /

　折りたたむ範囲は、エディターの設定言語のシンタックスに基づきます。また、字下げベースの折りたたみに戻したい場合は、ユーザー設定またはワークスペース設定で次の設定を行います。

●**リスト2-2-2**　字下げベースの折りたたみの設定

```
"[html]": {
  "editor.foldingStrategy": "indentation"
},
```

2-2-8　インデント

　VS Codeは、テキストのインデントでスペースを使用するかタブを使用するか
を制御できます。デフォルトでは、スペースでタブごとに4つのスペースを使用
します。この値を変更したい場合は、ユーザー設定またはワークスペース設定で
次の設定を行います。

●**リスト2-2-3**　インデント設定

```
"editor.insertSpaces": true,
"editor.tabSize": 4,
```

　VS Codeは、開いているファイルのインベント設定を自動判別し、検出された
設定はステータスバーの右側に表示します。ステータスバーのインデント表示
（[スペース：4]［タブのサイズ：4］などのように表示されている部分）をクリッ
クすると、インデントコマンド付きのドロップダウンリストが表示され、開いて
いるファイルのデフォルト設定を変更したり、タブ位置とスペースを変換したり
できます。

▲ 図2-2-7　インデント

　手動でインデントを設定したいときは、範囲を選択して Tab を押すと、まとめて挿入できます。また、ショートカットキーでは、Ctrl + Alt + ↑ または ↓ (macOS: ⌘ + Option + ↑ または ↓) で複数行を選択して、Ctrl + ［ (macOS: ⌘ + ］) でインデントを挿入できます。

> **Tips** インデントを見やすくする便利な拡張機能
>
> 「indent-rainbow」(https://marketplace.visualstudio.com/items?itemName=oderwat.indent-rainbow) という拡張機能を使うと、インデントにカラフルな色が付きます。インデントが意味を持つPythonのコードやYAML形式のファイルを編集するときは、ぜひ使いたい拡張機能です。

2-2-9　エンコーディングと言語モードの設定

　ユーザー設定またはワークスペース設定の設定を使用して、ファイルエンコーディングを設定できます。

● **リスト2-2-4**　ファイルエンコーディング設定

```
files.encoding
```

　ファイルを開くと、ステータスバーに「ファイルエンコーディング」が表示されます。ここをクリックすると、アクティブファイルを別のエンコーディングで開いたり保存したりすることが可能です。

▲ 図2-2-8　ファイルエンコード

　ファイルの言語モードを変更するには、ステータスバーの言語モードボタン（[C][PHP][JavaScript] などのように表示されている部分）をクリックすると、任意の言語に設定できます。

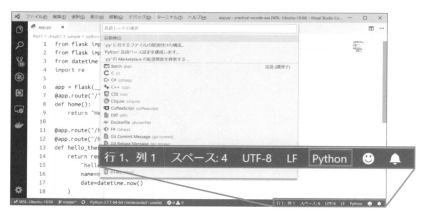

▲ 図2-2-9　言語モードの変更

> **Tips** コードを見やすくする工夫

エディターでテキストを開いたときにビューポートの幅で折り返すようにするには、ユーザー設定またはワークスペース設定で、`editor.wordWrap`を`on`に設定します。

```
"editor.wordWrap": "on"
```

ショートカットの Alt + Z （macOS： Option + Z ）でワードラップを切り替えることもできます。そのほかに、ルーラーも追加できます。`editor.rulers`を設定することで、エディターに目印となる縦のラインが表示されます。

2-3　VS Codeの拡張機能

　標準搭載されている機能に加えて、必要に応じて拡張機能を導入できるのがVS Codeの大きな特徴です。さまざまな拡張機能がVisual Studio Code公式サイトのMarketplace[7]で公開されており、Microsoftだけでなく、さまざまな企業や個人が開発した拡張機能を自由に利用できます。執筆時点（2020年3月）では、16,000を超える拡張機能が公開されています。

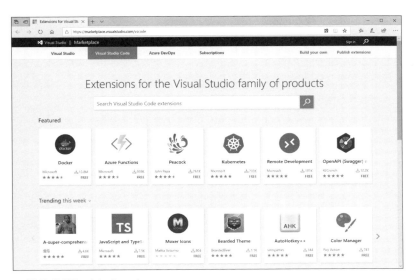

▲ 図2-2-10　Marketplace

※7　https://marketplace.visualstudio.com/vscode

　拡張機能は個人でも開発が可能で、本書のPart 3では、実際に拡張機能を開発する手順を説明しています。

　ここでは、VS Codeの拡張機能の基本操作について説明します。まずは、VS Codeの拡張機能を検索したり、インストールしたり、管理したりする方法について説明していきましょう。

2-3-1　拡張機能の確認

　VS Codeのアクティビティバーの［拡張機能］アイコンをクリックするか、Ctrl + Shift + X （macOS: ⌘ + Shift + X）を押すと、拡張機能の詳細を確認できます。デフォルトでは、［拡張機能］ビューには、現在有効になっている拡張機能、推奨されているすべての拡張機能、および無効にしているすべての拡張機能が縮小表示れます。

　また、メニューには次のような項目があります。

・古くなった拡張機能の表示
・有効な拡張機能の表示
・無効な拡張機能の表示
・ビルトイン拡張機能の表示
・おすすめの拡張機能の表示
・人気の拡張機能の表示
・インストール済みの拡張機能の表示

▲ **図2-2-11**　機能拡張メニュー

メニュー内の拡張機能は、インストール数または評価で昇順／降順で並べ替え
が可能です。また、検索する際にフィルタリングも可能です。検索フィールドに
「@」を入力すると、設定可能なフィルタリングオプションが表示されます。

▼ **表2-2-8**　拡張機能の絞り込み

フィルタリング	説明
@builtin	標準で組み込まれている拡張機能。タイプ別(プログラミング言語やテーマなど)に分類
@disabled	無効なインストール済みの拡張機能
@installed	インストール済みの拡張機能
@outdated	古いインストール済みの拡張機能。新しいバージョンがMarketplaceで提供されている
@enabled	有効なインストール済みの拡張機能。拡張機能は個別に有効／無効にできる
@recommended	推奨の拡張機能。ワークスペース固有または一般的な用途として分類
@category	指定したカテゴリに属する機能拡張。カテゴリはリストのオプションを入力 例：@category:themes @category:formatters @category:linters @category:snippets

フィルターは組み合わせることができます。たとえば、インストールされているすべてのテーマを表示したいときは「@installed @category:themes」のようにしてフィルターを列記して検索します。

2-3-2　拡張機能のインストール

拡張機能は、導入したいものを表示させ、上部にある［インストール］ボタンを押すだけです。完了すると、［再読み込み］ボタンが表示されるので、これを押すと、VS Codeが再起動して新しい拡張機能が有効になります。

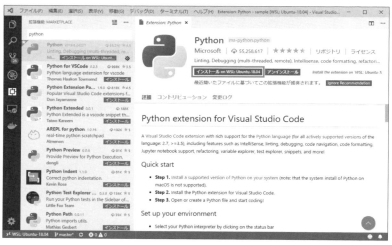

▲ **図2-2-12　拡張機能のインストール**

拡張機能の詳細ページでは、拡張機能のReadmeを読むことができます。拡張機能によって内容や体裁は変わりますが、設定／コマンド／キーボードショートカット／文法／デバッガーなどの使い方や、Changelog、拡張機能の依存関係などが確認できます。

また、いくつかの関連する拡張機能をまとめて「**エクステンションパック**」として提供されている場合もあります。エクステンションパックは、インストール時に、どの拡張機能がインストールされるかの依存関係が表示されます。

VSIXファイルからのインストール

外部ネットワークなどへの接続の制限があり、Marketplaceに直接アクセスできない場合は、ファイルから拡張機能をインストールすることもできます。

拡張機能をダウンロードするには、Marketplace内の特定の拡張機能の詳細ページに移動します。そのページでは、ページの右側にある「リソース」セクションに「拡張機能ダウンロード」のリンクがあります。ダウンロードが完了したら、[拡張機能表示] コマンドドロップダウンの [VSIXからインストール] コマンドを使用して拡張機能をインストールします。

拡張機能は、VSIXファイルにパッケージして、ローカルから手動でインストールす [VSIXからインストール] を選び、拡張子が .vsixのファイルを指定します。

また、次のようにしてターミナルからコマンドを実行してインストールすることもできます。

● コマンド2-2-1　コマンドを使った機能拡張のインストール

```
code -install-extension myextension.vsix
```

拡張機能の保存フォルダー

拡張機能は、ユーザーごとの拡張機能フォルダーにインストールされます。OSに応じて、次のフォルダーにインストールされます。

▼ 表2-2-9　OS別、拡張機能の保存先

OS	拡張機能のフォルダー
Windows	%USERPROFILE%\.vscode\extensions
macOS	$HOME/.vscode/extensions
Linux	$HOME/.vscode/extensions

また、コマンドラインから起動する場合は、起動時にextensions-dirオプションを付けることで拡張機能のフォルダーを変更できます。次のコマンドは、拡張機能のインストール先のフォルダーとしてpath-to-extentionsを指定してVS Codeを起動する例です。

● **コマンド2-2-2**　拡張機能の読み込み元フォルダーを変更して起動

```
code -extensions-dir /path-to-extentions/
```

2-3-3　拡張機能の有効化／無効化

　インストールされている拡張機能は、歯車アイコン（⚙）をクリックして、一時的に無効化できます。拡張機能をグローバルに無効化することも、現在のワークスペースだけを無効化することもできます。拡張機能を無効にするためには、VS Codeをリロードしてください。

　インストールされたすべての拡張機能をまとめて無効化したい場合は、拡張機能ビューの「その他の操作」の「...」ドロップダウンメニューから［**インストール済みのすべての拡張機能を無効にする**］を選択します。

▲ **図2-2-13**　拡張機能の無効化

2-3-4　拡張機能のアンインストール

　拡張機能をアンインストールするには、歯車アイコン（⚙）をクリックして、ドロップダウンメニューから［アンインストール］を選択します。

2-3-5　拡張機能の更新

　VS Codeは拡張機能の更新を自動的に確認してインストールします。もちろん、自動更新を無効化することもできます。無効化するには、setting.jsonに次のように追加します。

● **リスト2-3-1**　自動更新無効化の設定

```
extensions.autoUpdate: false
```

　拡張機能の自動更新を無効にしている場合は、検索フィルター @outdatedを使って［期限切れの拡張機能を表示］を行います。これにより、現在インストールされている拡張機能に対して利用可能なアップデートが表示されます。期限切れの拡張機能の［更新］ボタンを押すと、更新プログラムがインストールさます。［すべての拡張機能を更新］を使用して、まとめて一度に更新することもできます。

Tips 拡張機能のリコメンド機能を使おう

検索フィルター @recommendedを指定すると、「お勧め拡張機能の表示」が表示されます。その際、ワークスペースのほかのユーザーが利用しているものや最近開いたファイルに基づいたリコメンドが行われるので、便利な機能を見つけたら気軽に試してみるとよいでしょう。

Chapter 3
VS Codeを使ったマイクロサービスの開発

ここまででVS Codeの基本的な操作や拡張機能のインストールなどを見てきまし
たが、VS Codeを使うと開発者にとってどんなメリットがあるのでしょうか。こ
の章では、複数の言語で開発されたコンテナーによるマイクロサービス型のアプリ
ケーションを開発する例に沿って、開発の際におけるVS Codeの便利で有用な使
い方を説明していきます。

3-1　本章の狙い

　今日のクラウドネイティブアプリケーションの多くは、1つのシステムを開発
するのにJavaScriptやGo、Javaなど、プロジェクトごとに異なる開発言語が利
用されることが少なくありません。開発言語が異なれば、当然、利用するライブ
ラリやランタイム、環境なども別々のものが必要です。個別の設定なども必要に
なるでしょう。さらに、開発したアプリケーションは、オンプレミスだけではなく、
Amazon Web Services（AWS）、Microsoft Azure、Google Cloud Platform（GCP）
などのパブリッククラウド上で実行できるように、コンテナーによってパッケー
ジ化して可搬性を高めておく手法も増えてきています。

　そこで、サンプルコードの実装例を使って、開発時におけるVS Codeの便利
な使い方を見ていきましょう。なお、本書では開発言語ごとの開発環境構築の手
順（ランタイムやライブラリのインストール）や文法など、プログラミングその
ものについては説明しないので、別途、公式サイトや関連書籍などで確認してく
ださい。

3-1-1　アプリケーションアーキテクチャ

　サンプルとして取り上げるコードは、Weaveworksが公開している「Sock
Shop」[※1]を利用します。これは、靴下を販売するオンラインサイトで、ECサイ
トの構築に必要な機能がひととおり実装されているサンプルです。

※1　https://microservices-demo.github.io/

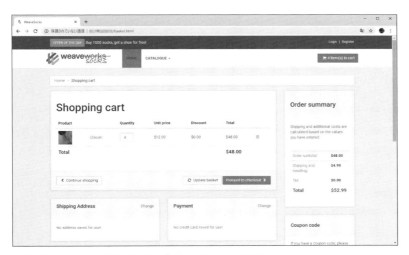

▲ 図3-1-1　サンプルサイト「SockShop」の画面

　このサンプルは、Node.jsやGo、Javaなど複数の言語で開発されたマイクロサービス型のアプリケーションです。ユーザーからの注文処理を受け付けるフロントエンド機能に加え、決済機能・ショッピングカート機能、商品カタログ機能や配送機能などがお互いに通信しながら動作します。また、このサンプルには、コンテナーで動かすための設定ファイルも含まれています。

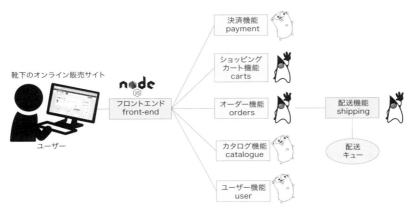

▲ 図3-1-2　サンプル「SockShop」の構成

　本書では、次の機能のソースコードや設定ファイルを例にして、VS Codeを使った開発の流れや、利用したい便利な拡張機能を説明していきます。

▼表3-1-1　機能とソースコード

機能	名前	開発言語	フレームワーク	ソースコード
フロントエンド	front-end	Node.js	Express	microservices-demo/front-end
決済機能	payment	Go	OpenTracing	microservices-demo/payment
ショッピングカート機能	carts	Java	Spring Framework	microservices-demo/carts

　VS Codeでは、「**ワークスペース**」を使うと、ソフトウエアを開発する際に必要となる定義ファイルやモジュールを1つにまとめて管理できます。ワークスペースは、Gitなどのソースコード管理システムで変更管理を行う論理的な単位で作成するのがよいでしょう。たとえば、今回のサンプルでは決済機能やフロントエンド機能ごとに作成すると、設定をカスタマイズできます。なお、1つのワークスペースには複数のフォルダーを含めることもできます。

ユーザー設定
settings.json

```
{
  "editor.fontSize": 20,
  "workbench.colorTheme": "Visual Studio Dark",

}
```

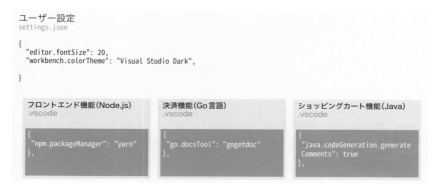

フロントエンド機能(Node.js)
.vscode

```
{
  "npm.packageManager": "yarn"
},
```

決済機能(Go言語)
.vscode

```
{
  "go.docsTool": "gogetdoc"
},
```

ショッピングカート機能(Java)
.vscode

```
{
  "java.codeGeneration.generateComments": true
},
```

▲図3-1-3　設定情報の構成

Column サンプルサイトの詳細

「SockShop」のサンプルには、次のような機能が含まれています。本書では詳しく取り上げませんが、興味のある方は、GitHubのソースコードを参照してください。

機能とソースコード

機能	名前	開発言語	フレームワーク	ソースコード
ユーザー機能	user	Go	OpenTracing	`microservices-demo/user`
カタログ機能	catalogue	Go	OpenTracing	`microservices-demo/catalogue`
注文機能	orders	Java	Spring Framework	`microservices-demo/orders`
配送機能	shipping	Java	Spring Framework	`microservices-demo/shipping`
配送キュー	queue-master	Java	Spring Framework	`microservices-demo/queue-master`

利用している技術

名前	機能	技術
edge-router	リバースプロキシ	Traefik
catalogue-db	カタログデータベース	MySQL
carts-db	カートデータベース	MongoDB
orders-db	注文データベース	MongoDB
rabbitmq	キュー	RabbitMQ
user-db	ユーザーデータベース	MongoDB
user-sim	負荷テスト実行	Locust

3-2　Node.jsによるフロントエンド開発

　JavaScriptは、フロントエンド機能だけではなく、サーバーサイドアプリケーションやクライアントアプリケーション、機械学習に至るまで、幅広い分野で使われている人気の言語です。ここでは、サンプルサイト「SockShop」のフロントエンド機能のソースコードを例にして、JavaScript開発に便利なVS Codeの使

い方を説明していきます。

　まずは、VS Codeでターミナルを起動し、次のコマンドを実行してソースコードをクローンします。

●コマンド3-2-1　コードのクローン

```
git clone https://github.com/vscode-textbook/front-end
code front-end
```

　VS Codeのエクスプローラーで、クローンしたサンプルコードの`public/index.html`を開いてみましょう。

▲ 図3-2-1　VS Codeのエクスプローラーでindex.htmlを表示

　VS Codeは、デフォルトでHTMLコーディングの基本的なサポートを提供しています。たとえば、構文の強調表示、IntelliSense、カスタマイズ可能な書式設定などの機能が利用できます。

3-2-1　HTMLのIntelliSense

　それでは具体的に見ていきましょう。VS Codeでは、HTMLを記述すると、デフォルトでIntelliSenseが有効になり、適切なサジェストがされます。たとえば、HTML要素のクロージャ（</div>）や、推奨される要素のコンテキスト固有のリストが表示されます。ここで Ctrl + Space （macOS: ⌘ + Space ）を入力すると、サジェストをトリガーできます。

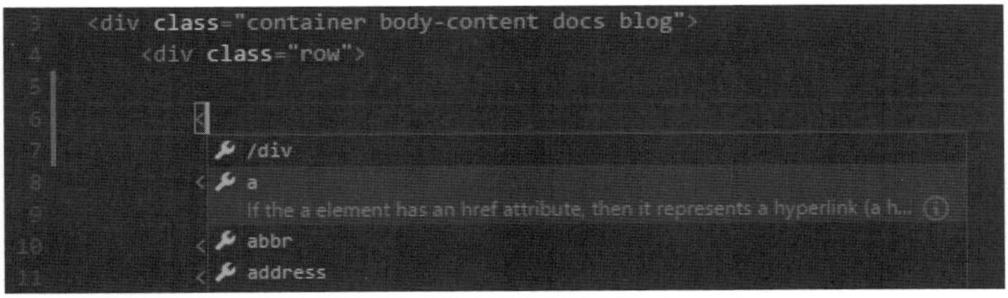

▲ **図3-2-2**　HTMLのIntelliSense

　また、HTML5、Ionic、AngularJSのタグも補完されます。次のように、ユーザーまたはワークスペースの設定で、どの組み込みコード補完をアクティブにするかを制御できます。

●**リスト3-2-1**　サジェストの設定

```
// Angular V1のプロパティをサジェストするかどうか
"html.suggest.angular1": true,

// Ionicのプロパティをサジェストするかどうか
"html.suggest.ionic": true,

// HTML5のプロパティをサジェストするかどうか
"html.suggest.html5": true
```

　また、HTML内の埋め込みCSSおよびJavaScriptを使用することもできます。ただし、ほかのファイルからのスクリプトおよびスタイルインクルードには従わず、言語サポートはHTMLファイルのコンテンツのみを参照します。

●**リスト3-2-2**　埋め込みCSS／JavaScriptの設定

```
// 埋め込みCSSを検証するかどうか
"html.validate.styles": true

// 埋め込みJavaScriptを検証するかどうか
"html.validate.scripts": true,
```

　HTMLの要素は、開始タグが入力されると自動的に終了タグが入力されます。この機能は、ユーザー設定またはワークスペース設定で無効にできます。

●**リスト3-2-3**　HTMLの終了タグの補完設定

```
"html.autoClosingTags": false
```

▲**図3-2-3**　HTMLの終了タグの補完設定

Tips パンくずリストを表示するには

VS Codeを使用しているときには、今どこの位置にいるかをわかりやすく表示する「パンくずリスト」が便利です。それには、ユーザー設定またはワークスペース設定に、次のように指定します。

```
"breadcrumbs.enabled": true
```

　IntelliSenseの詳細については、「4-3　IntelliSense」を参照してください。

3-2-2　カラーピッカー

　フロントエンド開発では、色の確認のためカラーピッカーが欠かせません。VS CodeではHTMLスタイルセクションでカラーピッカーが利用できます。

　サンプルコードのpublic/css/style.blue.cssを開いてみましょう。background にマウスカーソルをフォーカスすると、カラーピッカーが開きます。

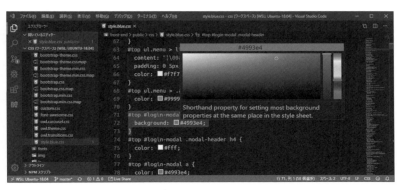

▲**図3-2-4**　HTMLのカラーピッカー

　このカラーピッカーでは、エディターから取得した色の色相、彩度、不透明度の構成を確認できます。また、カラーピッカーの上部にある色の文字列をクリックして、異なるカラーモード間でトリガーする機能もあります。

3-2-3　折りたたみアイコン

　行番号と行開始の間にある折りたたみアイコン（☐）を使用すると、ソースコードの領域を折りたたむことができます。また、折りたたみ範囲を同時に定義したいときは、次のマーカーを使用します。

●**リスト3-2-4**　折りたたみ範囲を定義するマーカー

```
<!-- #region -->
<!-- endregion -->
```

　インデントベースの折りたたみに切り替えたいときは、ユーザ設定またはワークスペース設定で次のような設定を行います。

●リスト3-2-5　インデントベースの折りたたみに切り替え

```
"[html]": {
    "editor.foldingStrategy": "indentation"
},
```

3-2-4　Emmetスニペット

　Emmetは、HTMLやCSSを省略記法で簡潔に記述するためのツールです。VS Codeは、HTML、HAML、Jade、Slim、JSX、XML、XSL、CSS、SCSS、Sass、LESS、StylusなどのEmmetスニペットをサポートしています。たとえば、HTMLでクラス付きのリストを記述すると次のようになりますが、これを毎回記述するのは大変です。

●リスト3-2-6　クラス付きのリストの例

```
<ul>
    <li class="item1"></li>
    <li class="item2"></li>
    <li class="item3"></li>
    <li class="item4"></li>
    <li class="item5"></li>
</ul>
```

　これを「Emmetによる表記」[2]で記述すると、次のように簡略化できます。

●リスト3-2-7　Emmetによるクラス付きのリスト

```
ul>li.item$*5
```

　ユーザ設定またはワークスペース設定で emmet.triggerExpansionOnTab を true に設定しておくと、Tab キーを押したときにEmmetを使用できます。
　なお、タスクランナーを使用してSass／LESSをCSSに変換することもできま

※2　https://docs.emmet.io/cheat-sheet/

す。詳細については、VS Codeの公式サイトにある「Transpiling Sass and Less into CSS」※3を参照してください。

3-2-5 JavaScriptのIntelliSense

VS Codeでは、HTMLと同様に、デフォルトでJavaScriptの開発支援機能が利用できます。VS Codeの「**JavaScript IntelliSense**」※4は、コード補完やパラメーター情報、Referencesの検索などの言語機能を提供しています。`JSDoc`をどのように使用するかは、`jsconfig.json`を設定することでカスタマイズできます。

また、オブジェクト、メソッド、プロパティに加えて、JavaScript IntelliSenseウィンドウにはファイル内のシンボルの単語補完機能があります。型推論で必要な情報が得られない場合は、JSDocアノテーションで明示的に指定できます。「Automatic Typing Acquisition」（自動入力補足）は、`Node.js`のパッケージマネージャーである`npm`でインストールしたパッケージの型定義ファイルを自動的にインストールしてIntelliSenseを有効にする機能のことです。Automatic Type Acquisitionを使うには、`npm`をあらかじめインストールしておきます。

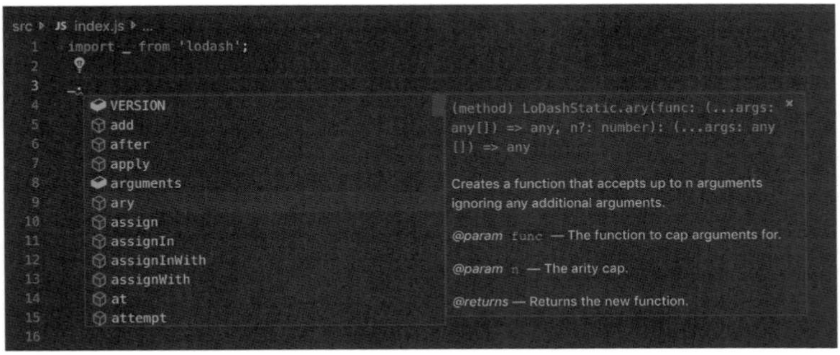

▲図3-2-5 IntelliSense

IntelliSenseの詳細については、「4-3 IntelliSense」を参照してください。

※3 https://code.visualstudio.com/docs/languages/css#_transpiling-sass-and-less-into-css
※4 https://github.com/Microsoft/TypeScript/wiki/JavaScript-Language-Service-in-Visual-Studio

Part1 01 02 03 Part2 04 05 Part3 06 07 08 09 10 11 12 13 Part4 14 Appendix

3-2-6　JavaScriptの設定を行う

　jsconfig.jsonは、VS CodeのJavaScriptサポートの設定を行うためのファイルです。プロジェクトのルートフォルダー内にjsconfig.jsonファイルが存在する場合、VS Codeはそのフォルダーがプロジェクトのルートであるとみなします。

　ここで、サンプルのfront-endアプリ用にjsconfig.jsonを新たに作成してみましょう。

● リスト3-2-8　jsconfig.json

```
{
    "compilerOptions": {
        "target": "ES6"
    },
    "include": [
        "api/**/*"
    ]
}
```

　JavaScriptのコンパイルオプションを指定するときはcompilerOptions属性を使います。この例では「ES6」を指定しています。include属性は、プロジェクト内のソースコードのファイルを明示的に設定するものです。include属性が存在しない場合は、デフォルトですべてのフォルダーとサブフォルダー内のファイルがソースコードとみなされます。逆に、exclude属性を使って、明示的にソースコードではないフォルダーを指定することもできます。

　JavaScriptのプロジェクトでは、単一のsrcフォルダーをinclude属性に指定し、そこに対してのみIntelliSenseを有効にするのがよいでしょう。そうしないと、node_modulesに対してもIntelliSenseが有効になり、パフォーマンスが低下する場合があります。また、プロジェクトが大きくなりすぎていることがVS Codeによって検出された場合は、exclude属性の値を編集するように求められることがあります。

●リスト3-2-9　exclude属性の設定

```
{
    "compilerOptions": {
        "target": "ES6"
    },
    "exclude": [
        "node_modules",
        "node_modules/*"
    ]
}
```

その他、`jsconfig.json`で指定できるオプションは次の通りです。

▼表3-2-1　jsconfig.jsonで指定できるオプション

オプション	説明
noLib	デフォルトのライブラリファイル(lib.d.ts)を含めない
target	使用するデフォルトライブラリ(lib.d.ts)を指定指定可能な値: es3、es5、es6、es2015、es2016、es2017、es2018、esnext
checkJs	JavaScriptファイルの型チェックを有効化
experimentalDecorators	ESDecoratorsのサポート
allowSyntheticDefaultImports	デフォルトのエクスポートなしでモジュールからのデフォルトのインポートを許可
baseUrl	モジュール名を解決するためのベースディレクトリ
paths	baseUrlオプションを基準にして計算されるパスマッピングを指定

サンプル「SockShop」のfront-endサーバーを動かすには、次のようにコマンドを実行します。

●コマンド3-2-2　front-endのサーバーを起動

```
$ npm install
microservices-demo-front-end@0.0.1 /home/xxx/front-end
├── async@1.5.2
├── body-parser@1.19.0
├─┬ chai@3.5.0
│ ├── assertion-error@1.1.0
│ ├─┬ deep-eql@0.1.3
```

```
|    |    └──── type-detect@0.1.1
|    └──── type-detect@1.0.0
...

$ node server.js
Using local session manager
App now running in development mode on port 8079
```

Webブラウザーで「`http://localhost:8079/`」にアクセスすると、サンプルアプリが起動しているのがわかります。ただし、この時点では、フロントエンドの機能のみが動作している状態です。カタログ機能や決済機能などのバックエンドの呼び出し先のサービスはまだ起動していないので、商品情報などは何も表示されません。

> **Tips** TypeScriptプロジェクトとJavaScriptプロジェクトの混在
>
> VS Codeでは、TypeScriptプロジェクトとJavaScriptプロジェクトを混在させることができます。TypeScriptへの移行を開始するには、`jsconfig.json`のファイル名を`tsconfig.json`に変更し、`compilerOptions`の`allowJs`プロパティを`true`に設定します。詳細については、VS Code公式サイトの「jsconfig.json」(https://code.visualstudio.com/docs/languages/jsconfig)を参照してください。

3-2-7　JavaScript型のチェック

プログラマーにとって便利な機能として、型チェックがあります。一般的なプログラミングの誤りの指摘、足りないインポートやプロパティの追加など、なくてはならない機能です。VS Codeでは、いくつかの異なる方法で型チェックを設定できます。

ファイルごとに設定

ファイルごとに型チェックを有効にするときは、ファイルの先頭に「`// @ts-check`」を追加します。たとえば、サンプルのフロントエンドアプリの`api/cart/index.js`を開き、次のように記述します。

▲ **図3-2-6**　ファイルで型チェックを有効

　試しに、次のようなコードを記述してみましょう。

● **リスト3-2-10**　型チェックのサンプル（JavaScript）

```
// @ts-check
let itsAsEasyAs = 'abc'
itsAsEasyAs = 123
```

　こうすることで、型チェックが働き、`itsAsEasyAs`変数が`String`ではない旨の
エラーが［問題］タブに表示されます。

ユーザ設定またはワークスペース設定

　個別のソースコードのファイルだけではなく、すべてのJavaScriptファイルの
型チェックを有効にしたいときは、ユーザー設定またはワークスペース設定に次
のように記述します。

● **リスト3-2-11**　JavaScriptファイルの型チェックを有効化

```
"javascript.implicitProjectConfig.checkJs": true
```

　この設定で、jsconfig.jsonまたはtsconfig.jsonプロジェクトのJavaScript
ファイルの型チェックが有効になります。ファイルの先頭に「// @ts-nocheck」

を付けて、特定のファイルをチェックをしないようにすることも可能です。

たとえば、サンプルの api\catalogue\index.js の先頭に「// @ts-nocheck」を記述しておくと、このファイルのみは型チェックが行われなくなります。

●リスト3-2-12　型チェックをしないように設定する

```
// @ts-nocheck
(function (){
  'use strict';
  var express   = require("express")
  ...
  app.get("/catalogue/images*", function (req, res, next) {
    var url = endpoints.catalogueUrl + req.url.toString();
    request.get(url)
        .on('error', function(e) { next(e); })
        .pipe(res);
  });
```

また、「// @ts-ignore」を付けて、JavaScriptファイル内のエラーを部分的に無効にすることもできます。

●リスト3-2-13　JavaScriptファイル内のエラーを部分的に無効化

```
(function (){
  'use strict';
  var express   = require("express")

  // @ts-ignore
  app.get("/catalogue/images*", function (req, res, next) {
    var url = endpoints.catalogueUrl + req.url.toString();
    request.get(url)
        .on('error', function(e) { next(e); })
        .pipe(res);
  });
```

jsconfig.jsonで型チェックを有効（無効）にすることもできます。その場合、次のようにcheckJsオプションをtrue（false）で指定します。こうすると、プロジェクト内のすべてのJavaScriptファイルの型チェックが有効になります。先ほ

ど作成したjsconfig.jsonに設定を追加し、動作を見てみましょう。

●**リスト3-2-14**　jsconfig.jsonの例

```
{
    "compilerOptions": {
        "checkJs": true
    }
}
```

　なお、JavaScriptの型チェックにはTypeScript 2.3が必要です。ワークスペースでアクティブになっているTypeScriptのバージョンがわからない場合は、コマンドパレットから［TypeScript：Select TypeScript Version］を実行して確認しましょう。

　VS Codeの組み込みJavaScript拡張機能は、無効にすることもできます。拡張機能ビューでTypeScriptとJavaScriptの言語機能拡張を選択し、無効化ボタンを押します。ただし、VS Codeの組み込み拡張機能は、アンインストールはできません。無効化したものは、いつでも有効化できます。

Column フロントエンド開発に便利な拡張機能

VS Codeにデフォルトで組み込まれているJavaScriptの開発支援機能は、デバッグ、IntelliSense、コードナビゲーションなどのコア機能のみです。拡張機能ビューの検索バーに「JavaScript」と入力すると、Marketplaceで提供されている拡張機能を見つけることができます。検索でタグを利用するときは「tag：javascript」となります。なお、本書のAppendixでは、お勧めの拡張機能を紹介しているほか、本書のGitHub（https://github.com/vscode-textbook/favorite-extensions）にも掲載しています。みなさまのお勧め拡張機能があれば、プルリクエストをいただけると、著者陣が喜びます。

3-3　Goによる決済機能API開発

　VS Codeのフロントエンド向けの開発支援機能は、デフォルトのままでも十分に利用できますが、Goの開発では拡張機能をうまく利用するとよいでしょう。

　Goは、2009年にオープンソースのプロジェクトとして発表されて以来、人気

を伸ばしてきました。マルチプラットフォームであり、Windows ／ macOS ／ Linux ／ Android ／ iOSなどに対応しています。コンパイル言語であるため実行速度が速く、DockerやKubernetesなどのコンテナープラットフォームの開発でも採用されています。

　まずは、VS Codeでターミナルを起動し、次のコマンドを実行してサンプルサイトのソースコードをクローンします。

●**コマンド3-3-1**　コードのクローン

```
git clone https://github.com/vscode-textbook/payment
code payment
```

　次に、VS Codeのエクスプローラーでクローンしたサンプルコードの cmd/ paymentsvc/main.go ファイルを開きます。

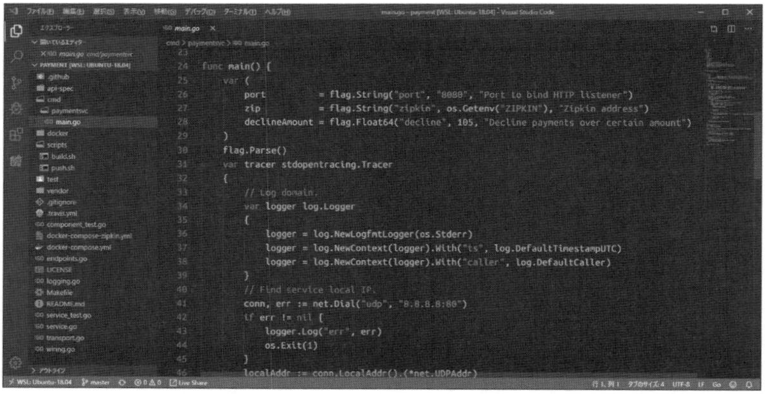

▲ **図3-3-1**　VS Codeのエクスプローラーでmain.goを表示

　VS CodeのGo拡張機能[5]を使用すると、IntelliSense、コードナビゲーション、スニペットなどの言語機能を利用できます。

※5　https://marketplace.visualstudio.com/items?itemName=ms-vscode.Go

3-3-1　GoのIntelliSense

　Goのコードを入力すると、IntelliSenseによって推奨される補完候補が表示されます。すでにインポートされたパッケージだけではなく、インポートされていないパッケージのメンバーに対しても動作します。ユーザー設定またはワークスペース設定で go.autocompleteUnimportedPackages を true に設定することで、自動補完が有効になります。補完を手動でトリガーしたいときは、[Ctrl] + [Space]（macOS：[⌘] + [Space]）を押します。

　また、変数／関数／構造体にカーソルを合わせると、その項目に関する情報が表示されます。

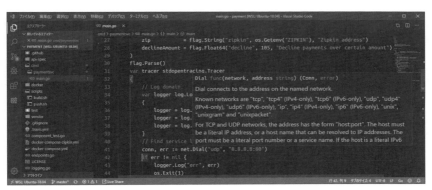

▲ **図3-3-2**　変数／関数／構造体の情報表示

　この情報の表示は、gogetdoc またはドキュメント閲覧ツール godoc、定義元へのジャンプのための godef を使用しています。

　IntelliSenseの詳細については、「4-3　IntelliSense」を参照してください。

3-3-2　フォーマッター

　Goのソースコードのフォーマットを揃えたいときは、[Shift] + [Alt] + [F]（macOS：[Shift] + [Option] + [Space]）またはコマンドパレット [Ctrl] + [Shift] + [P]（macOS：[⌘] + [Shift] + [P]）から［ドキュメントの書式設定］コマンドを実行します。また、デフォルトでは、ソースコードを保存するタイミングでフォーマ

ッターが自動実行されます。これを無効にするには、ユーザー設定またはワークスペース設定で`editor.formatOnSave`を`false`にします。

●**リスト3-3-1**　フォーマット自動実行の無効化

```
"[go]": {
        "editor.formatOnSave": false,
        "editor.formatOnPaste": false,
        "editor.formatOnType": false
  },
```

　デフォルトのフォーマッターは`goreturns`ですが、ユーザー設定またはワークスペース設定の`go.formatTool`で、`gofmt`／`goimports`／`goformat`のいずれかに変更できます。

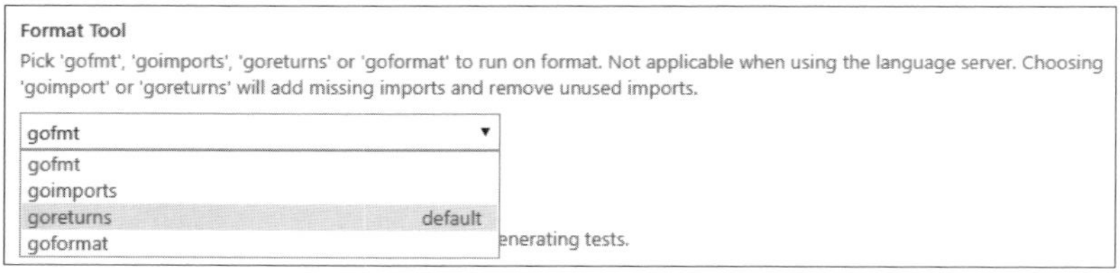

Format Tool
Pick 'gofmt', 'goimports', 'goreturns' or 'goformat' to run on format. Not applicable when using the language server. Choosing 'goimport' or 'goreturns' will add missing imports and remove unused imports.

gofmt	▼
gofmt	
goimports	
goreturns	default
goformat	

▲**図3-3-3**　フォーマッターの変更

●**リスト3-3-2**　フォーマッターを設定

```
"go.formatTool": "goreturns",
"go.formatFlags": [
  "-w"
],
```

3-3-3　テスト・デバッグ

　コマンドパレットに［Go：test］と入力すると、テスト関連のコマンドが表示されます。現在のファイル／関数／パッケージの単体テストスケルトンを作成したり、テストを実行したりできます。これは、内部で`gotests`を使っています。

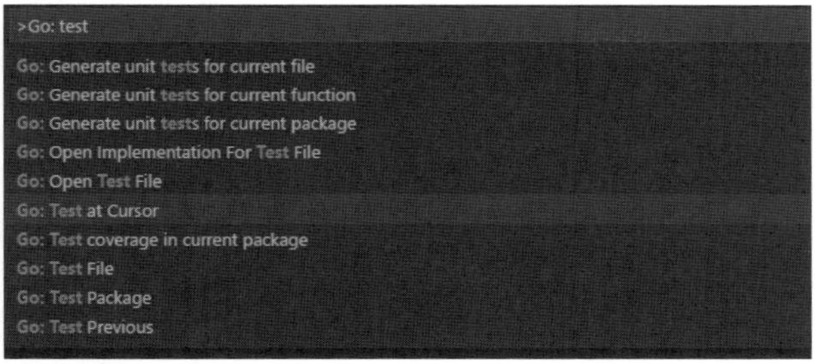

▲ **図3-3-4**　テストコマンド

また、テストカバレッジを取得するためのコマンドもあります。

なお、Goのコードをデバッグするときは、あらかじめDelveデバッガーを手動でインストールしておく必要があります。セットアップ手順やリモートデバッグに関する情報、トラブルシューティングガイドについては、VS CodeのGitHubにある「Debugging Go code using VS Code」[6]を参照してください。

3-3-4　Go拡張機能の詳細

VS CodeのGo拡張機能には、開発に便利な機能やコマンドが用意されています。また、それらの機能は、ユーザー設定またはワークスペース設定で任意に変更することもできます。

▼ **表3-3-1**　Go拡張機能のコマンド[7]

コマンド	説明
Go: Add Import	Goコンテキストのパッケージのリストからインポートを追加
Go: Current GOPATH	現在設定されているGOPATHを表示
Go: Test at cursor	アクティブなドキュメントのカーソル位置でテストを実行
Go: Test Package	アクティブなドキュメントを含むパッケージ内のすべてのテストを実行
Go: Test File	現在のアクティブドキュメントですべてのテストを実行

※6　https://github.com/Microsoft/vscode-go/wiki/Debugging-Go-code-using-VS-Code
※7　https://github.com/Microsoft/vscode-go/wiki/All-Settings-&-Commands-in-Visual-Studio-Code-Go-extension

Go: Test All Packages in Workspace	現在のワークスペースですべてのテストを実行
Go: Generate Unit Tests For Package	現在のパッケージの単体テストを生成
Go: Generate Unit Tests For File	現在のファイルの単体テストを生成
Go: Generate Unit Tests For Function	現在のファイルで選択した関数の単体テストを生成
Go: Install Tools	拡張機能が依存するすべてのGoツールをインストール／更新
Go: Add Tags	構造体フィールドにタグを追加
Go: Remove Tags	構造体フィールドからタグを削除
Go: Generate Interface Stubs	特定のインターフェイスのメソッドスタブを生成
Go: Fill Struct	構造体リテラルをデフォルト値で設定
Go: Run on Go Playground	Go Playgroundで実行

3-3-5　RESTful APIの確認

　それでは、RESTful APIを開発するときの便利な拡張機能を使ってみましょう。
「Open API Initiative」[8]は、Linux Foundationの協力のもとに、Microsoftや Google、IBMなどで構成された、APIを標準化するための組織です。Open API InitiativeでAPIの記述のために採用しているのが、オープンソースで開発されてきたAPIフレームワークの「**Swagger**」[9]で、REST APIの設計、構築、文書化に広く使われています。

　Swaggerは、APIのアクセスに必要な次の情報を、JSON形式またはYAMLでAPIを記述します。

・使用可能なエンドポイント
・各エンドポイントでの操作（GET ／ POST）
・操作パラメーター各操作の入力と出力
・認証方法
・連絡先情報／ライセンス／使用条件／その他

※8　https://www.openapis.org/
※9　https://swagger.io/

このファイルを見やすく確認できる拡張機能が、「**Swagger Viewer (Arjun G)**」[※10]です。拡張機能をインストールするには、 Ctrl + Shift + X （macOS： ⌘ + Shift + X ）を押して拡張機能ビューを開き、「Swagger Viewer」で検索して表示される拡張機能を選択します。

サンプルアプリにAPIの仕様が記述されているので、確認してみましょう。まずは、VS Codeでpayment\api-spec\payment.jsonを開きます。コントロールパネルを開いて「Preview Swagger」を選択すると、APIの仕様を確認できるプレビュー画面が表示されます。サンプルでは、GET/healthとPOST/paymentAuthが提供されていて、リクエスト・レスポンスの詳細がGUIで確認できます。

▲**図3-3-5**　Swagger Viewer

それでは、実際にAPIの動作確認をしてみましょう。次のコマンドを実行して、microservices-demo/payment/paymentsvc/にあるコードをビルドしてみます。そうすると実行可能なバイナリが生成されるので、サーバーを起動します。この例では8080ポートでサーバーが起動しているのがわかります。

※10　https://marketplace.visualstudio.com/items?itemName=Arjun.swagger-viewer

Part1
01
02
03
Part2
04
05
Part3
06
07
08
09
10
11
12
13
Part4
14
Appendix

●コマンド3-3-2　コードのビルド

```
go build -o payment

./payment
ts=2019-12-01T02:45:03Z caller=main.go:81 transport=HTTP port=8080
```

VS CodeでRESTful APIの動作確認をするのに便利な拡張機能が「**REST Client (Huachao Mao)**」[11] です。これを使うと、VS Code上でHTTPリクエストを送信し、VS Code上でレスポンスを確認できます。基本認証／ダイジェスト認証／SSLクライアント証明書／Azure Active Directoryの認証にも対応しているのが特徴です。

では、ここでREST.httpという新しいファイルを作成し、次の情報を記述します。ここで［Send Request］をクリックするか、Ctrl + Alt + R（macOS: ⌘ + Option + R）でリクエストを送信できます。

●リスト3-3-3　REST.http

```
GET http://localhost:8080/health HTTP/1.1
content-type: application/json
```

リクエストが送信されると、右画面にレスポンスが表示されます。

※11　https://marketplace.visualstudio.com/items?itemName=humao.rest-client

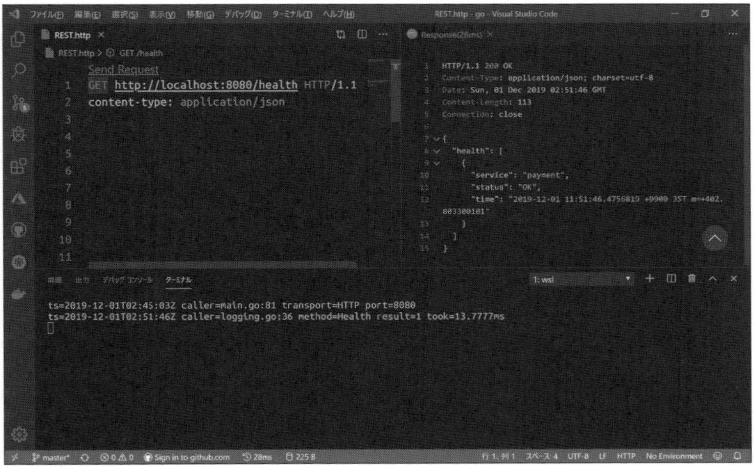

▲**図3-3-6**　REST Clientを使用した動作確認の例

リクエスト行には、次のような書式で記述します。

●**リスト3-3-4**　リクエスト行の書式

メソッド パス名 HTTP/バージョン

　メソッドを省略すると「GET」になります。クエリストリングを指定するには、「?」で設定します。リクエストヘッダーを指定するには、リクエスト行の次の行に値を指定します。この例では「content-type」に「application/json」を指定しています。リクエストボディを指定するときは、リクエストヘッダーの後に1行分の空行を入れて値を指定します。次の例では、「Amount」に「40」という値を設定しています。なお、複数のリクエストを送信したいときは、「###」で区切ります。

●**リスト3-3-5**　リクエストヘッダーの指定

```
###
POST http://localhost:8080/paymentAuth HTTP/1.1
content-type: application/json

{
```

```
      "Amount":40
}
```

リクエストを送信すると、次のようなレスポンスが返されるのが確認できます。

● リスト3-3-6　レスポンス

```
HTTP/1.1 200 OK
Content-Type: application/json; charset=utf-8
Date: Sun, 01 Dec 2019 03:15:19 GMT
Content-Length: 51
Connection: close

{
  "authorised": true,
  "message": "Payment authorised"
}
```

さらに、REST Client拡張機能を使うと、リクエストを送信するためのクライアントコードを自動生成できます。`Ctrl` + `Alt` + `C`（macOS：`⌘` + `Option` + `C`）を押すと、生成したい開発言語が選べるので、ここでは「Go」を選択します。

▲ 図3-3-7　クライアントコードの自動生成

Go以外にも、C／C#／Java／Node.js／PHP／Pythonなどのコードスニペットやシェルスクリプト、PowerShellなどのコマンドも生成できます。

● **リスト3-3-7　生成されたGoのコード**

```go
package main

import (
    "fmt"
    "strings"
    "net/http"
    "io/ioutil"
)

func main() {

    url := "http://localhost:8080/paymentAuth"

    payload := strings.NewReader("{\"Amount\":40}")

    req, _ := http.NewRequest("POST", url, payload)

    req.Header.Add("content-type", "application/json")

    res, _ := http.DefaultClient.Do(req)

    defer res.Body.Close()
    body, _ := ioutil.ReadAll(res.Body)

    fmt.Println(res)
    fmt.Println(string(body))

}
```

REST Client拡張機能は、基本認証／ダイジェスト認証／SSLクライアント証明書／Azure Active Directoryなどの認証スキームをサポートしています。

たとえば、SSLクライアントを指定するときには、次のように証明書を指定します。

●リスト3-3-8　SSL証明書の指定

```
"rest-client.certificates": {
    "localhost:8080": {
        "cert": "/path/Certificates/client.crt",
        "key": "/path/client.key"
    },
    "example.com": {
        "cert": "/path/Certificates/client.crt",
        "key": "/path/client.key"
    }
}
```

　また、環境変数も利用できます。たとえば、設定ファイルで定義されたキーと値のペアのセットを指定します。

●リスト3-3-9　環境変数の利用

```
"rest-client.environmentVariables": {
    "$shared": {
        "version": "v1",
        "prodToken": "foo",
        "nonProdToken": "bar"
    },
    "local": {
        "version": "v2",
        "host": "localhost",
        "token": "{{$shared nonProdToken}}",
        "secretKey": "devSecret"
    },
    "production": {
        "host": "example.com",
        "token": "{{$shared prodToken}}",
        "secretKey" : "prodSecret"
    }
}
```

　この場合、ローカル環境とプロダクション環境を指定していますが、構成を切り替えるときには、次のようにしてホスト名やバージョン、認証トークンも切り替えることができます。

●**リスト3-3-10**　ローカル環境とプロダクション環境で構成の切り替え

```
GET https://{{host}}/api/{{version}}comments/1 HTTP/1.1
Authorization: {{token}}
```

　REST Client拡張機能は、非常に便利で高機能なので、使いこなすと開発が格段に楽になります。詳細については、REST ClientのGitHubリポジトリ[※12]を参照してください。

3-4　Javaによるショッピングカート機能の開発

　Javaは、ミッションクリティカルな業務系システムからモバイルアプリケーションにいたるまで、さまざまなところで使われており、多くのプログラマーがかかわっている馴染みの深い言語です。もちろん、VS Codeでも、Java開発を支援する機能や拡張を提供しています。

　ここでは、サンプルのショッピングカート機能の開発を通して確認していきましょう。

3-4-1　Java用VS Codeインストーラー

　VS CodeでJava開発を行うときは、「**VS Code Java Pack Installer**」[※13]を使うとよいでしょう。このパッケージには、VS CodeでJava開発を行う際に必要となるJDKなどの環境がすべて含まれています。このパッケージをインストールする際に、すでにPCにJDK／VS Codeなどがインストールされていれば、自動的に検出します。

※12　https://github.com/Huachao/vscode-restclient
※13　https://aka.ms/vscode-java-installer-win

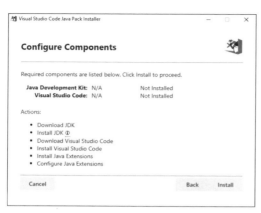

▲ **図3-4-1**　VS Code Java Pack Installer

インストールされる「**Microsoft Java Extension Pack**」[14]には、次の機能が
含まれています。

・Red Hatの Language Support for Java
・Java用デバッガー
・Javaテストランナー
・Maven for Java
・Java依存関係ビューアー

※ 14　https://marketplace.visualstudio.com/items?itemName=vscjava.vscode-java-pack

▲ **図3-4-2** Java用VS Codeインストーラー

　このインストーラーは、執筆時点ではWindowsのみで利用可能です。ほかの OSの場合は、開発に必要なコンポーネントを個別にインストールする必要があります。「Java SE Development Kit」（JDK）がインストールされていなければ、ダウンロードしてインストールします。VS CodeのJavaサポートは、次に挙げたものを始めとして、主要なJavaバージョンで動作します。

・OpenJDK
・Azure Zulu-Enterprise Edition
・OracleによるJava SEのダウンロード

　インストールが完了したら、VS Codeでターミナルを起動し、次のコマンドを実行してサンプルアプリのショッピングカート機能のソースコードをクローンします。

● **コマンド3-4-1**　ショッピングカート機能のソースコードのクローン

```
git clone https://github.com/vscode-textbook/carts
code carts
```

▲ **図3-4-3**　Java Overview

では、クローンしたサンプルコード`controllers/CartsController.java`を開い
て、見ていきましょう。

3-4-2　Javaのコードの編集

ソースコードでシンボルの定義に移動するには、ソースコードで使用されてい
るシンボルのどこかにカーソルを置き、F12を押します。シンボルの定義が1つ
しかない場合は、その場所に直接移動します。それ以外の場合は、競合する定
義がウィンドウに表示され、移動したい定義を選択できます。

開発を行っていると、フレームワークやライブラリ固有の関数やクラス、作成
した関数のソースコードを参照することはよくあります。VS Codeでは、メソッ
ドをホバーして［`Go to Super Implementation`］リンクをクリックすると、クラ
スの実装とメソッドのオーバーライドを確認できます。

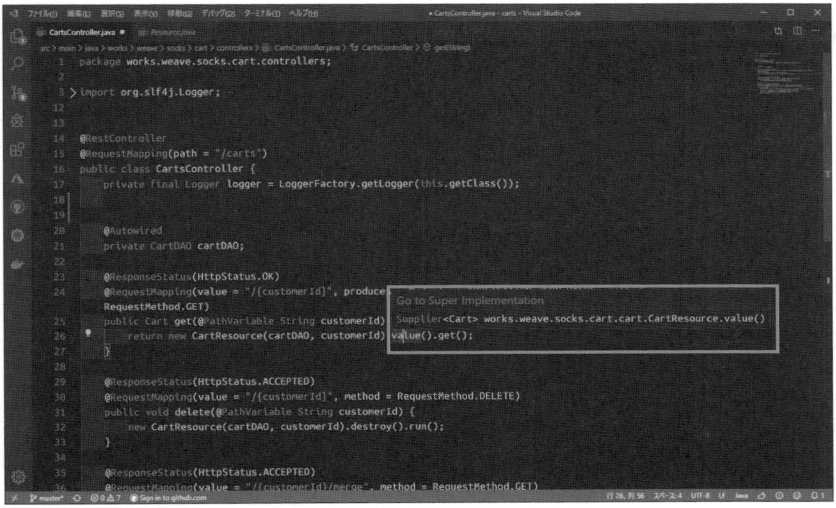

▲ **図3-4-4** クラスの実装とメソッドのオーバーライドの確認

3-4-3 JavaのIntelliSense

　VS Code for Javaのコード補完は、Red Hatの「**Language Support for Java**」[※15]
によって提供されています。拡張機能は、Eclipseと同じJava開発ツール「**Java
Development Tools**」（JDT）を使用しているのが特徴です。この拡張機能は、
次のような機能を備えています。

・Mavenの`pom.xml`プロジェクトのサポート
・Gradle Javaプロジェクトのサポート（Android、Java 13はサポート対象外）
・スタンドアロンJavaファイルのサポート
・解析およびコンパイルエラーのレポート
・Javadocホバー
・インポートを整理する
・コードの折りたたみ／コードナビゲーション
・CodeLens（リファレンス／実装）

※15　https://marketplace.visualstudio.com/items?itemName=redhat.java

・コードのフォーマット/コードスニペット

・アノテーションのサポート

　さらに、IntelliCode[16]と呼ばれるAI支援もあり、使用する可能性が高いものからリストの先頭に表示されます。IntelliCodeの推奨事項は、100以上のスターを持つGitHubのオープンソースプロジェクトをもとにサジェストされます。

　IntelliSenseの詳細については、「4-3　IntelliSense」を参照してください。

3-4-4　Spring Bootの拡張機能

　「**Spring Boot Extension Pack**」[17]は、Spring Bootプロジェクトのナビゲーションとコード補完をサポートするエクステンションパックです。便利な機能が数多く含まれているので、Spring Bootプロジェクトを作成するときはインストールしておくとよいでしょう。

Spring Boot Tools

　「**Spring Boot Tools**」[18]、はSpring Bootアプリケーションを開発およびトラブルシューティングするための拡張機能です。これをインストールすると、次のような機能が有効になります。

▼**表3-4-1**　Spring Boot Toolsの機能

ファイル	説明
`.java`	Spring Boot Tools拡張機能が有効化されるデフォルトのファイル名パターン
`application*.properties`	プロパティファイルのサポートを有効化
`application*.yml`	プロパティファイルのサポートをYAMLフォーマットで有効化

　また、独自のパターンを定義したいときは`spring-boot-properties`か`spring-boot-properties-yaml`で設定します。

　また、Javaのコード上で `Ctrl` + `Shift` + `O`（macOS: `⌘` + `Shift` + `O`）を押

---

[16]　https://code.visualstudio.com/docs/java/java-editing/intellicode.mp4

[17]　https://marketplace.visualstudio.com/items?itemName=Pivotal.vscode-boot-dev-pack

[18]　https://marketplace.visualstudio.com/items?itemName=Pivotal.vscode-spring-boot

すと、ソースコードのナビゲートができます。

▼表3-4-2　ソースコードのナビゲート

ナビゲーション	説明
@/	パス／メソッド／ソースの場所を表示
@+	Bean名／Beanタイプ／ソースの場所を表示
@>	すべての機能を表示
@/	アノテーションを表示

たとえば、サンプルアプリのsrc/main/java/works/weave/socks/cart/Cart Application.javaを開くと、次のようにアノテーションが表示されます。

▲図3-4-5　アノテーションの表示

Spring Initializr Java

「**Spring Initializr Java**」[19]は、Spring BootのJavaプロジェクトを簡単に生成するための拡張機能です。今回はサンプルアプリがすでに生成されていますが、新規でプロジェクトを作成したいときは利用すると便利です。

コマンドパレットを開き、[Spring Initializr]を入力します。そこでMaven またはGradleプロジェクトを作成するかを決めて、ウィザードにしたがってプロジェクト名やSpring Bootのバージョン、使用する言語などを選びます。

※19　https://marketplace.visualstudio.com/items?itemName=vscjava.vscode-spring-initializr

　また、生成された pom.xml ファイルを開いた状態で右クリックして、[Edit starters]を選ぶと、依存関係のリファクタリングもできます。

Spring Boot Dashboard

　「**Spring Boot Dashboard**」[20]を使うと、VS Codeのサイドバーのエクスプローラーにワークスペースのすべての Spring Boot プロジェクトを表示し、プロジェクト開始／停止／デバッグをサポートします。

　たとえば、サンプルの[Spring Boot Dashboard]を開いて、cart アプリを選び、右クリックして[start]を選択するとプロジェクトを開始できます。そのほかには、[stop][debug]などのメニューが選択できます。

▲ **図3-4-6**　Spring Boot Dashboard

　ほかにも、Cloud Foundry にデプロイするためのマニフェストを編集する拡張機能である「**Cloudfoundry Manifest YML Support**」[21]や、Spring Boot アプリ

※20　https://marketplace.visualstudio.com/items?itemName=vscjava.vscode-spring-boot-dashboard

ケーションのためのビルドパイプラインを設定するための拡張機能「**Concourse CI Pipeline Editor**」[22]も合わせてインストールされます。

3-5　コンテナーアプリ開発

　コンテナー技術とは、1つのOS環境に分離された空間を作成し、その分離された空間ごとにアプリケーション実行環境を作るテクノロジーのことです。アプリの実行に必要なものを1つのイメージにまとめて、任意の環境で稼働させることができます。

　オープンソースソフトウェア（OSS）の「**Docker**」が有名で、プログラマーがテスト済みの開発／テスト環境で動作しているそのままの状態を、本番環境で動作させることが可能です。そのため、多くのプロジェクトで開発者を悩ます「こちらでは動くのに、あちらでは動かない」といった状況を減らせます。

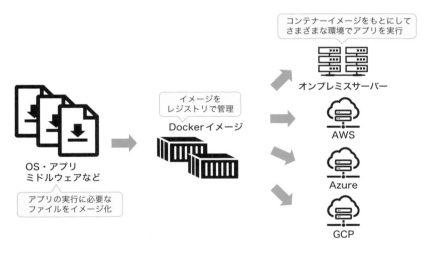

▲ **図3-5-1**　コンテナ―の概要

　現在、主要なパブリッククラウドであるAWS ／ Azure ／ GCPは、いずれもコンテナーの実行基盤を構築するためのサービスをいくつも提供しています。そ

※21　https://marketplace.visualstudio.com/items?itemName=Pivotal.vscode-manifest-yaml
※22　https://marketplace.visualstudio.com/items?itemName=Pivotal.vscode-concourse

Chapter 3 VS Codeを使ったマイクロサービスの開発

Part1
01
02
03
Part2
04
05
Part3
06
07
08
09
10
11
12
13
Part4
14
Appendix

こで、Dockerでコンテナー化しておくことで、どの環境でも同じように動く可搬性の高いアプリケーションを開発できます。

3-5-1 コンテナーを使ったアプリケーションデプロイの流れ

ここまでで開発したJavaScript ／ Go ／ Javaでのアプリケーションをコンテナー化して実行してみましょう。

サンプルを使ってアプリ開発と本番環境へのデプロイを行うので、アプリをコンテナー化するための全体の流れを説明しておきます。

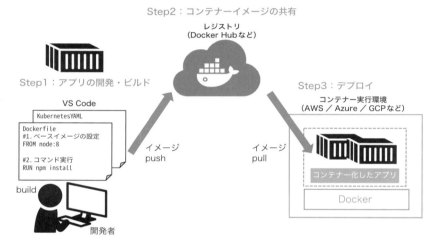

▲ 図3-5-2　コンテナーアプリ開発の流れ

アプリの開発・ビルド

VS Codeを使ってサンプルアプリを開発します。そして、アプリの実行に必要な環境の設定とアプリの実行モジュールをDockerfileに定義します。Dockerでは、アプリの実行で必要になるプログラム本体／ライブラリ／ミドルウエア／OSやネットワークの設定などをビルドして1つにまとめた「Dockerイメージ」を作成します。このDockerイメージは、実行環境で動くコンテナーのもとになります。

Part1

01

02

03

Part2

04

05

Part3

06

07

08

09

10

11

12

13

Part4

14

Appendix

コンテナーイメージの共有

　開発環境でビルドしたDockerイメージを実行環境で利用できるように、レジストリで共有します。共有には、通常、Dockerが提供するレジストリである「Docker Hub」[※23]やクラウド各社が提供するレジストリサービスなどを利用します。公式のDockerレジストリであるDocker Hubでは、UbuntuやCentOSなどのLinuxディストリビューションの基本機能を提供するベースイメージが配布されています。

　また、公式イメージ以外にも、個人が作成したイメージをDocker Hubなどのリポジトリで公開／共有できます。Docker Hubは無料で使用できますが、アカウント登録が必要なので、利用する前にアカウントを作成しておきましょう。ただし、Docker Hubは基本的にはインターネット上に公開されたパブリックなレジストリであるため、機密情報が含まれる場合、セキュアな環境にレジストリを別に用意するほうがよいでしょう。

アプリのデプロイ

　Dockerイメージさえあれば、どこでもコンテナーを動かすことができます。それには、作成したイメージをもとにコンテナーをクラウド上の実行環境にデプロイします。1つのDockerイメージから複数のコンテナーを起動できるので、高いスケーラビリティを要求されるシステムでは、リクエストの多寡に応じて必要な数のコンテナーを実行できます。コンテナーはオーバーヘッドが少なく、すでに動作しているOS上でプロセスを実行するのと、ほぼ同じ速さで起動するのが特徴です。

3-5-2　アプリの開発・ビルド

　先に触れたように、Dockerでは、Dockerfileというテキストファイルにアプリケーションの構成情報を記述します。Dockerfileには、どのOSでサンプルコードを動かすのか、外部に公開するポート番号は何か、コードを動かすために必要なライブラリは何かといったことを記述します。詳しくは、「Dockerfile reference」[※24]を参照してください。

※23　https://hub.docker.com/
※24　https://docs.docker.com/engine/reference/builder/

Part1

01

02

03

Part2

04

05

Part3

06

07

08

09

10

11

12

13

Part4

14

Appendix

Docker拡張機能のインストール

「**Docker**」拡張機能[25]を使うと、Dockerfileのシンタックスハイライトや IntelliSense、Dockerコマンドのコマンドパレットが利用できます。また、 Dockerイメージをもとにして、Azureが提供するPaaSであるApp Serviceの 「**Web App for Containers**」[26]にアプリをデプロイできます。

このDocker拡張機能をインストールするには、Ctrl + Shift + X（macOS： ⌘ + Shift + X）を押して拡張機能ビューを開き、「docker」で検索して表示 されるDocker拡張機能を選択し、インストールします。

▲ **図3-5-3**　Docker拡張

この拡張機能をインストールすると、次に示したように、コマンドパレットか らDockerコマンドを実行できるようになります。たとえば、Dockerfileのビル ドやイメージのレジストリへのプッシュ、コンテナーの起動・停止・再起動など ができます。

※ 25　https://code.visualstudio.com/docs/azure/docker
※ 26　https://azure.microsoft.com/ja-jp/services/app-service/containers/

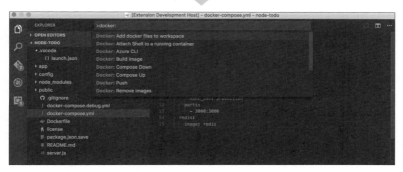

▲ 図3-5-4　コマンドパレットからのDockerコマンドの実行

　これらの構成情報ファイルを手作業で作成するのは面倒ですが、Docker拡張
機能を使うと、プロジェクトに必要なファイルを自動生成できます。コマンドパ
レットを起動し［Docker: Add Docker Files to Workspace］を実行します。こ
こでプロジェクトの言語を聞かれるので、JavaやGo、Pythonなどを選ぶと、ワ
ークスペース上に「Dockerfile」「docker-compose.yml」「docker-compose.debug.
yml」という3つのファイルが生成されます。これをもとにして必要な情報を追加
していけばよいでしょう。

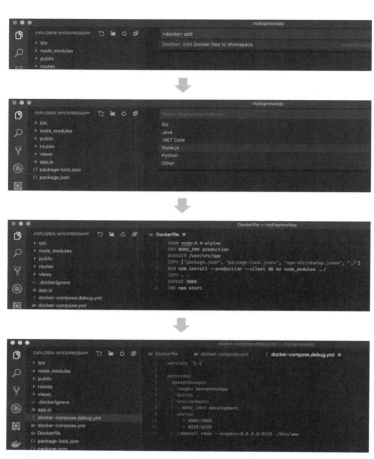

▲ **図3-5-5**　Dockerプロジェクトのファイルを生成

　今回は、サンプルアプリですでにDockerfileが生成されているので、フロント
アプリ機能のサンプルコードの中のfront-endとDockerfileを開きます。

　Dockerfileを開くと、IntelliSenseが有効になり、シンタックスハイライトさ
れます。Dockerfileで補完を表示するにはCtrl + Space（macOS：⌘ +
Space）を入力します。また、Docker命令（RUNやCOPYなど）をホバーすると、
Dockerfileの説明が表示されます。

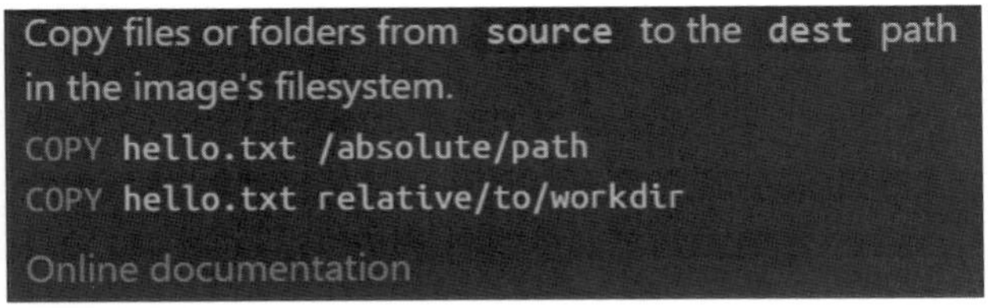

```
Copy files or folders from source to the dest path
in the image's filesystem.
COPY hello.txt /absolute/path
COPY hello.txt relative/to/workdir
Online documentation
```

▲ **図3-5-6** Dockerfile での IntelliSense

なお、macOSの場合、⌘ + Space には、デフォルトでスポットライト検索がバインドされています。macOSのキーボードショートカットは、Appleの「Mac keyboard shortcuts」[27] を確認してください。

スニペット間のフィールド移動は、Tab で行います。たとえば、COPY命令のスニペットではsourceとdestフィールドが入力されますが、これらを Tab で移動できます。

具体的な例で説明しましょう。DockerのCOPY命令を記述する場合、Dockerfileの中で「CO**」と書くと、スニペット機能が前方一致でCOPY命令をサジェストするので、それを選択します。ここでCOPY命令のサジェストを選択すると、Dockerfileに「COPY source dest」が挿入されます。sourceとdestフィールドは Tab で移動できます。

Tips ▶ Docker Compose のサポート

Docker Composeとは、複数のコンテナーを使うDockerアプリケーションを、定義・実行するツールです。Docker Composeを使うと、コマンドを1つ実行するだけで、設定したすべてのサービスをまとめて作成・起動できます。Docker Composeでは、構成情報をdocker-compose.ymlに記述しますが、これをサポートする機能もあります。docker-compose.ymlを作成し、コンテナーの構成情報をYAML形式で記述すると、IntelliSenseが有効になり、シンタックスハイライトされます。Ctrl + Space（macOS: ⌘ + Shift + Space ）を入力すると、有効なディレクティブのリストが表示されます。また、imageディレクティブについては、再度 Ctrl + Space （macOS: ⌘ + Space ）を入力することでDocker Hubにあるパブリックイメージを照会できます。その際、人気のあるコンテナーイメージのリストと、スターの数やイメージの説明などがわかりやすく表示されます。

※27 https://support.apple.com/en-us/HT201236

コンテナーイメージのビルド

Dockerfileを作成すると、docker buildコマンドでビルドする必要があります。VS CodeのDocker拡張機能を使えば、エクスプローラーでDockerfileを選択し、右クリックすることでDockerイメージを生成できます。

では、試しにサンプルのフロントエンド機能のDockerイメージをビルドしてみましょう。

VS Codeでクローンしたfront-endフォルダーを開き、「Dockerfile」を選択して右クリックし、[Build Image]を選びます。イメージ名をたずねられるので、任意の名前とタグを設定しましょう。ここでは「front-end:1.0」とします。

▲ **図3-5-7**　DockerイメージのBuild

ビルド中のログはターミナルに表示されます。ビルドが完了すると「Successfully built」というログメッセージが表示されます。

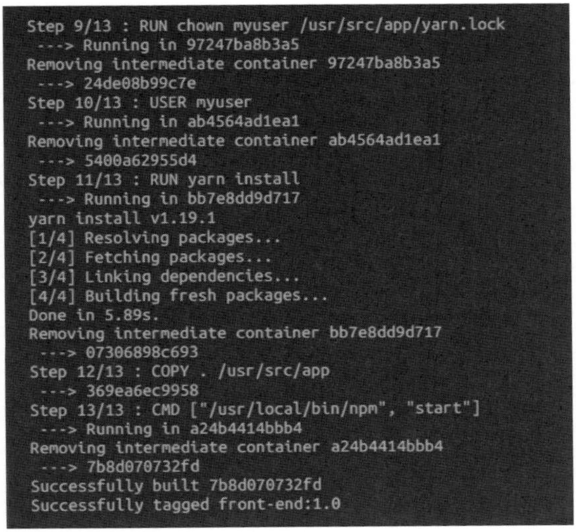

```
Step 9/13 : RUN chown myuser /usr/src/app/yarn.lock
 ---> Running in 97247ba8b3a5
Removing intermediate container 97247ba8b3a5
 ---> 24de08b99c7e
Step 10/13 : USER myuser
 ---> Running in ab4564ad1ea1
Removing intermediate container ab4564ad1ea1
 ---> 5400a62955d4
Step 11/13 : RUN yarn install
 ---> Running in bb7e8dd9d717
yarn install v1.19.1
[1/4] Resolving packages...
[2/4] Fetching packages...
[3/4] Linking dependencies...
[4/4] Building fresh packages...
Done in 5.89s.
Removing intermediate container bb7e8dd9d717
 ---> 07306898c693
Step 12/13 : COPY . /usr/src/app
 ---> 369ea6ec9958
Step 13/13 : CMD ["/usr/local/bin/npm", "start"]
 ---> Running in a24b4414bbb4
Removing intermediate container a24b4414bbb4
 ---> 7b8d070732fd
Successfully built 7b8d070732fd
Successfully tagged front-end:1.0
```

▲ **図3-5-8**　Dockerイメージの作成ログ

Dockerビューを使ったコンテナーの操作

　Docker拡張機能を導入すると、GUIで操作できる「Dockerビュー」がVS Code上に表示されます。ビューのDockerアイコンをクリックすると、ローカルのコンテナーイメージ、コンテナー一覧を表示できます。

　また、Docker Hubに接続して公開されているイメージを確認できます。なお、Docker Hubに初めて接続するときは、認証のためにユーザー名とパスワードが求められます。この認証情報はOSの資格情報に保存されるため、毎回ログインする必要はありません。ログアウトしたいときは、Docker Hubを右クリックして［Logout］を選択します。

▲ **図3-5-9**　エクスプローラーのDockerビュー

　また、エクスプローラーのイメージやコンテナーを選び、右クリックのコンテキストメニューを使用すると、コンテナーの起動や停止、イメージのpullやpushなどがGUIベースで操作できます。

　DockerビューからDockerコンテナーを起動してみましょう。作成したDockerイメージ「front-end:1.0」をDockerビューの［IMAGES］から選択し、右クリックします。Dockerイメージに対する操作ができるので「Run Interactive」を選択します。すると、ターミナル上で「docker run」コマンドが実行されます。

● **コマンド3-5-1**　docker runコマンドの実行

```
$ docker run --rm -it -p 8079:8079/tcp front-end:1.0

> microservices-demo-front-end@0.0.1 start /usr/src/app
> node server.js

Using local session manager
Warning: connect.session() MemoryStore is not
designed for a production environment, as it will leak
memory, and will not scale past a single process.
App now running in production mode on port 8079
```

　Node.jsサーバーが起動するので、Webブラウザーで「http://localhost: 8079/」にアクセスしてみましょう。フロントエンドのアプリが表示されます。ただし、またユーザー機能やカタログ機能、注文機能や配送機能などがまだ実装されていない状態なので、データは何も表示されません。

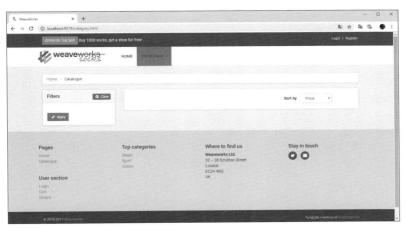

▲ **図3-5-10**　アプリの動作確認

　コンテナーを停止するには、Dockerビューの [CONTAINERS] で、起動中の「front-end：1.0」を選択した状態で右クリックし、[Stop] を選択します。これにより、ローカル環境で動作するコンテナーを停止できます。

▲ **図3-5-11**　Dockerコンテナ―の操作

　なお、コンテナーの操作は、GUIからだけではなく、ターミナルからdockerコマンドを実行することでも可能です。

> **Tips** コンテナーアプリケーションをすぐに本番サービスとして稼働させる
>
> 本書で取り上げたサンプルは、複数のAPIが連携して動作するマイクロサービス型のアプリケーションですが、1つのアプリ（Dockerfile）のみで動作するシンプルなアプリケーションの場合、パブリッククラウドのサービスを利用すると、ローカル環境で開発したものをそのままグローバルIPアドレスを持つ本番環境にデプロイできます。
>
> たとえばAzureの場合、VS CodeのDockerビューから、Docker HubまたはAzure Container Registriesにイメージを Push し、このイメージを Azure App Service インスタンスに直接コンテナーをデプロイできます。
>
> 興味がある人は、公式サイトに掲載されている手順[28]を試してみてください。

3-5-3　コンテナーイメージの共有

　ローカルの開発PCで作成したDockerイメージを、クラウド上から利用できるレジストリにアップロードして、さまざまな実行環境で利用できるようにします。今回はDockerのレジストリサービスである「**Docker Hub**」を使います。無料で利用できるので、Docker Hubのサイト[29]にアクセスしてアカウントを作成しておきましょう。

　まず、VS CodeのDockerビューの［REGISTRIES］の接続アイコン（🖼）をクリックします。ここで［Docker Hub］を選び、ユーザー名やパスワードなどの接続情報を入力します。

※28　https://code.visualstudio.com/tutorials/docker-extension/getting-started
※29　https://hub.docker.com/

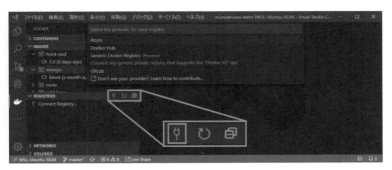

▲ **図3-5-12**　Docker Hubへのイメージ Push

　接続に成功すると、Docker Hub上で公開されているイメージの一覧がGUIで取得できます。

▲ **図3-5-13**　Docker Hubで公開されているイメージの一覧

　Docker Hubにイメージをアップロードするときには、イメージにタグを設定する必要があります。設定したいイメージを選択して、右クリックから［Tag…］を選び、「<Docker Hubのユーザー名>/イメージ名」というルールでタグ名を付けます。たとえば、Docker Hubのユーザー名が「asashiho」で、ローカルマシン上で作成した「front-end:1.0」というイメージの名前の場合、次のようにタグを設定します。

▲ 図3-5-14　イメージ名とタグの設定

　準備ができたら、VS CodeでアップロードしたいDockerイメージ「<Docker Hubのユーザー名>/front-end:1.0」を右クリックして［Push］を選びます。選択したローカルマシン上のイメージがDocker Hubにアップロードされ、GUIからも確認ができます。なお、Docker Hubから認証なしでイメージを利用する場合は、［Settings］から［Private］を［Public］に変更してください。

▲ 図3-5-15　Dockerイメージのアップロード

　Docker Hubで共有したイメージは、次のコマンドで任意の環境にダウンロードしてアプリケーションを実行できます。

● コマンド3-5-2　docker pull コマンドの実行

```
docker pull <Docker Hubのユーザー名>/front-end:1.0
```

　なお、本番環境で利用するときは、プライベートでセキュアなレジストリサービスの利用を検討し、セキュリティ要件に応じてアクセス権の設定やイメージの脆弱性スキャンなど行ってください。Azureの場合、「Azure Container Registry」を利用すると、ビルドからレジストリへのPushまでを自動で行うこともできます。

3-5-4　Kubernetesへのアプリのデプロイ

　「**Kubernetes**」は、マルチホスト環境のクラスター構成でアプリケーションを管理できるコンテナーオーケストレーションツールです。オンプレミス環境やパブリッククラウド上に作成したKubernetesクラスター上など、任意の場所にアプリケーションをデプロイできます。Kubernetesは、GoogleやRed Hat、Microsoftなどのエンジニアも積極的に開発に携わっているオープンソースソフトウエアで、マイクロサービス型のコンテナー実行基盤としても人気があります。

　ここでは、Kubernetesを使ったコンテナーアプリケーション開発のための拡張機能[30]を説明します。

　まずはVS Codeでターミナルを起動し、次のコマンドを実行してソースコードをクローンします。

●コマンド3-5-3　ソースコードのクローン

```
git clone https://github.com/vscode-textbook/microservices-demo
code microservices-demo
```

　なお、Azureにアプリケーションをデプロイするので、アカウントがない場合は、あらかじめ作成しておいてください。Azureのアカウント作成については、公式サイトを参照してください。[31]

Kubernetes Tools拡張機能のインストール

　VS Codeの「**Kubernetes Tools**」拡張機能[32]は、Kubernetesを利用した開発に便利な機能が提供されています。

※30　https://code.visualstudio.com/docs/azure/kubernetes
※31　https://azure.microsoft.com/ja-jp/free/

　コンテナーアプリケーションをKubernetesクラスターにデプロイする機能、特にAzureのKubernetesマネージドサービスである「Azure Kubernetes Service」を利用する場合は、クラスターの構築や管理もできます。また、依存関係があるためにインストールされる「**YAML Support by Red Hat**」によって、Kubernetesのマニュフェストファイルの構文サポートや入力補完も有効になります。また、オプションでKubernetesのパッケージマネージャーである「Helm」やコンテナーアプリのビルド／デプロイツールである「Draft」もサポートされています。

　拡張機能をインストールするには、拡張機能ビュー（Ctrl + Shift + X）（macOS：⌘ + Shift + X）を開き、「kubernetes」で検索して、Microsoft Kubernetes Tools拡張機能を選びます。

▲**図3-5-16**　Kubernetes Tools拡張機能のインストール

　この拡張機能をインストールすると、次の機能が利用できるようになります。

・エクスプローラービューでクラスターのService/Pod/Nodeの状態を確認
・Helmのサポート
・Dockerfileからのビルドおよび実行
・Gitリポジトリのリソースマニフェストに対するリソースの現在の状態の差分を表示

※32　https://marketplace.visualstudio.com/items?itemName=ms-kubernetes-tools.vscode-kubernetes-tools

・コマンドを実行するか、アプリケーションのPod内でシェルを起動
・クラスターからログとイベントを取得または追跡
・ローカルポートをアプリケーションのPodに転送

　依存関係があるためインストールされる「YAML Support by Red Hat」によってKubernetesのマニュフェストファイルの構文サポートや入力補完も有効になります。
　なお、Kubernetes拡張機能の導入・利用には、次のコマンドが必要になります。

・kubectl
・docker/buildah
・helm
・draft

　拡張機能を使用する前に、これらのバイナリをPATHの通ったディレクトリに配置しておきましょう。PATHの通ったディレクトリにない場合、インストールするかどうかのダイアログが表示されます。

Kubernetesクラスターの作成

　それでは、実際にアプリを動かすKubernetesクラスターを作成してみましょう。
　ここでは、「Azure Kubernetes Service」（AKS）を使って、クラスターを作成する流れを見ていきましょう。AKSにクラスターを作成するには、Azureのサービスを管理するためのコマンドツールであるAzure CLIのインストールが必要です。インストールついては、公式サイトを参照してください。※33 そして、あらかじめAzure CLIを使ってターミナルからAzureにログインしておく必要があります。
　Kubernetes拡張機能を使用すると、Kubernetesクラスターを管理できます。コマンドパレットを起動して、［Kubernetes: Create Cluster］をクリックします。

※33　https://docs.microsoft.com/ja-jp/cli/azure/get-started-with-azure-cli?view=azure-cli-latest

▲**図3-5-17**　Kubernetesクラスターの作成

●**コマンド3-5-4**　Azureへのログイン

```
az login
```

　Azureサブスクリプションを選択すると、「**Kubernetesクラスター名前/Azure のリソースグループ名/クラスター**」を構築するAzureのリージョンを入力します。

▲**図3-5-18**　Kubernetesクラスターの詳細入力

　このあとで、Kubernetesクラスターのワーカーノードの台数（Agent count）とワーカノード用の仮想マシンのサイズ（Agent VM size）を選択します。ワー

カーノードの台数と仮想マシンのスペックによって課金額が異なります。Kubernetesクラスターの構築には数分かかります。

Azure Kubernetes Serviceの詳細については、公式サイトを参照してください。[34]

既存のAzure Container Service（ACS）またはAzure Kubernetes Service（AKS）クラスターから、Kubernetesコマンドラインツールである kubectl をインストールして構成する場合は、［Kubernetes: Add Existing Cluste］を選択します。

▲ **図3-5-19**　Kubernetesクラスターの［Kubernetes: Add Existing Cluste］を選択

なお、すでにKubernetesクラスターがAWSやGCPなどの環境で動作しており、そこに接続する場合は、コマンドパレットから［Kubernetes: Set Kubeconfig］を選択します。

Kubernetesクラスターの接続情報は、明示的な指定（$KUBECONFIG による指定、または--kubeconfigオプション）がない場合、デフォルトでは「kubeconfig」というファイルで接続先URLや認証情報などを管理しています。このファイルは、ホームディレクトリの /.kube/ 配下にあるため、うまく接続がくいかない場合などには確認するとよいでしょう。kubeconfigの詳細については、公式サイトを確認してください。[35]

※34　https://azure.microsoft.com/ja-jp/services/kubernetes-service/
※35　https://kubernetes.io/docs/concepts/configuration/organize-cluster-access-kubeconfig/

Part1

01

02

03

Part2

04

05

Part3

06

07

08

09

10

11

12

13

Part4

14

Appendix

Kubernetesビューを利用したリソースの操作

Kubernetes拡張機能をインストールすると、クラスターをGUIで操作できる「Kubernetesビュー」が導入されます。ビューのKubernetesアイコン（🌐）をクリックすると、NamespaceやNodeなどのクラスターの状態、PodやDeploymentやIngressなどのKubernetesリソース、Helmチャートの一覧を表示できます。Kubernetesでは抽象的な概念が多いため、GUIで状態を確認できるのは非常に便利です。

次の例は、2台からなるAKS上で作成したクラスターのNodeの状態をGUIで確認したところです。Node上でプロキシやDNSなどが起動しているのがわかります。

▲ 図3-5-20　クラスターのNode ／ Podの状態

また、Pod/Deployment/ReplicaSetなどのKubernetes Workloadリソースや Service/IngressなどのリソースもGUIから操作できます。

操作したいリソースを選択し、右クリックすることでメニューを選択できます。

Kubernetesマニフェストファイルの作成

　Kubernetes拡張機能を使うと、Kubernetesマニフェストファイルのオートコンプリート、コードスニペットなどが有効になります。たとえば、任意のYAMLファイルで「Deployment」と入力すると、Kubernetes Deploymentがサジェストされます。選択すると、基本構造を持つマニフェストファイルが自動生成されます。これを元にして、アプリ名、コンテナーイメージ、ポート、Labelなどを入力し、マニュフェストを作成できます。手書きで一からKubernetesのマニフェストファイルを作成するのは大変なだけではなく、思わぬエラーを紛れ込ませてしまうこともあるので、積極的に利用しましょう。

　同様に、「Service」と入力すると、Kubernetes Serviceがサジェストされ、マニュフェストが次のように自動生成されます。

● リスト3-5-1　自動生成されたマニフェストファイル

```
apiVersion: v1
kind: Service
metadata:
  name: myapp
spec:
  selector:
    app: myapp
  ports:
  - port: <Port>
    targetPort: <Target Port>
```

　マニフェストファイルの準備ができたら、Kubernetesクラスターにデプロイします。コマンドパレットを開き、[Kubernetes：Create]を実行します。マニフェストファイルの構成にしたがって、クラスター上にリソースが作成されます。

　今回は、すでに作成されているサンプルコードを確認してみましょう。deploy/kubernetes/manifests/front-end-dep.yamlを開きます。たとえば、サンプルのマニフェストでコンテナーのイメージや名前を定義していますが、ここにマウスカーソルをホバーさせると、詳細な説明が表示されます。

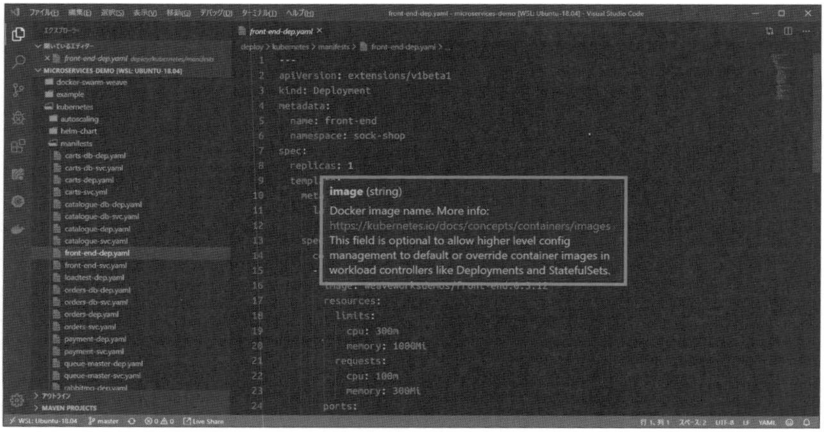

▲ **図3-5-21**　マニフェストのIntelliSense

Azure Kubernetes Serviceへのデプロイ

　マニフェストファイルが作成できたら、クラスターにデプロイしましょう。本番環境にデプロイできる準備の整ったマニュフェストファイル`deploy/kubernetes/complete-demo.yaml`を開きます。

　このマニフェストファイルの内容については本書では詳細に取り上げませんが、サンプルのマイクロサービスを構成するフロントエンド機能や決済機能などがすべてデプロイされます。

　次に、デプロイしたいマニフェストファイルを表示させ、コマンドパレットから［`Kubernetes: Apply`］を選択します。

　しばらくするとデプロイが完了し、クラスター上にマイクロサービスを構成するPodやServiceなどのリソースが作成されているのがわかります。

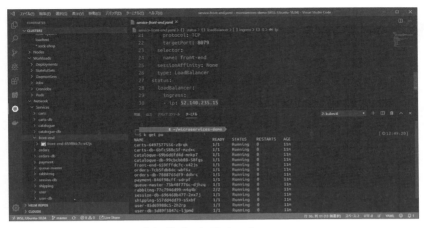

▲ **図3-5-22**　マニフェストに基づいたデプロイ

　実際に動作しているマニュフェストファイルが編集可能で、変更した内容をクラスターに反映できます。また、Podだけではなく、ServiceやIngress、SecretやConfigMapなどのリソースも扱えます。

　なお、本サンプルのすべての機能を動かすためのマニュフェストファイルは`deploy/kubernetes/manifests/`にあります。本サンプルは、Kubernetesクラスターの`namespace[sock-shop]`にデプロイされるので、実際に動かしながら、動作を確認してみるとよいでしょう。

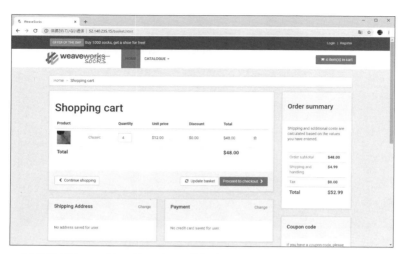

▲ 図3-5-23　マイクロサービスの動作確認

　たとえば、任意のPodを選択し、右クリックするとメニューが表示されます。ここで［Show Log］を選択すると、条件にマッチするログを検索するといったことが可能です。

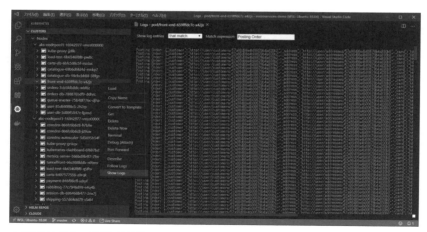

▲ 図3-5-24　ログの検索

　本章では、コンテナーによるマイクロサービスアプリケーションの開発を行うためのVS Codeの使い方や便利な拡張機能を説明しました。次章からは、システム開発にかかせないデバックやテスト、Gitとの連携などについて解説していきます。

　なお、本章で動作確認のために作成したAzure Kubernetes Serviceのクラスターは削除しておきましょう。

　削除の手順は、公式サイトのドキュメント[36]を参照してください。

※36　https://docs.microsoft.com/ja-jp/azure/aks/kubernetes-walkthrough#delete-the-cluster

Part 2
統合開発環境としての
Visual Studio Code

Chapter 4 ● プログラミング支援機能
Chapter 5 ● ソフトウェア開発のための機能拡張

VS Codeには、エディターとしての機能だけではなく、プログラミングを支援するための機能やソフトウェアをチームで開発するための機能などが提供されています。それらの機能群は、VS Codeの拡張機能を通して提供されるものも多く、活用することでVS Codeの威力を最大限に発揮できます。

このパートでは、まず、ターミナルやIntelliSense、リファクタリング、デバッグなど、プログラミング支援機能について説明します。そして、GitHub連携やリモート開発など、ソフトウェア開発に求められる連携機能をVS Codeで実現する方法についても解説します。これらの機能群を体感すると、VS Codeは開発作業を部分的に支えるだけのものではなく、ソフトウェア開発全体を中心で支えるソフトウェアだということを理解できることでしょう。

Chapter **4**
プログラミング支援機能

VS Codeは、デバックやリファクタリング、IntelliSenseなど、開発者向けの便利な機能を数多く備えています。この章では、プログラマーの開発支援向けの機能を紹介します。

4-1　準備&インストール

　このパートでは、Node.jsを利用しています。すでにインストール済みでなければ、まずはインストールしましょう。

4-1-1　Node.jsとnpm

Node.jsの公式サイト[※1]からインストーラーパッケージを入手します。

▲ **図4-1-1**　Node.js公式サイト

　利用環境に合ったLTS（Long Term Support）版を選択し、ダウンロードします。ダウンロードできたら、セットアップウィザードを実行します。いくつかの

※1　https://nodejs.org/

選択肢が出てきますが、デフォルトのまま進めても問題ありません。環境に合わせて、パスなどを変更することも可能です。また、Node.js関連のツールやパッケージをインストールしたり管理したりするパッケージ管理システムである「npm（Node Package Manager）」も同時にインストールされます。

▲ **図4-1-2**　セットアップウィザードの実行画面

次の画面が表示されたらインストールは完了です。

▲ **図4-1-3**　セットアップウィザードの終了

　インストールが完了したら、Windowsであればコマンドプロンプトから、macOS ／ Linuxであればターミナルから次のコマンドを実行し、正常にインストールされていることを確認してください。

117

●**コマンド4-1-1** node.jsのインストール確認

```
node --version
v12.16.1

npm --version
6.13.4
```

※執筆時点でのバージョンです。以降のバージョンであれば問題ありません。

4-1-2 TypeScript

ここでは、npmを利用したTypeScriptのインストール方法を紹介します。TypeScript公式ドキュメント[2]も参考にしてください。

npmがインストールされていれば、次のコマンドでTypeScriptのインストールが可能です。

●**コマンド4-1-2** TypeScriptのインストール

```
npm install -g typescript
...
...
updated 1 package in 1.847s
```

Linuxなどの環境によっては、sudo権限でインストールしなければならない場合があります。

●**コマンド4-1-3** sudo権限でのTypeScriptのインストール

```
$ sudo npm install -g typescript
```

次のコマンドで、正常にインストールされていることを確認してください。

※2　https://www.typescriptlang.org/docs/handbook/typescript-in-5-minutes.html

● コマンド4-1-4　TypeScriptのインストール確認

```
tsc -v
Version 3.7.4
```

※執筆時点でのバージョンです。以降のバージョンであれば問題ありません。

4-2　統合ターミナル

VS Codeには、「統合ターミナル」パネルが用意されています。

メニューから［表示］→［ターミナル］を選択するか、 Ctrl + \ (macOS： Ctrl + `) を押すと、VS Codeの下部のパネルにターミナルウィンドウが開きます。

▲ 図4-2-1　ターミナルウィンドウ

4-2-1　ターミナルの基本操作

VS Code下部のパネルには、［問題］［出力］［デバッグコンソール］［ターミナル］というタブが並んでいます。それぞれのタブをクリックすると、パネルに表示するものを切り替えられます。また、パネル上部の境界線をドラッグすれば、画面上での表示サイズを変更できます。右端の へ をクリックすると、パネルを最大化表示できます。

なお、複数のターミナルを起動することが可能です。新しいターミナルを起動したいときは、右端の ＋ をクリックします。作業対象のターミナルは、その左にあるドロップダウンリストから選択します。このように複数のターミナルを作成すれば、ターミナルごとに作業を分けることができます。 🗑 をクリックすると、現在表示されているターミナルが削除されます。

▲ 図4-2-2　ターミナルウィンドウの機能

ターミナルでは、ショートカットキーによるコピー&ペーストが可能です。

▼ 表4-2-1　ターミナルでのコピー&ペーストのキーバインド

OS	コピー	ペースト
Windows	Ctrl + C	Ctrl + V
macOS	⌘ + C	⌘ + V
Linux	Ctrl + Shift + C	Ctrl + Shift + V

ターミナル分割

ターミナルを分割表示したいときは［分割］アイコンをクリックするか、Ctrl + Shift + 5（macOS：⌘ + ¥）を押します。分割したターミナルは、次のショートカットキーでフォーカス移動ができます。

▼ 表4-2-2　ターミナルのフォーカス移動

キー	コマンド
Alt + ←	前のペインにフォーカス
Alt + →	次のペインにフォーカス

選択したテキストを実行

　VS Codeでは、エディターで選択している文字をそのままターミナルで実行できます。それにはrunSelectedTextコマンドを使用します。まずエディターでテキストを選択し、コマンドパレットから［Terminal：アクティブなターミナルで選択したテキストを実行］を選びます。すると、エディター上で選択したテキストがそのままターミナル上で実行されます。この機能を使うことで、一連のコマンドをエディターで編集して連続で実行する場合に、1行ずつコピー＆ペーストをせずに済むので便利です。

▲ **図4-2-3**　選択したテキストを実行

　なお、エディターでテキストが選択されていない場合は、カーソルが置かれている行がターミナルで実行されます。

　また、workbench.action.terminal.sendSequenceコマンドを使うと、エスケープシーケンスを含む特定のテキストシーケンスを端末に送信できます。カーソルキーや Enter キーの送信、カーソル移動なども可能です。たとえば、ユーザー設定またはワークスペース設定で次のように設定すると、 Ctrl + u （macOS： ⌘ + ¥）というキーバインドに、「カーソルの左側の単語に移動し、バックスペースを送信する」というコマンドを割り当てられます。

● **リスト4-2-1**　テキストシーケンスをショートカットに設定

```
{
  "key": "ctrl+u",
```

```
  "command": "workbench.action.terminal.sendSequence",
  "args": { "text": "\u001b[1;5D\u007f" }
}
```

　これらの16進コードとターミナルが動作するシーケンスの詳細については、次
のサイトを参照してください。

・XTerm Control Sequences
　https://invisible-island.net/xterm/ctlseqs/ctlseqs.html
・EscapeSequences.ts
　https://github.com/xtermjs/xterm.js/blob/0e45909c7e79c8345249
　3d2cd46d99c0a0bb585f/src/common/data/EscapeSequences.ts

Hint ターミナルで選択したテキストを自動コピーしたいときは

ターミナルで選択したテキストを自動コピーしたいときは、ユーザー設定に次のよ
うに指定します。こうすることで、実行したコマンドをそのままコピーできます。

```
"terminal.integrated.copyOnSelection": true
```

4-2-2　ターミナルの設定

　統合ターミナルで設定できる項目は、「ファイルに移動」（Ctrl + P）して
「Terminal」で検索するか、ユーザー設定で個別にパラメーターを設定します。

デフォルトのターミナル設定

　統合ターミナルのデフォルトでは、Windows 10ではPowerShellが、それ以前
のWindowsではcmd.exeが、macOS / Linuxでは$SHELLが開きます。これを変
更するには、コマンドパレットから［Terminal-既定のシェルの変更］を選択し
ます。

　たとえば、Windowsの場合は「コマンドプロンプト」「PowerShell」「WSL
Bash」「Git Bash」が選べます。自分が一番便利に使えるシェルを設定しておく
とよいでしょう。

▲ **図4-2-4** デフォルトターミナルの設定

JSONファイルでユーザー設定を指定するときは、次のような設定を行います。

● **リスト4-2-2** ユーザー設定でターミナルで使うシェルを指定（Windowsの例）

```
// cmd
"terminal.integrated.shell.windows": "C:\\Windows\\System32\\cmd.exe"
// PowerShell
"terminal.integrated.shell.windows": "C:\\Windows\\System32\\WindowsPowerSh
ell\\v1.0\\powershell.exe"
// Git Bash
"terminal.integrated.shell.windows": "C:\\Program Files\\Git\\bin\\bash.exe"
// Bash on Ubuntu (on Windows)
"terminal.integrated.shell.windows": "C:\\Windows\\System32\\bash.exe"
```

　なお、ターミナルで実行されるシェルは、VS Codeの権限で実行されます。管理者権限または異なる権限でコマンドを実行したい場合は、runas.exeを使用します。

　また、ユーザー設定でterminal.integrated.shellArgs.*を使用して、ターミナル起動の引数を渡すことができます。たとえば、bashをログインシェルとして実行するために-lオプションを設定したいときは、次のように二重引用符で-lを囲って引数を指定します。

● **リスト4-2-3** ターミナル起動の引数を渡す

```
"terminal.integrated.shellArgs.linux": ["-l"]
```

フォントと行の高さ
　ターミナルのフォントと行の高さをカスタマイズ可能です。ターミナルのフォントの設定項目は、リスト4-2-4のとおりです。これらはエディターの設定と区別

されているため、ターミナルのフォントをエディターのフォントとは別に設定したいときに有効です。

● **リスト4-2-4**　ターミナルのフォント設定項目

```
terminal.integrated.fontFamily
terminal.integrated.fontSize
terminal.integrated.fontWeight
terminal.integrated.fontWeightBold
terminal.integrated.lineHeight
```

ターミナルのセッション名の変更

　統合ターミナルのセッション名は、コマンドパレットより［Terminal：Rename（workbench.action.terminal.rename）］コマンドを使用して変更できます。このコマンドを実行すると、新しい名前を入力するためのテキストボックスが表示されます。

特定のフォルダーで開く

　デフォルトでは、ターミナルは現在エクスプローラーで開かれているフォルダーをカレントにして起動しますが、terminal.integrated.cwdを設定することで、任意のフォルダーをカレントにして開くことができます。たとえば、/home/userでターミナルを開きたいときは、ユーザー設定で次のように記述します。

● **リスト4-2-5**　デフォルトのフォルダーをカレントに設定

```
"terminal.integrated.cwd": "/home/user"
```

4-3　IntelliSense

　「**IntelliSense**」は、コード補完、パラメーター情報、クイック情報、メンバーリストなど、さまざまなコード編集機能を指す一般用語です。「コード補完」「コンテンツアシスト」「コードヒント」などの名前で呼ばれることもあります。

4-3-1　プログラミング言語

VS CodeのIntelliSenseは、JavaScript、TypeScript、JSON、HTML、CSS、SCSS、LESSなどの言語に対しては、すぐに使用できるように提供されています。また、これらに限らず、すべてのプログラミング言語の単語ベースの補完をサポートしています。言語拡張機能をインストールすることで、さらに多くの言語でIntelliSenseを使用できるように構成することが可能です。

次に示したのは、VS CodeのMarketplaceで人気のある代表的な言語拡張機能です。

- ・Python
- ・C/C++
- ・C＃
- ・Java Extension Pack
- ・Go
- ・PHP Extension Pack
- ・Ruby
- ・Rust

4-3-2　IntelliSenseと言語サービス

IntelliSenseの機能は、「**言語サービス**」（Language Service）によって強化されています。言語サービスは、言語セマンティクスとソースコードの分析に基づいて、賢いコード補完を提供します。言語サービスが補完が可能であると認識した場合、入力時にIntelliSenseの提案がポップアップ表示されます。文字の入力を続けると、メンバー（変数、メソッドなど）のリストがフィルターされ、入力した文字を含むメンバーのみが含まれます。Tab または Enter を押すと、選択したメンバーが挿入されます。また、Ctrl + Space を押すか、起動文字（JavaScriptのドット文字 (.) など）を入力することにより、エディターウィンドウでIntelliSenseを起動できます。

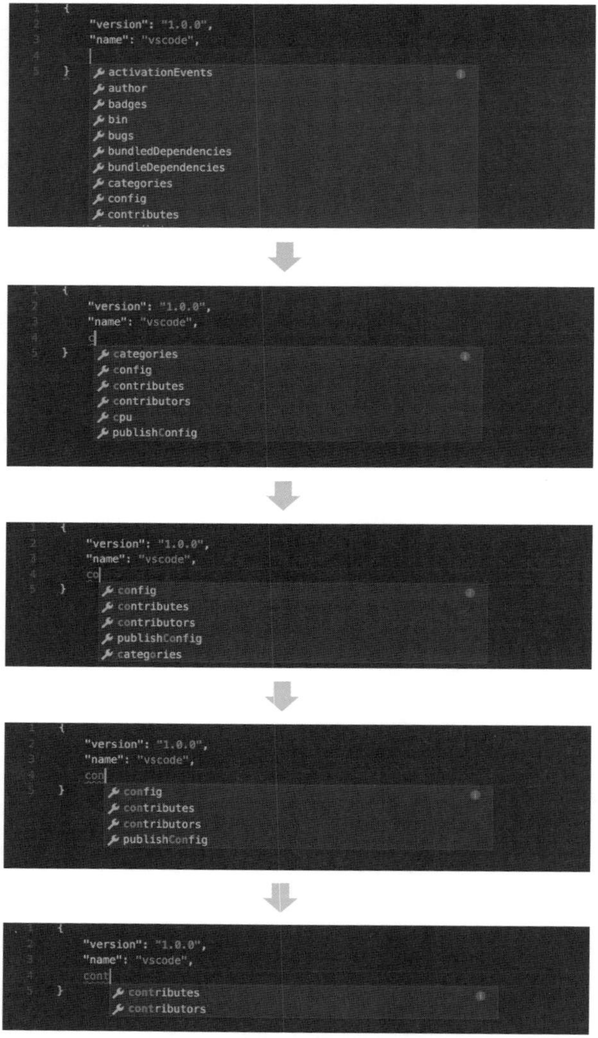

▲図4-3-1　JSONの入力中のIntelliSense

Column 言語サービスとは

VS Code自体の実装に、すべてのプログラミング言語の実装が組み込まれている
と、利用者としては追加で拡張機能をインストールする必要がなく、便利だと思
うかもしれません。しかし、実際のVS Codeの実装はそうなっていません。世の
中に数多く存在するプログラミング言語の挙動をカバーしようとすると、莫大な量
の実装が必要になるからです。

このように爆発的にVS Codeの実装が大きくならないように、VS Codeにおける
各言語の実装は「言語サーバー」（Language Server）という仕組みで分離されて
います。VS Codeと言語サーバーが「言語サーバープロトコル」（Language
Server Protocol）という標準化されたプロトコルを介して連携することで各言語
サポートが実現されています。

次に示した図は、右側の各プログラミング言語ごとの言語サーバーを、左側の1つ
のクライアントであるVS Codeが複数利用している図を示しています。

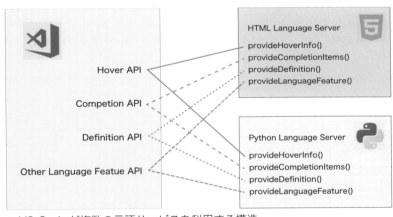

▲ VS Codeが複数の言語サービスを利用する構造

逆に、これらの言語サーバーは、ほかのクライアントから利用されることも想定し
ています。たとえば、AtomやVimなどのVS Code以外のエディターからも同様
に言語サーバーを利用することができます。

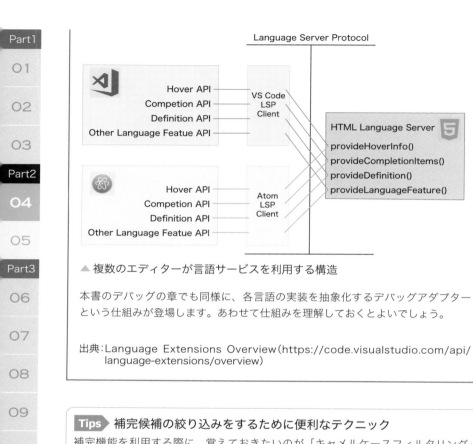

▲ 複数のエディターが言語サービスを利用する構造

本書のデバッグの章でも同様に、各言語の実装を抽象化するデバッグアダプターという仕組みが登場します。あわせて仕組みを理解しておくとよいでしょう。

出典：Language Extensions Overview（https://code.visualstudio.com/api/language-extensions/overview）

Tips 補完候補の絞り込みをするために便利なテクニック

補完機能を利用する際に、覚えておきたいのが「キャメルケースフィルタリング」です。たとえば、「`createApplicationServer`」のような候補を出すために「`crAS`」のように入力して、大文字の箇所で絞り込むことが可能というものです。補完したいクラスやメソッドなどの名前を覚えているときに便利です。

クイック情報（Quick Info）

　IntelliSense が便利なのは、補完機能だけではありません。 Ctrl + Space を押すか、各メソッド右の ⓘ をクリックすると、そのメソッドのクイック情報を表示できます。これによって、数多くのメソッドの役割を詳細に覚えておかなくても、「補完で探す」→「クイック情報で求めているものかどうかを確認する」といった作業をドキュメントを参照することなく、VS Code だけで完結できます。

▲ **図4-3-2** クイック情報 (Quick Info)

　表示されたIntelliSenseを閉じるときは、[Ctrl] + [Space]をもう一度押すか、閉じるボタンを押します。

パラメーター情報

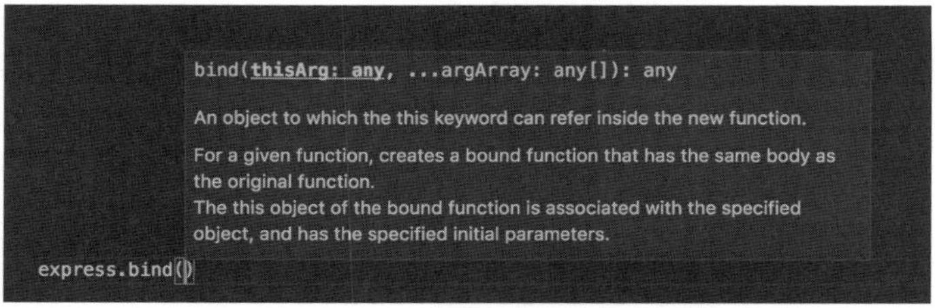

```
bind(thisArg: any, ...argArray: any[]): any

An object to which the this keyword can refer inside the new function.

For a given function, creates a bound function that has the same body as
the original function.
The this object of the bound function is associated with the specified
object, and has the specified initial parameters.

express.bind()
```

▲ 図4-3-3　パラメーター情報

　図4-3-3に示した画面のように、言語サービスは、メソッドシグネチャから
bind()のパラメーターとして相応しい型情報などを表示します。そのため、すべ
てのシグネチャを覚えたり毎回ドキュメントを探したりする必要はありません。

4-3-3　補完の種類

　IntelliSenseは、一度にさまざまなタイプの補完を提供しています。このとき、
補完に表示されているアイコンを区別できると、複数の選択肢の中から求めるも
のをすばやく検索できます。

▼ 表4-3-1　補完の種類

アイコン	種類	
⬡	メソッド、関数	method、function
[@]	変数	variable
⬡	フィールド	field
⚶	クラス	class
●○	インターフェイス	interface
{ }	モジュール	module
🔧	プロパティ、属性	property
⯗	値、列挙型	value、enum
🗂	参照	reference
☰	キーワード	keyword
🎨	カラー	color

[:]	ユニット	unit
[...]	スニペット	sunippet
abc	ワード	text

4-3-4 IntelliSenseのカスタマイズ

設定方法

settings.jsonの設定では、リスト4-3-1のような項目がカスタマイズできます。もちろん、同じ項目をUI設定で行うことも可能です。ただし、非常に多くの項目からこれらの設定を探すのは大変なので、項目名で検索するとよいでしょう。

● リスト4-3-1　settings.jsonによるIntelliSenseのカスタマイズ

```
{
    // 入力中に候補を自動的に表示するかどうかを制御します。
    "editor.quickSuggestions": {
        "other": true,
        "comments": false,
        "strings": false
    },

    // 'Tab'キーに加えて'Enter'キーで候補を受け入れるかどうかを制御します。改行の挿入
や候補の反映の間であいまいさを解消するのに役立ちます。
    "editor.acceptSuggestionOnEnter": "on",

    // クイック候補が表示されるまでのミリ秒を制御します。
    "editor.quickSuggestionsDelay": 10,

    // トリガー文字の入力時に候補が自動的に表示されるようにするかどうかを制御します。
    "editor.suggestOnTriggerCharacters": true,

    // タブ補完を有効にします。
    "editor.tabCompletion": "on",

    // 並べ替えがカーソル付近に表示される単語を優先するかどうかを制御します。
    "editor.suggest.localityBonus": true,

    // 候補リストを表示するときに候補を事前に選択する方法を制御します。
    "editor.suggestSelection": "recentlyUsed",
```

```
// ドキュメント内の単語に基づいて入力候補を計算するかどうかを制御します。
"editor.wordBasedSuggestions": true,

// 入力時にパラメータードキュメントと型情報を表示するポップアップを有効にします。
"editor.parameterHints.enabled": true,
}
```

タブ補完

[Tab] を押したときに、最適な補完を挿入する機能です。デフォルトでは無効になっているため、`editor.tabCompletion`を設定して有効にします。次の選択肢から選びます。

- off：（デフォルト）タブ補完は無効
- on：すべてのサジェストに対してタブ補完が有効になっており、繰り返し呼び出しを行うと、次のサジェストが挿入される
- onlySnippets：現在の行のプレフィックスと一致する静的スニペットのみを挿入する

位置による優先度

通常、候補の並べ替えは、ファイル種別（拡張子情報）と、入力中の単語との一致度によって優先付けされます。これに加えて、`editor.suggest.localityBonus`設定を使用すると、カーソル位置の近くに表示されるサジェストを優先するように制御できます。

▲ **図4-3-4** 位置によって補完候補の優先度が変わる

　図4-3-4では、カーソルの近くにあるcountとcontextとcolocatedが上位に来ていることがわかります。

サジェストの選択

　デフォルトでは、VS Codeはサジェストリストで以前に使用されたものを事前に選択します。このようになっていることで、同じ補完を繰り返しすばやく挿入できるため、非常に便利です。たとえば、提案リストの一番上の項目を常に選択するなど、別の動作が必要な場合は、editor.suggestSelection設定を使用できます。使用可能な値は、次のとおりです。

- first：常に一番上のリスト項目を選択する
- recentlyUsed（デフォルト）：プレフィックス（絞り込み入力）が別のアイテムを選択しない限り、以前に使用したアイテムが選択される
- recentlyUsedByPrefix：提案を完了した以前のプレフィックスに基づいてアイテムを選択する

　「絞り込み入力」とは、何文字か入力して、候補をフィルタリングおよびソートすることです。recentlyUsedオプションは、まずは以前に使用したアイテムを優先しますが、絞り込み入力によって候補が特定された場合には、その結果を選択します。

　最後のオプションを使用すると、VS Codeは特定のプレフィックス（部分テキスト）に対して、選択されたアイテムを記憶します。たとえば、入力して「co」まで入力して表示された補完候補から「console」を選択した場合、次回に「co」まで入力すると、「console」が事前に選択されます。これにより、さまざまなプレフィックスをさまざまな提案にすばやくマッピングできます。

キーバインド

　リスト4-3-2に示したキーバインドは、デフォルトの設定です。キーバインドは、keybindings.jsonに記載されているので、これらをファイルで変更できます。

●**リスト4-3-2**　settings.jsonによるIntelliSenseのカスタマイズ

```
[
    {
        "key": "ctrl+space",
        "command": "editor.action.triggerSuggest",
        "when": "editorHasCompletionItemProvider && editorTextFocus && !ed
itorReadonly"
    },
    {
        "key": "ctrl+space",
        "command": "toggleSuggestionDetails",
        "when": "editorTextFocus && suggestWidget
Visible"
    },
    {
        "key": "ctrl+alt+space",
        "command": "toggleSuggestionFocus",
        "when": "editorTextFocus && suggestWidget
Visible"
    }
]
```

　なお、IntelliSenseには、さらに多くのショートカットキーがあります。［ファイル］（masOS：［Code］）→［基本設定］→［キーボード ショートカット］を開くと、キーボードショートカット一覧が表示されます。各行をダブルクリックすると、希望するキーバインドに設定できます。

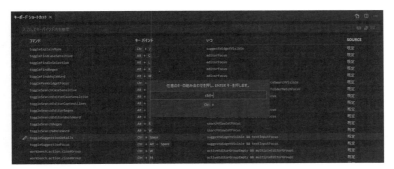

▲ 図4-3-5　キーバインドの一覧と設定

4-3-5　トラブルシューティング

　VS Codeを利用していて、先ほどまで機能していたIntelliSenseが停止していると気づくことがあるかもしれません。まず、候補が一切表示されない場合は、言語サービスが実行されていない可能性があります。VS Codeを再起動すれば、解消できることが多いようです。これは、VS Codeの再起動によって言語サービスも再起動されるためです。

▲ 図4-3-6　「Loading...」のまま候補が表示されていない様子

　メソッドと変数の候補が表示されない場合は、VS Codeがサジェストに必要な情報が不足していることが考えられます。JavaScriptにおいて、型宣言（Typing）ファイルが不足している場合が典型的です。このようなときには、TypeSearch サイト[3]を使用して、特定のライブラリで型宣言ファイルパッケージが利用可能かどうかを確認できます。

※3　https://microsoft.github.io/TypeSearch/

　ここではJavaScript言語を例に挙げましたが、ほかの言語でもそれぞれの拡張機能のドキュメントにVS CodeのIntelliSenseが正しく機能するための情報があることが多いので、参照してみてください。たとえば、JavaのIntelliSenseはVS Codeがデフォルトで対応しているため、公式ドキュメントにガイドがあります。[※4] また、ビルトインで含まれていないもので、あとから拡張機能によって追加された言語の情報は、拡張機能のGitレポジトリを参照してみましょう。Goは、そういった形で情報が公開されている言語です。[※5]

4-4　CodeLens

　「**CodeLens**」は、ソースコードの中に有用なコンテキスト情報を表示する機能で、VS Codeでも人気のある機能です。具体例をみてみましょう。

・Gitの変更履歴をソースコード内に表示する
・監視ログのスタックトレース情報を元にソースコードの中でどこが失敗しているかを表示する
・コードのメンテナンス性を向上させるために、ソースコードの中で複雑になっている箇所を可視化する

　CodeLens機能は、こういった補助的な情報をVS Codeのコードの行間に自動的に表示してくれます。

4-4-1　TypeScriptのCodeLens

　VS Codeには、TypeScript用のCodeLensが付属しています。ユーザー設定で有効にできます。

●**リスト4-4-1**　ソースコード中のコメント

```
"typescript.referencesCodeLens.enabled": true
```

※4　https://code.visualstudio.com/docs/languages/java#_intellisense
※5　https://github.com/Microsoft/vscode-go

```
3
       1 個の参照 | Unsaved changes (cannot determine recent change or authors)
4   class VSCodeBook {
          1 個の参照 | 0 個の参照 | 0 個の参照 | 0 個の参照
5   ┊┈┈constructor(private p1: string, private p2: string, private p3: string) {}
6   }
7
8   const book = new VSCodeBook("Shiho", "Issei", "Yoichi");
9
```

▲ **図4-4-1**　TypeScript用CodeLens

　4行目と5行目の間に、行番号がない行があることに注目してください。これが、CodeLens機能によって与えられたコンテキスト情報です。まさに行間を埋めるように情報が表示されています。この例では、その関数を参照している箇所をリンクする形で表示しています。5行目のコンストラクターは、8行目から参照されていることを示しています。

参照表示

```
       4 個の参照 | You, a few seconds ago | 1 author (You)
4   class VSCodeBook {
          2 個の参照 | 0 個の参照 | 0 個の参照 | 0 個の参照
5   ┊┈┈constructor(private p1: string, private p2: string, private p3: string) {}
       0 個の参照
6   ┊┈┈publish() {}
7   }
```

▲ **図4-4-2**　参照数の表示

　「4個の参照」や「0個の参照」のように、クラスや関数に対する参照箇所の数を表示できます。この情報によって、参照されていないコードを見つけるのに役立ったり、逆にたくさん参照があって影響度が大きい箇所を知ることができます。
　また、参照数だけでなく、CodeLens表示部分をクリックすると、参照箇所へのリンク一覧を表示できます。

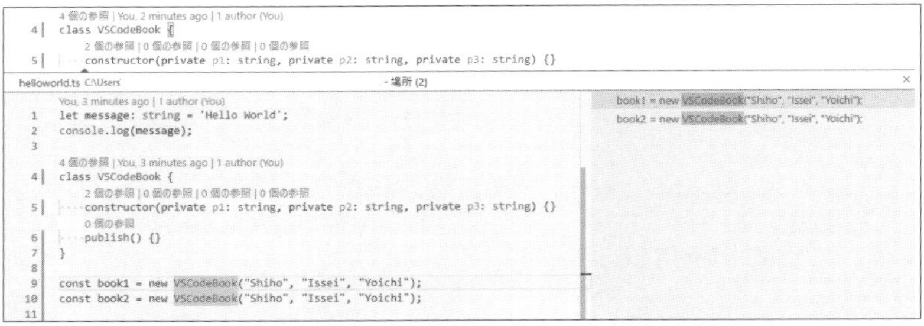

▲ **図4-4-3**　参照箇所へのリンク一覧

4-4-2　拡張機能

　ほかにも、拡張機能によって多くのCodeLens機能をインストールできます。ここでは、代表的なものをいくつか紹介しましょう。

Git Lens[※6]

　Gitに関する拡張機能は、CodeLens拡張の中でも人気のあるものの1つです。GitHubなどのGitリポジトリを使っているすべての人にお勧めであるといってもよいでしょう。

　Git Lens拡張機能は、次のようなGitに関する情報を表示します。

・該当箇所の変更者、変更日付、コミットメッセージなど
・何名が該当行を変更しているか
・そのファイルの変更履歴
・その行の変更履歴

　まだまだ紹介しきれないほど豊富な機能があります。Marketplaceの拡張機能ページもぜひ参考にしてください。ここでは代表的な表示の例を紹介します。

※6　https://marketplace.visualstudio.com/items?itemName=eamodio.gitlens

現在行表示

現在行の終わりに、「誰が」「いつ」変更したかといった履歴を表示します。

● **リスト4-4-2** 現在行表示の例

```
function publish(version: string) {
    return printBook(version);      Issei Hiraoka, 1 month ago * commit in
Onsen
}
```

CodeLens

GitLens の CodeLens 機能が有効になっていると、ファイルや各関数の冒頭に次のような情報が行間に表示されます。

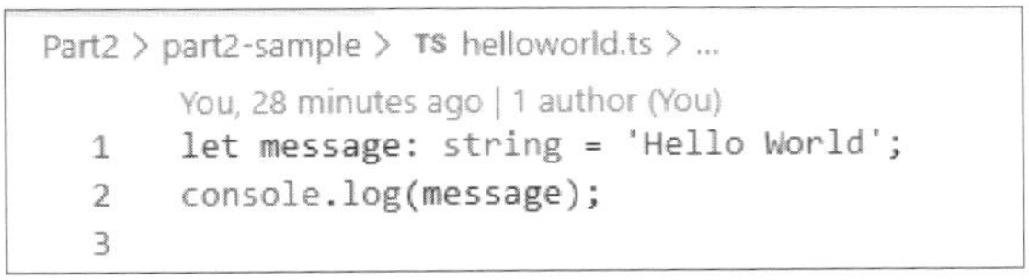

```
Part2 > part2-sample > TS helloworld.ts > ...
        You, 28 minutes ago | 1 author (You)
  1     let message: string = 'Hello World';
  2     console.log(message);
  3
```

▲ **図4-4-4**　CodeLens の機能

・最終変更者と日付（例：You、xx minites ago）
・誰がこのファイルを変更しているか（例：N author (You, , , ,)）

この場合、「N author」の部分はリンクになっていて、クリックするとガターに行ごとの変更履歴が開きます。

ガター表示

「ガター」とは、行番号と本文の間にある隙間のことです。ここに該当行のコミットメッセージなどを表示します。これによって、どの部分が誰によっていつ変更されたか、そして、その変更のコミットメッセージを一度に把握できます。

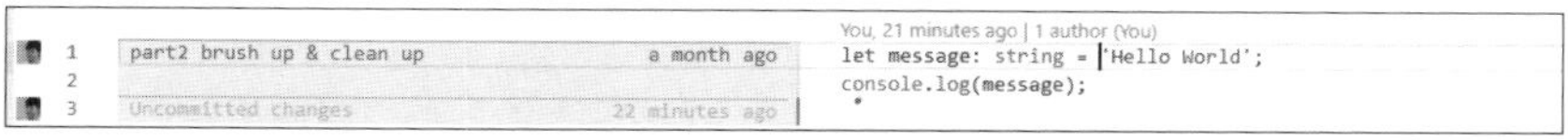

▲ **図4-4-5**　ガター表示

ホバー表示

　カーソルを行に合わせると、変更履歴などを表示します。上から下へ行をなぞるようにカーソルを動かすだけで、履歴情報が次々と表示されるのでとても便利です。

▲ **図4-4-6**　ホバー表示

ステータスバー表示

　下部のステータスバーに、開いているファイルの変更者と日付を表示します。表示部分をクリックすると、クイックメニューが開きます。

▲ **図4-4-7**　ステータスバー表示

CodeMetrics[7]

　コードの複雑さを計算して表示する拡張機能です。複雑さを示す数値をコードの行間に表示するので、複雑なコードになってしまったことが明確にわかります。

　「Complexity is NN」のCodeLens説明のリンクをクリックすると、どの個所で複雑さがカウントされているかを一覧表示できます。

※7　https://marketplace.visualstudio.com/items?itemName=kisstkondoros.vscode-codemetrics

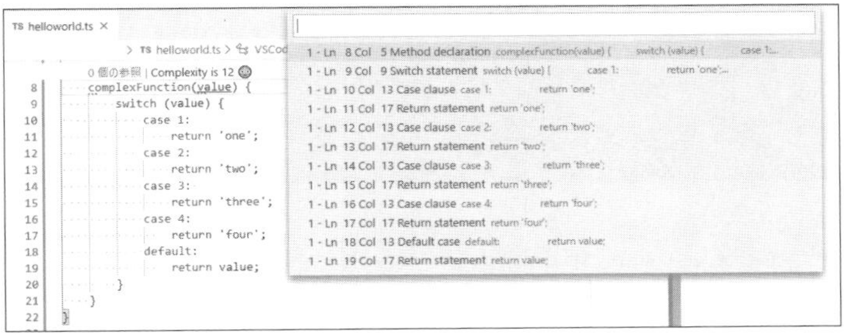

▲ **図4-4-8**　CodeMetricsの機能

Version Lens [8]

　JavaScriptであれば、`package.json`などの設定ファイルに利用するライブラリと、そのバージョンを記述しておくような場合がよくあります。しかし、各ライブラリのバージョンが最新になっているかを1つひとつ確認するのは困難です。こういったときに、この拡張機能を使うと、行間に最新バージョンを表示できます。このように、能動的に確認しなくても、情報に気付くことができる点もCodeLens機能の魅力です。

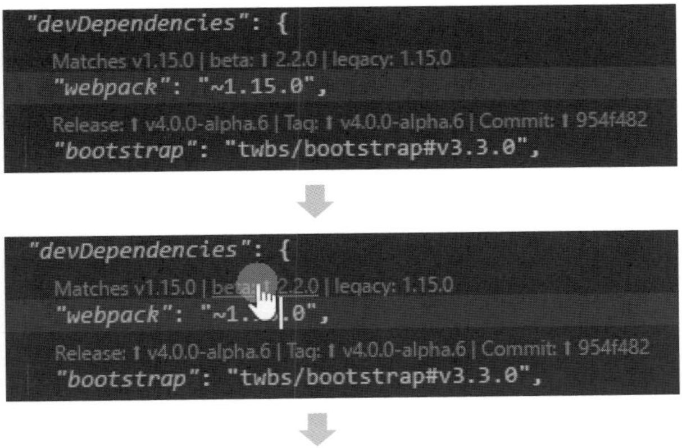

※8　https://marketplace.visualstudio.com/items?itemName=pflannery.vscode-versionlens

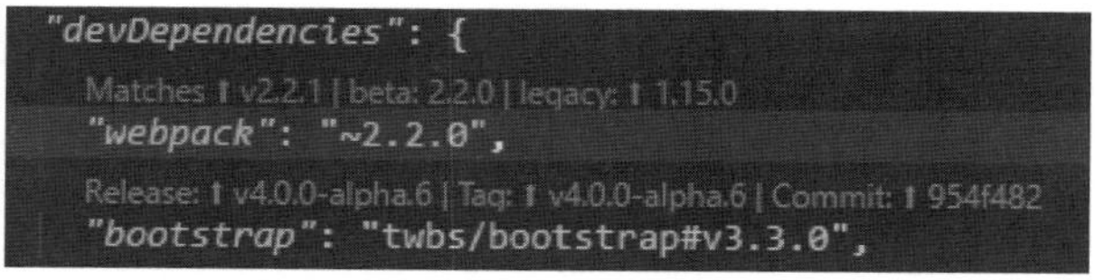

```
"devDependencies": {
  Matches ↑ v2.2.1 | beta: 2.2.0 | legacy: ↑ 1.15.0
  "webpack": "~2.2.0",
  Release: ↑ v4.0.0-alpha.6 | Tag: ↑ v4.0.0-alpha.6 | Commit: ↑ 954f482
  "bootstrap": "twbs/bootstrap#v3.3.0",
```

▲ 図4-4-9　Version Lens

出典：https://marketplace.visualstudio.com/items?itemName=pflannery.vscode-versionlens

4-5　ナビゲーション

　左サイドバーのエクスプローラーを使うと、直感的に複数のファイルを編集できます。しかし、コードエディターとしてのVS Codeの機能はそれだけではありません。キーボードショートカットを使いながら、さまざまな機能を駆使することで、コードの編集に集中した状態を維持できます。

　ここでは、ファイルをすばやく開いたり移動したりするテクニックを紹介します。

4-5-1　クイックオープン

　[Ctrl] + [P]（macOS：[Ctrl] + [P]）で、上部に「クイックオープン」のテキストボックスが表示されます。開いてみましょう。

▲ 図4-5-1　クイックオープン

　最近開いたファイルを中心に、[↑][↓]でファイルを選択できます。また、ファイル名を入力して絞り込みながら開くことも可能です。

4-5-2 タブ移動

複数のファイルを開いた際に、タブごとに移動できます。これはWebブラウザーなどでも馴染みのあるショートカットなので、違和感なく操作できるでしょう。

▼**表4-5-1** タブ移動のショートカットキー

操作	Windows / Linux	macOS
次(右側)のタブを開く	`Ctrl` + `Tab`	`Ctrl` + `Tab`
前(左側)のタブを開く	`Ctrl` + `Shift` + `Tab`	`Ctrl` + `Shift` + `Tab`

また、直前に開いていたファイルをもう一度開くショートカットも便利です。複数ファイルを開いていても、一度に作業しているのは2、3ファイルであることが多いでしょう。このショートカットを使うと、作業ファイル間をすばやく移動できます。

▼**表4-5-2** 作業ファイル間移動のショートカットキー

操作	Windows / Linux	macOS
前のファイルへ戻る	`Alt` + `←`	`Ctrl` + `-`
次のファイルへ進む	`Alt` + `→`	`Ctrl` + `Shift` + `-`

4-5-3 定義に移動

プログラミング言語の機能でサポートされている場合は、シンボルにカーソルを合わせた後に、`F12`を押すと、定義されている箇所へ移動できます。
定義されたファイルを開くまでもなく、定義を確認したいだけなら、`Ctrl`を押しながらマウスカーソルをシンボルに合わせると、プレビューウィンドウの形式で確認できます。

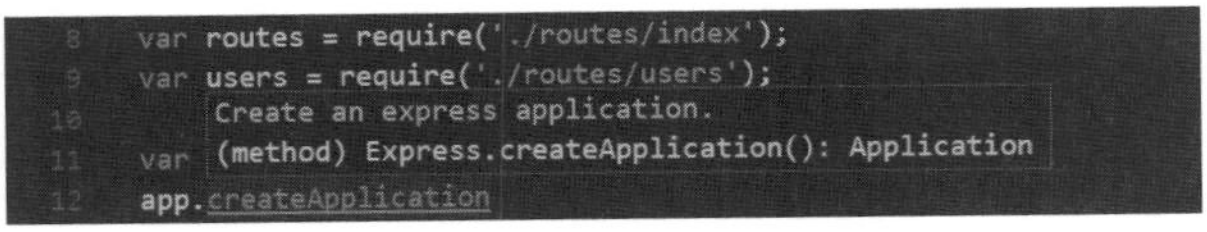

```
8  var routes = require('./routes/index');
9  var users = require('./routes/users');
10    Create an express application.
11 var (method) Express.createApplication(): Application
12 app.createApplication
```

▲**図4-5-2** マウスオーバーによる定義の確認

このプレビュー状態で該当ファイルを開きたい場合は、⌈Ctrl⌋を押したままクリックします。

4-5-4　型定義に移動

型が存在する言語では、型定義ファイルに移動できます。

右クリックもしくはコマンドパレットから、[Go to Type Definition] メニューで移動できます。コマンドパレットは、⌈Ctrl⌋ + ⌈Shift⌋ + ⌈P⌋ (macOS：⌈⌘⌋ + ⌈Shift⌋ + ⌈P⌋) あるいは⌈F1⌋で、上部に表示されます。

実行されるコマンドである [editor.action.goToTypeDefinition] は、デフォルトではキーボードショートカットが設定されていませんが、カスタムキーバインディングを追加できます。多用するようであれば、設定しておくとよいでしょう。

4-5-5　実装に移動

⌈Ctrl⌋ + ⌈F12⌋ (macOS：⌈⌘⌋ + ⌈F12⌋) を押すと、実装部分に移動できます。インターフェイスや抽象メソッドの場合、具体的な実装をすべてリストアップします。

4-5-6　シンボルに移動

クラスや関数など同一ファイル内で移動するには、次のショートカットを利用します。

▼**表4-5-3**　シンボルに移動のショートカットキー

操作	Windows / Linux	macOS
シンボルへ移動する	⌈Ctrl⌋ + ⌈Shift⌋ + ⌈O⌋	⌈⌘⌋ + ⌈Shift⌋ + ⌈O⌋
シンボルへ移動する（クイックオープン経由で）	⌈Ctrl⌋ + ⌈P⌋→⌈@⌋	⌈⌘⌋ + ⌈P⌋→⌈@⌋

4-5-7　名前でシンボルを開く

　移動する前に、移動先の名前がわかっている場合は、⎡Ctrl⎤ + ⎡T⎤（macOS：⎡⌘⎤ + ⎡T⎤）を使います。すべてのシンボルが一覧表示されるので、名前を入力して絞り込めるため、非常に便利です。

4-5-8　ピーク（ちら見）

　ファイルを開くまでもなく、必要な情報をすばやく確認したいだけということはよくあります。このようなときは、ピーク（ちら見）機能を利用します。

　この機能を利用すると、同じファイル内に埋め込まれる形でファイルを開くことができます。このように開いたピークウィンドウの中でもファイルの編集が可能です。ピークウィンドウを閉じるには、⎡Esc⎤を押します。

▼表4-5-4　ピークのショートカットキー

操作	ショートカットキー
参照ピーク（ちら見）	⎡Shift⎤ + ⎡F12⎤
定義ピーク（ちら見）	⎡Alt⎤ + ⎡F12⎤
ピークウィンドウを閉じる	⎡Esc⎤

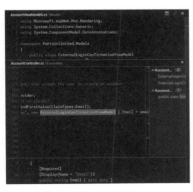

▲図4-5-3　ピーク機能

　ピーク機能は、設定のeditor.stablePeek項目で無効にできます。

145

4-5-9　括弧を移動

対応する括弧と閉じ括弧は、カーソルを合わせるとそれぞれ強調表示されて、始まりと終わりが視覚的にわかります。この強調表示されているときに、Ctrl + Shift + \\ (macOS: ⌘ + Shift + \\) を押すと、対応する括弧に移動できます。

4-6　リファクタリング

プログラムの動作を変更せずにコードを再構築することを「リファクタリング」と呼びます。これによって、コードの品質と保守性が向上します。VS Codeは、IDEが備えているような、メソッド抽出や変数抽出などのコードリファクタリング機能もサポートしています。

4-6-1　クイックフィックスコマンド

VS Codeは、リファクタリングできそうな部分を自動的に検出し、緑の波下線と電球マークで強調表示をします。

```
 4    if (false) {
 5
 6        到達できないコードが検出されました。 ts(7027)
 7        クイック フィックス...
 8    💡  message = "never reached";
 9    }
10
```

▲図4-6-1　クイックフィックス

このとき、カーソルを下線に合わせて、電球マークをクリックするか、Ctrl + . (macOS: ⌘ + .) を押すと、リファクタリングアクションの候補を表示します。

146

```
4   if (false) {
5       message = "never reached";
6   }
7
8
       到達できないコードを削除します
```

Part1

01

02

03

Part2

04

05

Part3

06

07

08

09

10

11

12

13

Part4

14

Appendix

▲**図4-6-2** リファクタリングアクションの候補表示

メソッド抽出

選択した部分をメソッドや関数に変換し、再利用可能にします。もっとも頻繁に利用するリファクタリングアクションの1つといってよいでしょう。メソッド抽出と同時に、メソッドや関数の名前を定義するように求められるため、第三者の可読性を向上させる目的も含めて、意味のある名前を付ける習慣のトリガーにもなります。

抽出する部分を選択し、クイックフィックスコマンドを利用します。

4-6-2　変数抽出

TypeScript言語サポートでは、const変数抽出のリファクタリングが可能です。選択箇所の式を抽出し、新しいローカル変数を作成できます。

```
TS helloworld.ts ×

TS helloworld.ts > ...
1   let message: string = 'Hello World';
2   console.log(message);
3
        global スコープ内の function に抽出する
        外側のスコープ内の constant に抽出する
        新しいファイルへ移動します
```

▲**図4-6-3**　TypeScriptの変数抽出のリファクタリング

4-6-3　シンボル名の変更

変数名や関数名を、あとからわかりやすい名前に変更したり、新たな命名則にしたがって変更することは、よくあります。VS Codeのシンボル名の変更を使うと、言語サポートによっては、該当箇所の名前だけではなく、ファイル全体でそれを参照する部分も名前変更を行えます。

　シンボル名の変更は、リファクタリングの中でも頻繁に使う操作であるため、専用のコマンドがあり、F2で実行できます。

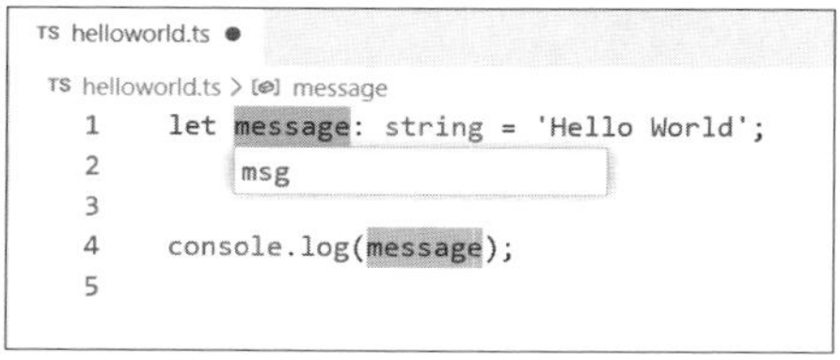

```
TS helloworld.ts ●
TS helloworld.ts > [∅] message
    1    let message: string = 'Hello World';
    2        msg
    3
    4    console.log(message);
    5
```

▲ 図4-6-4　シンボル名の変更

　手順としては、次のように行います。

①変更したい箇所にカーソルを当てる
②ショートカット F2 を押す
③新しい名前を入力する
④ Enter を押す

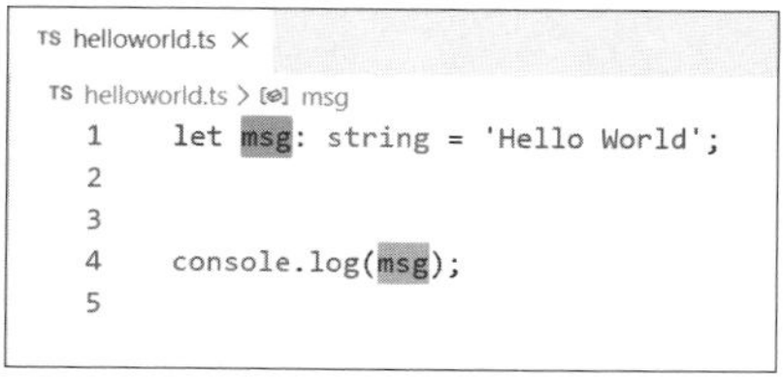

```
TS helloworld.ts ×
TS helloworld.ts > [∅] msg
    1    let msg: string = 'Hello World';
    2
    3
    4    console.log(msg);
    5
```

▲ 図4-6-5　シンボル名の変更

　図4-6-5を見ると、参照している変数も同時に変更されたことがわかります。

4-6-4　リファクタリング関連の拡張機能

　ここまででは、各種プログラミング言語で共通するリファクタリング操作を紹介しました。これらに加えて、各言語に特有の操作については、拡張機能を利用して追加できます。

JS Refactor[9]

次のようなJavaScriptに特化したリファクタリングをサポートします。主要な
リファクタリングアクションを紹介します。

・式を変数に割り当てる
・式をアロー関数に変換する
・アロー関数を式に変換する
・関数のパラメーターの順番を左右にシフトする

4-7　デバッグ

VS Codeの主要な機能の1つは、優れたデバッグサポートです。VS Codeのビ
ルトインデバッガーは、編集、コンパイル、およびデバッグループの高速化に役
立ちます。

4-7-1　デバッガー拡張機能

VS Codeは、Node.jsランタイムの組み込みデバッグサポートを備えており、
拡張機能を追加しなくても、JavaScript、TypeScript、またはJavaScriptに変換
される言語をデバッグできます。

それ以外の多くの言語に関しては、拡張機能によってサポートを追加します。

デバッガーの拡張機能を効率よく探すためには、Marketplaceの検索ボックス
で「@category:debuggers」と入力して、カテゴリを絞り込みます。

※9　https://marketplace.visualstudio.com/items?itemName=cmstead.jsrefactor

▲ **図4-7-1**　Marketplaceでカテゴリを絞って検索

Column　デバッグアダプターとは

VS Code自体は、先に説明したように、「Electron」(HTML + JavaScript + CSS)という仕組み(フレームワーク)で実装されています。では、実行エンジンを持たないPHPやGoなどのプログラミング言語は、どのようにデバッグ実行されているのでしょうか。

実は、次に示した図のように、VS Code自体は汎用的なデバッグUIしか備えていないのですが、デバッグアダプターを経由することで、各言語のデバッガーのデバッグ情報を表示しています。このように、VS Code自体の実装と各言語サポート実装は、抽象的なプロトコルを使うことで、きれいに分離されています。これが、VS Codeが多くの言語を柔軟にサポートできる理由の1つです。

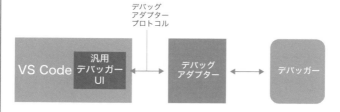

さらに知りたい場合は、公式ドキュメントを参考にしてください。

・デバッガー拡張

https://code.visualstudio.com/api/extension-guides/debugger-extension

---

150

4-7-2 デバッグビュー

デバッグビューを表示するには、VSコードの横にあるアクティビティバーの
デバッグアイコンを選択するか、Ctrl + Shift + D（macOS：⌘ + Shift + D）
を押します。

◀図4-7-2 デバッグアイコン

4-7-3 デバッグメニュー

▲図4-7-3 デバッグメニュー

それぞれのデバッグアクションの詳細は後述します。

4-7-4 チュートリアル：デバッグ実行する

リスト4-7-1のような簡単な例（app.js）を使って、デバッグ実行してみましょう。

● **リスト4-7-1**　app.js

```
var msg = 'Hello World';
console.log(msg);
```

ファイルを保存したら、2行目の「console.log(msg);」に対して、行番号の左部分（「エディターマージン」といいます）をクリックしてブレークポイントを追加します。

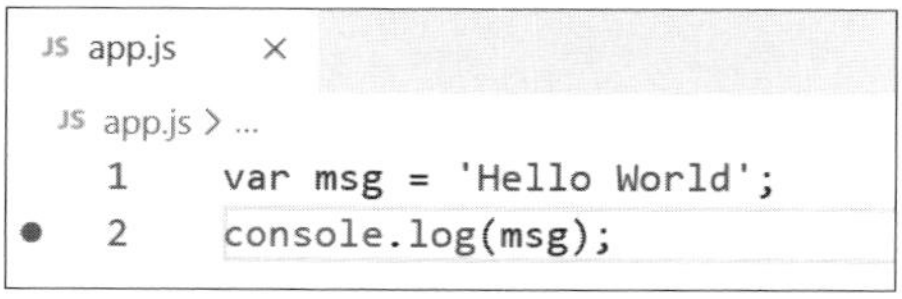

```
JS app.js    ×
JS app.js > ...
    1    var msg = 'Hello World';
●   2    console.log(msg);
```

▲ **図4-7-4**　ブレークポイントの追加

次に、F5 を押して、デバッグ実行を開始します。

Hint
VS Codeの公式サイトに、デバッグ実行をするためのサンプルチュートリアルがあります。
・https://code.visualstudio.com/docs/nodejs/nodejs-tutorial

4-7-5　画面構成

デバッグ実行が起動すると、図4-7-5のような画面が表示されます。先ほどブレークポイントを設定した2行目で一時停止していることがわかります。

・サイドバー
・サイドバー
　・変数
　・ウォッチ式
　・コール スタック
・実行バー

・デバッグツールバー
・デバッグコンソール

▲ 図4-7-5 デバッグの画面

さらに、次のことがデバッグ機能からわかります。

・左メニューの［変数］ビューのmsg変数に「"Hello World"」が設定されて
いること
・エディタービューでmsg変数にカーソルをあわせると「"Hello World"」が
表示されること

4-7-6 起動構成 (launch.json)

[F5]を押してデバッグ実行を開始すると、現在開いているアクティブなファイ
ルをデバッグしようとします。ただし、多くの場合、ワークスペースごとに起動
構成ファイル（launch.json）を作成して、ワークスペースで常に同じプロセスを
デバッグを行います。

Node.jsのサーバープロセスを起動してHTTPリクエストで起動するプロセス
をデバッグするようなケースを例に説明しましょう。

ワークスペース直下の.vscodeフォルダーにlaunch.jsonファイルを作成します。

153

●リスト4-7-2　launch.json

```json
{
    "version": "0.2.0",
    "configurations": [
        {
            "type": "node",
            "request": "launch",
            "name": "Launch Program",
            "program": "${file}"
        }
    ]
}
```

起動（Launch）と接続（Attach）、2つのデバッグモード

　VS Codeには、「**起動（Launch）**」と「**接続（Attach）**」という2つのコアデバッグモードがあります。

　それぞれ、もっともわかりやすい例を挙げます。

・起動（Launch）
　ローカルマシンでサーバーなどのプロセスを起動して、その上でデバッグ操作をします。
・接続（Attach）
　Webブラウザーの開発者ツールなど、すでに実行中の外部のプロセスに接続して、デバッグ操作をします。

launch.json に新しい構成を追加する

　既存の launch.json に新しい構成を追加することができます。つまり、launch.json ファイルでは、複数の起動構成を管理することができるということです。

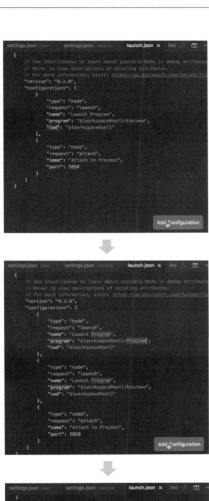

◀図4-7-6　構成の追加

Part1
01
02
03
Part2
04
05
Part3
06
07
08
09
10
11
12
13
Part4
14
Appendix

4-7-7　デバッグアクション

　デバッグセッションが開始されると、**デバッグツールバー**がエディターの上部に表示されます。

▲ **図4-7-7**　デバッグツールバー

　左から、ショットカットキーと合わせて紹介します。

▼ **表4-7-1**　デバッグセッションのショートカットキー

操作	ショートカットキー
続ける／一時停止	F5
ステップオーバー	F10
ステップイン	F11
ステップアウト	Shift + F11
リスタート	Ctrl + Shift + F5
停止	Shift + F5

4-7-8　ブレークポイント

　ブレークポイントは、「**エディターマージン**」をクリックするか、現在の行でF9を押して、ON/OFFを切り替えます。より詳細なブレークポイント制御（有効化／無効化／再適用）は、デバッグビューの「**ブレークポイント**」セクションで実行できます。

・エディターマージンのブレークポイントは、通常、赤い丸で囲まれている
・無効なブレークポイントには、塗りつぶされた灰色の円がある
・デバッグセッションが開始されると、デバッガーに登録できないブレークポイントは灰色の白丸に変わる。ライブ編集がサポートされていないデバッグセッションの実行中にソースが編集された場合も、同じことが起こる

このビューで右クリックをすると、次のようなメニューが表示されます。

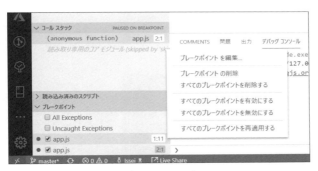

▲ **図4-7-8**　ブレークポイントの設定

　メニューの一番下の「すべてのブレークポイントを再適用する」は、すべてのブレークポイントを元の場所に再設定します。ブレークポイントが反応しなかったり、ズレてしまっている場合に試してみるとよいでしょう。

4-7-9　ログポイント

　「**ログポイント**」は、ブレークポイントとは異なり、プログラムを「ブレーク」せず、代わりにコンソールにメッセージをログする機能です。ログポイントは、WebブラウザーでWebアプリケーションを動かしながらデバッグするときなど、一時停止させたくないデバッグ中にログを記録するのに特に役立ちます。

フィボナッチ関数にログ
ポイントを設定する例

返り値の部分に、ログ
ポイントを設定

ログに出力する式を入
力する。「{」と「}」で囲
まれた式は値が評価さ
れる
例：f i b ({ n u m }) :
　　{result}

赤いひし形のマークが
設定されたので、デ
バッグ実行をスタート
する

ターミナルに、評価さ
れた値が表示される

▲ **図4-7-9**　ログポイントの設定

4-7-10　データ検査、変数ウォッチ

変数は、左のデバッグビューの**VARIABLES**セクションで、またはエディターでソースの上にマウスカーソルを合わせると、検査することが可能です。変数値と式の評価は、**CALL STACK**セクションで選択されたスタックフレームに関連しています。

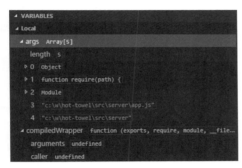

▲ 図4-7-10　変数の検査

変数の値は、変数のコンテキストメニューの**Set Value**アクションで変更、つまりデバッグ実行で一時停止中に書き換えることができます。

なお、変数と式は、デバッグビューの**WATCH**セクションで評価および監視もできます。

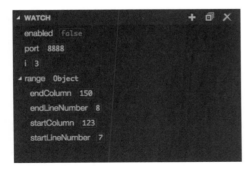

▲ 図4-7-11　変数のウォッチ

4-7-11　トラブルシューティング

　デバッグビューに起動設定が表示されずに、デバッグ実行が開始できない場合は、launch.jsonが正しくセットアップされているかを確認するとよいでしょう。多くの場合、ファイルの構文エラーが原因です。次に示した図は、helloworld.tsのところの拡張子を、誤って.tとしてしまって実行した場合の例です。

▲図4-7-12　デバッグ実行エラー。launch.jsonを開くように促される

4-8　タスク

4-8-1　タスクによる自動化

　ソフトウェアを開発する際には、コーディングだけではなく、システムのリンティング／ビルド／パッケージ化／テスト／デプロイなどの決まった処理を行うタスクが発生します。たとえば、TypeScriptコンパイラ、ESLintやTSLintなどのリンター（構文チェックツール）、make、Ant、Gulp、MSBuildを使ったビルドなどです。

　これらのツールは、主にコマンドラインからジョブを実行します。何度も繰り返される作業なので、VS Code内から各種ツールを自動実行して結果を確認できると便利です。VS Codeには、こういったタスクを自動化するためのツールが搭載されています。

　コマンドパレットを表示して［Task］と入力すると、タスクに関連するコマンドが表示されます。よく利用するタスクはショートカットキーを割り当てておくとよいでしょう。

▲ **図4-8-1** 「タスク」の一覧

　タスクの構成情報は tasks.json に保存されます。カスタムタスクについては
あとで説明します。

タスクの実行

　タスクの機能を確認するため、TypeScriptからJavaScriptにコンパイルする
作業をみてみましょう。

　次のコマンドで新しいフォルダー「mytask」を作成し、tsconfig.json ファイ
ルを生成して、そのフォルダーから VS Code を開始します。

●**コマンド4-8-1**　新しいフォルダーを作成し、tsconfig.json を生成して、VS
　Code を実行

```
mkdir mytask
cd mytask
tsc -init
code .
```

HelloWorld.ts という名前でファイルを作成します

Part1

01

02

03

Part2

04

05

Part3

06

07

08

09

10

11

12

13

Part4

14

Appendix

●リスト4-8-1　HelloWorld.ts

```typescript
function sayHello(name: string): void {
    console.log(`Hello -${name}!`);
}
sayHello('Issei');
```

　ここで Ctrl + Shift + B を入力すると、次のようなダイアログが表示され
ます。

実行するビルド タスクを選択

tsc: ウォッチ - mytask/tsconfig.json　　　　　　　　　　　　　検出されたタスク ⚙
tsc: ビルド - mytask/tsconfig.json

▲ 図4-8-2　実行するタスクの選択

　それぞれは、次のような動作を行います。

・tsc: ビルド

　TypeScriptコンパイラを実行し、TypeScriptファイルをJavaScriptファイ
　ルに変換します。コンパイルが完了すると、HelloWorld.jsが作成されます。

・tsc: ウォッチ

　監視モードでTypeScriptコンパイラを起動します。HelloWorld.tsファイル
　を保存するたびにHelloWorld.jsが再生成されます。

タスク自動検知

　VS Codeは、Gulp ／ Grunt ／ Jake ／ npmのタスクを自動検出します。

　タスクの自動検出は、ユーザー設定またはワークスペース設定で、次のように
記述することで無効にできます。

●**リスト4-8-2** タスクの自動検出の設定

```
{
    "typescript.tsc.autoDetect": "off",
    "grunt.autoDetect": "off",
    "jake.autoDetect": "off",
    "gulp.autoDetect": "off",
    "npm.autoDetect": "off"
}
```

カスタムタスク

デフォルトでVS Codeが対応していない言語やツールの場合や、任意のコマンドラインツールを起動したい場合には、カスタムタスクの作成を行います。

VS Codeのメニューから［ターミナル］→［タスクの構成］を選択し、［テンプレートからtasks.jsonを作成］を選択します。これによって、ワークスペースとしているフォルダー以下に.vscodeフォルダーが作成され、その下にtasks.jsonが作成されます。すでにtasks.jsonが存在する場合は、［テンプレートからtasks.jsonを作成］が表示されないので、いったんtasks.jsonを削除するか名前を変更します。

選択できるテンプレートは、次の4つから選択できます。

・MSBuild
・Maven
・.NET Core
・Other（任意のコマンドを実行）

生成されたtasks.jsonをベースにしてタスクを記述するとよいでしょう。
たとえば、次の例のようなtasks.jsonを作成します。

●**リスト4-8-3** tasks.json

```
{
    // See https://go.microsoft.com/fwlink/?LinkId=733558
    // for the documentation about the tasks.json format
    "version": "2.0.0",
```

```
    "tasks": [
        {
            "label": "Run tests",
            "type": "shell",
            "command": "./scripts/test.sh",
            "windows": {
                "command": ".\\scripts\\test.cmd"
            },
            "group": "test",
            "presentation": {
                "reveal": "always",
                "panel": "new"
            }
        }
    ]
}
```

タスクのプロパティには、次の意味があります。

▼ 表4-8-1　タスクのプロパティ

プロパティ	説明
label	タスクのラベル
type	タスクの種類。カスタムタスクの場合は、shellまたはprocess。shell(bash / CMD / PowerShell)の場合はシェルコマンドとして動作。processの場合はコマンドを実行するプロセスとして動作
command	実行コマンド
windows	Windows固有のプロパティ
group	タスクが属するグループを定義
presentation	タスク出力の処理方法を定義
runOptions	タスクをいつ、どのように実行するかを定義

　ここで注意しておきたいのは、シェルコマンドにスペースのような特殊文字を含む場合です。単一のコマンドが指定された場合はシェルにコマンドをそのまま渡しますが、コマンドを正しく動作させるためには、エスケープ処理を行う必要があります。たとえば、名前にスペースを含むフォルダーの一覧を表示したいときには、ファイル名のスペースがコマンドの区切りと認識されないように、次のようにシングルクォート（'）で囲みます。

● **リスト4-8-4** 名前にスペースを含むフォルダーの一覧を取得するタスク

```
{
  "label": "dir",
  "type": "shell",
  "command": "dir 'folder with spaces'"
}
```

コマンドに引数が渡される場合は、次のように指定できます。

● **リスト4-8-5** コマンドに引数が渡されるタスク

```
{
  "label": "dir",
  "type": "shell",
  "command": "dir",
  "args": [
    "folder with spaces"
  ]
}
```

タスクの依存関係

dependsOnプロパティを使用すると、複数のタスクからタスクを作成することもできます。たとえば、クライアントとサーバーの2つのワークスペースがあり、両方にビルドスクリプトが含まれている場合、それぞれを別々のターミナルで並列に実行するタスクを作成できます。

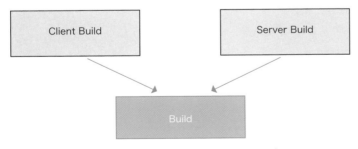

▲ **図4-8-3** 複数のタスクを並列で実行するイメージ

●リスト4-8-6　複数のタスクを並列で実行するタスク

```
{
    "version": "2.0.0",
    "tasks": [
        {
            "label": "Client Build",
            "command": "gulp",
            ～中略～
        },
        {
            "label": "Server Build",
            "command": "gulp",
            ～中略～
        },
        {
            "label": "Build",
            "dependsOn": ["Client Build", "Server Build"]
        }
    ]
}
```

　"dependsOrder"プロパティを指定するとタスクの依存関係と実行順序を制御できます。たとえば、次のように「sequence」（直列実行）を指定した場合、One→Two→Threeの順に実行します。

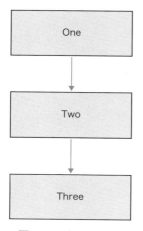

▲図4-8-4 複数のタスクを直列で実行するイメージ

● リスト4-8-7　複数のタスクを実行するタスク

```
{
    "label": "One",
    "type": "shell",
    "command": "echo One"
},
{
    "label": "Two",
    "type": "shell",
    "command": "echo Two"
},
{
    "label": "Three",
    "type": "shell",
    "command": "echo Three",
    "dependsOrder": "sequence",
    "dependsOn": [
        "One",
        "Two"
    ]
}
```

runOptionsプロパティでは、タスクの実行動作を次のように指定できます。

▼ 表4-8-2　runOptions プロパティ

値	説明
reevaluateOnRerun	タスクが再実行されるときに変数が再評価されるかどうか
runOn	タスクをいつ実行するか folderOpen：フォルダーが開かれたときにタスク実行 default：タスク実行指定時

定義済み変数のタスクでの利用

　タスク構成を作成する場合、アクティブファイル（-${file}）やワークスペースルートフォルダー（-${workspaceFolder}）などの定義済みの変数を使うと便利です。VS Codeは、tasks.jsonファイル内の文字列内での変数置換をサポートしています。

　リスト4-8-9に示したのは、現在アクティブなファイルをTypeScriptコンパイラに渡すtasks.jsonの例です。

● **リスト4-8-8**　アクティブなファイルをTypeScriptコンパイラに渡すtasks. jsonの例

```
{
    "label": "TypeScript compile",
    "type": "shell",
    "command": "tsc -${file}",
    "problemMatcher": [
        "-$tsc"
    ]
}
```

利用できる定義済み変数は、次の通りです。

▼ **表4-8-3**　定義済み変数

変数	説明
${workspaceFolder}	VS Codeで開かれたフォルダーのパス
${workspaceFolderBasename}	VS Codeでスラッシュなしで開かれたフォルダーの名前
${file}	開いているファイル
${relativeFile}	開いているファイルのworkspaceFolder
${relativeFileDirname}	開いているファイルのフォルダー名 workspaceFolder
${fileBasename} 開いているファイルのベース名	
${fileBasenameNoExtension}	開いているファイルのファイル名なしのベース名
${fileDirname}	開いているファイルのフォルダー名
${fileExtname}	開いているファイルの拡張子
${cwd}	起動時のタスクランナーの作業ディレクトリ
${lineNumber}	アクティブなファイルで選択されている行番号
${selectedText}	アクティブなファイルで選択されているテキスト
${execPath}	実行中のVS Code実行可能ファイルへのパス

詳細については、Variables Reference[10]で確認できます。

また、**tasks.json**で設定できるプロパティの詳細は、公式サイト[11]にリファレンスがあるので参照してください。

実際の利用例

これらのTask機能を使うと、次のようなことが実現できます。詳細の手順は公式サイトに言語別のリファレンスがある[12]ので、参照してください。

・TypeScriptからJavaScriptへトランスパイルする
・Markdownファイルを、HTMLファイルへコンパイルする
・LESSとSCSSを、CSSにトランスパイルする

※10　https://code.visualstudio.com/docs/editor/variables¦reference
※11　https://code.visualstudio.com/docs/editor/tasks-appendix
※12　https://code.visualstudio.com/docs/languages/overview

Chapter **5**

ソフトウェア開発のための拡張機能

前章では開発を支援する便利な機能を紹介しましたが、この章ではプログラミングの際に有用な拡張機能について解説していきます。GitHub、ESLint（構文チェック）といった必須の機能、さらにはリモート開発、そして、共同開発を支援する「Visual Studio Live Share」を取り上げます。

5-1　GitHub Pull Requests拡張

　すでにVS Codeに統合されたGit機能を紹介しましたが、GitHubのプルリクエストを扱うための拡張機能がGitHubから提供されています。GitHub関連の拡張機能は非常に多いのですが、これが人気なのはGitHub本体から提供されていることも理由の1つでしょう。2018年9月に公開され、執筆時点ではプレビュー版ですが、非常に強力な機能が揃っています。

　・公開時のブログポスト
　GitHub Pull Requests in Visual Studio Code
　https://code.visualstudio.com/blogs/2018/09/10/introducing-github-pullrequests

次のような機能がサポートされています。

・GitHubへの接続と認証
・VS Code内からのプルリクエストの一覧表示と閲覧
・VS Code内からエディター内のコメントを使用し、プルリクエストをレビュー
・VS Code内から簡単なチェックアウトしてプルリクエストを検証
・UIとCLIの共存を可能にする統合ターミナル

5-1-1　インストール

▲ **図5-1-1**　GitHub.vscode-pull-request-github[1]

　VS Codeの左にあるメニューの「拡張機能」（Extension）より、「github pull request」で検索するとリスト上部に表示されます。

▲ **図5-1-2**　拡張機能から「github pull request」で検索

　「GitHub Pull Requests」を選択してインストールします。　インストールされると、左メニューにGitHubのオクトキャットアイコンが追加されていることが確認できます。

※1　https://marketplace.visualstudio.com/items?itemName=GitHub.vscode-pull-request-github

5-1-2　GitHubにテスト用のレポジトリを作成する

レポジトリ作成

　プルリクエスト拡張の機能を試すためにGitHubにプライベートレポジトリを作成してみましょう。すでにリポジトリを持っているのであれば、そのリポジトリで進めても構いません。

　WebブラウザーでGitHub（https://github.com/）を開き、メニュー右上部のプラスボタンを押して、［New repository］を選択します。

▲ **図5-1-3**　新しいリポジトリを作成

　新しいリポジトリを作成するページが表示されるので、次のように入力・選択します。

- ・レポジトリ名に［sample-vscode-github-pr］といった任意の名前を付ける
- ・レポジトリ種類は［Private］を選択
- ・［Initialize this repository with a README］のチェックボックスをオン

　［Create Repository］ボタンを押すと、リポジトリが作成されます。

クローンして最初のファイル「README.md」をプルリクエスト

　作成されたレポジトリをクローンしてVS Codeで開きましょう。

　左メニューにGitHubのアイコンをクリックすると、次のようにリストが表示されます。画面ではプルダウンを開いていますが、まだプルリクエストが0件であることが確認できます。

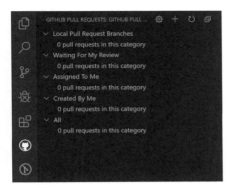

▲ 図5-1-4　プルリクエスト一覧

それぞれの項目は、次のようになっています。

・Local Pull Request Branches：プルリクエスト用に作成したブランチ
・Wating For My Review：自分にレビューが依頼されているプルリクエスト
・Assigned To Me：自分にアサインされているプルリクエスト
・Created By Me：自分が作成したプルリクエスト
・All

まずはプルリクエスト元となるブランチを「master」から作成します。
VS Codeでは、ステータスバーに（通例、一番左側に配置されています）現在
のGitブランチが表示されています。

▲ 図5-1-5　ステータスバー

ブランチ名である「master」のところをクリックすると、上部に操作メニュー
が表示されます。

```
Select a ref to checkout

+ Create new branch...
+ Create new branch from...
master  2332e29a
origin/master  Remote branch at 2332e29a
origin/HEAD  Remote branch at 2332e29a
```

▲ **図5-1-6**　操作メニュー

ここで［+ Create New Branch］を選択します。

```
Branch name

Please provide a branch name ('Enter' を押して確認するか 'Escape' を押して取り消します)
```

▲ **図5-1-7**　新しいブランチ名を入力

　そして、任意の名前でブランチ名を入力します。このサンプルでは「test」という名前で作成しました。ステータスバーでブランチが作成され、移動していることを確認しましょう。

　デフォルトで作成されているREADME.mdを変更してコミットします。テストなので任意の変更で構いません。試しに、次のように3行目と4行目を追加しました。

● **リスト5-1-1**　変更したREADME.md

```
# sample-vscode-github-pr

## hello VS Code
VS Code は非常に強力なエディターです。
```

　左メニューの「ソース管理」から、すべての変更をステージして、コミットします。

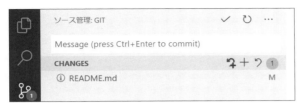

▲ 図5-1-8　＋記号をクリックして、変更をステージ

▲ 図5-1-9　コミットメッセージを入力して、コミット

プルリクエストを作成しました。

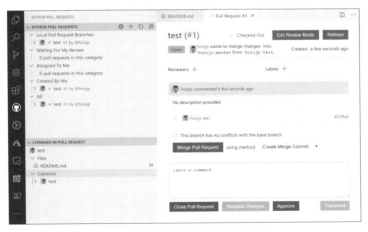

▲ 図5-1-10　プルリクエストの作成

次の2つに作成したプルリクエストが表示されていることが確認できます。

・Local Pull Request Branches

・Created By Me

プルリクエスト上で行った変更はファイルリストから差分を確認できます。

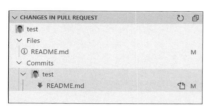

▲図5-1-11　プルリクエストの作成

ファイルを選択すると、ディターウィンドウで差分エディターが開きます。

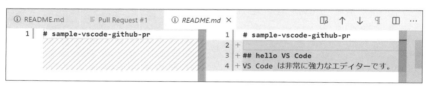

▲図5-1-12　差分エディター

　Webブラウザーで、GitHubのサイト上で作成したプルリクエストを確認して
みましょう。VS Codeからプルリクエストを開く機能があるので、わざわざWeb
ブラウザーを開いてレポジトリを探したりする必要はありません。

　該当のプルリクエストを右クリックして、［Open Pull Request in GitHub］を
選択します。

▲図5-1-13　GitHubのサイト上でプルリクエストを開く

　では、プルリクエストレビューを進めていきましょう。プルリクエストを開い
たエディターウィンドウを見ていきます。

▲ **図5-1-14**　プルリクエストを開いたエディターウィンドウ

上部のメニューでは、次のような操作が可能です。

・Reviewers +：リポジトリのメンバーをレビューアーとして追加する
・Labels +：bug やwontfix などのラベルを追加する

レビューコメント

　［Merge Pull Request］ボタンを押せばプルリクエストは完了ですが、コメン
トも残してみましょう。コメント欄に入力したら、［Comment］ボタンを押します。

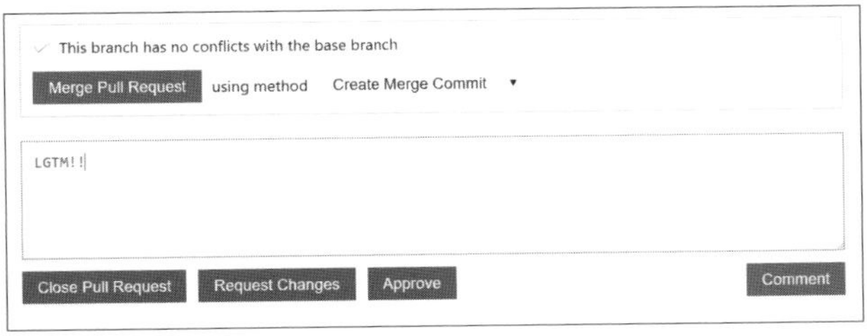

▲ **図5-1-15**　コメントを残す

ソースコード上にレビューコメントを残すこともできます。`README.md`をエディターで開いて、行番号部分の［+］マークをクリックするとコメント入力欄が表示されます。入力して、［Add Comment］ボタンを押します。

▲**図5-1-16**　コメントを残す

同様にして、返信することもできます。

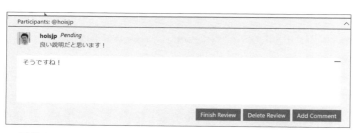

▲**図5-1-17**　コメントに返信する

このように、コードコメントをエディター上で確認できる機能は非常に強力な体験です。従来は、GitHub上でコメントを確認して、コードエディターでソースコードを修正して……と、ツールを行ったり来たりする必要がありましたが、これによってVS Code上でプルリクエスト中に起きるすべての動作を完結できます。プルリクエストのレビューコメントに対応してコードを修正する作業は非常に集中力を要するため、このように意識を分断せずに作業を継続できることで、効率の向上が期待できます。

マージ

それではマージしてみましょう。[Merge Pull Request] ボタンを押します。

▲ 図5-1-18　プルリクエストをマージ

　マージコミットの内容を確認、必要であれば修正し、[Create Merge Commit] ボタンを押します。

　念のため、GitHubのサイト上でもマージされたことを確認してみましょう。

▲ 図5-1-19　GitHub上でもマージを確認

5-1-3　まとめ

　ここでは、VS Codeの中でプルリクエストを扱う拡張とその使い方を紹介しました。

　この体験に慣れてくると、わざわざWebブラウザーからGitHubを開いたり、レビューコメントの議論をWebブラウザーで確認しながらコード修正したりすることに違和感を覚えることさえあります。それだけプルリクエストの作業やコミュニケーションは統合環境の中にあることが自然だということでしょう。また、VS Codeで操作をするほうが手順がシンプルで操作が少ないため、むしろWebブラウザーで操作するほうが難しく感じるかもしれません。

　チーム開発を重ねていくと、「プルリクエストを送る」「レビューをする」といった時間の割合が非常に多くを占めてきます。これらの操作を簡潔にすばやく行えることは、個人だけでなくチーム全体の開発効率を上げることにもつながっていくはずです。

5-2　Lintとフォーマッター

　「**Lint**（リント）」とは、プログラムなどのコードを作成する際に、コンパイラがチェックできないような詳細なチェックを行う仕組みです。わかりやすい利用シナリオとしては、構文などが適切ではないコードの記述があったときに、Lintが警告を出すというものです。その警告に従うと、よりよいコードに修正するきっかけとなります。各プログラミング言語ごとにLintの仕組みが提供されており、VS Codeではそれらを拡張機能から実行できます。

　また、チーム開発をする上で、Lintはチーム共通のコーディング規約を各開発者に促す重要な役割も担っています。機械的に確認できる指摘事項は、人力によるコードレビューではなく、Lintの仕組みで自動チェックすることでチーム開発の効率向上につながります。

　ここでは、JavaScriptの有力なLint実装である「**ESLint**」を例に紹介します。

5-2-1　ESLint

インストール

　VS Codeには、ビルトインでJavaScript用のLint実装の「**ESLint**」は含まれていません。ESLintをVSCodeと統合して使うには、まずはESLintをインストールする必要があります。次のコマンドで`eslint`をインストールしましょう。

● **コマンド5-2-1**　ワークスペースで有効にする

```
$ npm install eslint
```

● **コマンド5-2-2**　グローバルで有効にする

```
$ npm install -g eslint
```

さらにVS Code側では「**ESLint**」拡張機能[2]をインストールします。

▲ **図5-2-1**　ESLint拡張機能

VS Codeの拡張機能から、「`dbaeumer.vscode-eslint`」もしくは「ESLint」で検索すると上位に表示されます。

▲ 図5-2-2 ESLint拡張機能

初期設定

　VS CodeでESLintを有効にするためには、最初にnpmで初期化を行う必要が あります。npmコマンドが正常にインストールされた状態で、ターミナルからプ ロジェクトのルートフォルダーを開き、次のように実行します。

● コマンド5-2-3 ESLintの初期化

```
eslint --init
```

　会話形式で設定ファイルの初期作成を支援してくれます。

　まずは、ESLintの用途を選択します。デフォルトのままで進めます。

● コマンド5-2-4 ESLint設定ファイルの作成①

```
? How would you like to use ESLint?
  To check syntax only
> To check syntax and find problems
  To check syntax, find problems, and enforce code style
```

　モジュールの種類を選択します。こちらも、デフォルトのままで進めます。

● コマンド5-2-5　ESLint設定ファイルの作成②

```
? How would you like to use ESLint? To check syntax and find problems
? What type of modules does your project use? (Use arrow keys)
> JavaScript modules (import/export)
  CommonJS (require/exports)
  None of these
```

　利用しているフレームワークを選択します。ここでは簡潔なサンプルで試すため、「None of these」を選択します。

● コマンド5-2-6　ESLint設定ファイルの作成③

```
? How would you like to use ESLint? To check syntax and find problems
? What type of modules does your project use? JavaScript modules (import/e
xport)
? Which framework does your project use?
  React
  Vue.js
> None of these
```

　TypeScriptを利用するかを選択します。ここでは、デフォルトの「N」（No）を選択します。

● コマンド5-2-7　ESLint設定ファイルの作成④

```
? How would you like to use ESLint? To check syntax and find problems
? What type of modules does your project use? JavaScript modules (import/e
xport)
? Which framework does your project use? None of these
? Does your project use TypeScript? (y/N)
```

　クライアント用途なのかサーバー用途なのか、コードをどこで実行するかを選択します。ここでは、スペースキーで「Browser」と「Node」の両方にチェックを付けます。

●コマンド5-2-8　ESLint設定ファイルの作成⑤

```
? How would you like to use ESLint? To check syntax and find problems
? What type of modules does your project use? JavaScript modules (import/e
xport)
? Which framework does your project use? None of these
? Does your project use TypeScript? No
? Where does your code run?
>◉ Browser
 ◉ Node
```

設定ファイルのフォーマットは、「JSON」を選択します。デフォルトは
「JavaScript」になっています。

●コマンド5-2-9　ESLint設定ファイルの作成⑥

```
? How would you like to use ESLint? To check syntax and find problems
? What type of modules does your project use? JavaScript modules (import/e
xport)
? Which framework does your project use? None of these
? Does your project use TypeScript? No
? Where does your code run? Browser, Node
? What format do you want your config file to be in?
  JavaScript
  YAML
> JSON
```

ESLint設定ファイルの作成の実行が終わると、ワークスペースに次のような
内容で.eslintrc.jsonが生成されます。

●リスト5-2-1　JSONファイルとして生成されたESLintの設定ファイル
（.eslintrc.json）

```
{
    "env": {
        "browser": true,
        "es6": true,
        "node": true
    },
```

```
        "extends": "eslint:recommended",
        "globals": {
            "Atomics": "readonly",
            "SharedArrayBuffer": "readonly"
        },
        "parserOptions": {
            "ecmaVersion": 2018,
            "sourceType": "module"
        },
        "rules": {
        }
}
```

なお、設定ファイルのフォーマットでデフォルトの「JavaScript」を選択すると、次のように同じ設定内容がJavaScriptファイルとして生成されます。

● リスト5-2-2　JavaScriptファイルとして生成されたESLintの設定ファイル（eslintrc.js）

```
module.exports = {
    "env": {
        "browser": true,
        "es6": true,
        "node": true
    },
    "extends": "eslint:recommended",
    "globals": {
        "Atomics": "readonly",
        "SharedArrayBuffer": "readonly"
    },
    "parserOptions": {
        "ecmaVersion": 2018,
        "sourceType": "module"
    },
    "rules": {
    }
};
```

　.eslintrc.jsonをチーム内でワークスペースを共有することで、全員が同じチェックを実行できます。このファイルをGitで管理するとよいでしょう。

Part1

01

02

03

Part2

04

05

Part3

06

07

08

09

10

11

12

13

Part4

14

Appendix

　なお、これと同時にnode_moduleが更新されます。このフォルダーにはファイル数が多いので、VS Codeが.gitignoreによってGit管理から除外するかどうかを提案してくれます。

5-2-2　設定

　ここで、もっとも簡単なESLintのルール設定の1つであるインデントの統一をしてみましょう。ESLintのデフォルトではインデントはスペース4文字というルールになっています。[※3]

　まず、何もESLintのルールを設定せずに次のようなapp.jsファイルを作成してみます。何も警告などは出ません。

●リスト5-2-3　app.js

```
import { http } from 'http';

http.createServer(function (req, res) {
    res.writeHead(200, {'Content-Type': 'text/plain'});
    res.end('I love VS Code');
}).listen(1337, '127.0.0.1');
```

　では、ESLintのルールを変更してみましょう。初期作成した時点ではrulesの中に何も設定されていません。次のように追加します。これはindentの規則を「スペース2文字」として、規則に反している場合はerrorにするという設定です。

●リスト5-2-4　rules

```
{
    // ...
    "rules": {
        "indent": ["error", 2]
    }
}
```

※3　https://eslint.org/docs/rules/indent

再び、app.jsを開くと、次のように4、5行目のインデントがスペース4文字となっている部分に赤い波下線が表示されます。

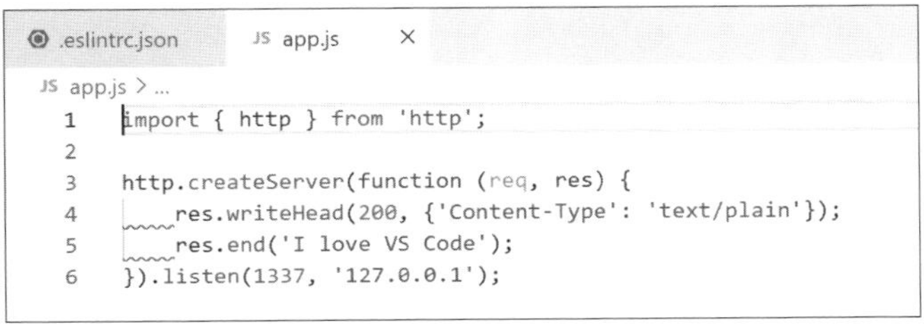

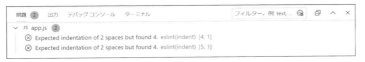

.eslintrc.json
JS app.js
JS app.js > ...
1 import { http } from 'http';
2
3 http.createServer(function (req, res) {
4   res.writeHead(200, {'Content-Type': 'text/plain'});
5   res.end('I love VS Code');
6 }).listen(1337, '127.0.0.1');

▲図5-2-3　ルール違反に波下線が付く

同時に、「問題ビュー」(Problem View) にエラーがリストされます。

問題 2
出力
デバッグ コンソール
ターミナル
フィルター。例: text, ...
JS app.js 2
Expected indentation of 2 spaces but found 4. eslint(indent) [4, 1]
Expected indentation of 2 spaces but found 4. eslint(indent) [5, 1]

▲図5-2-4　問題ビューにエラーが表示される

このビューでは、エラーメッセージ文が一覧で確認できることも覚えておきましょう。ソースコードの量がある程度大きくなってからプロジェクトにESLintを導入すると、このリストが膨大になることが多くみられます。そういった場合には、全体の問題となる傾向を確認して、コーディング規約を変更する（緩和する）ことを検討するとよいでしょう。

波下線部分にカーソルを置くと、Lintのエラーメッセージと同時に、VS Codeには次のような2つのリンクが表示されます。

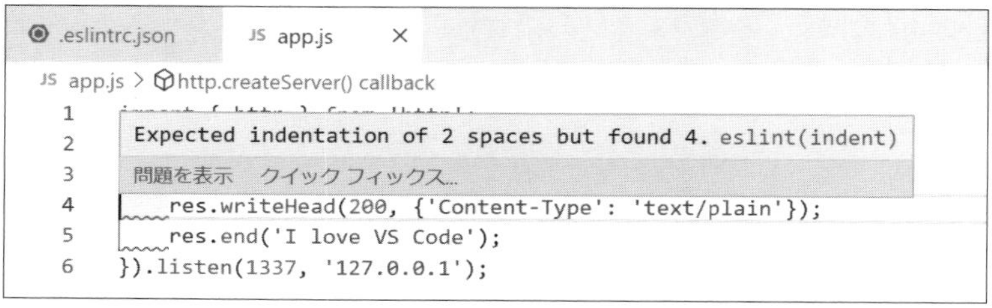

▲ 図5-2-5　VS Codeによるポップアップメッセージ

それぞれのリンクは、次のような機能を提供します。

・問題を表示：インライン表示でエラーを表示する
・クイックフィックス：VS Codeが提示可能な自動修正アクションの候補を表示する

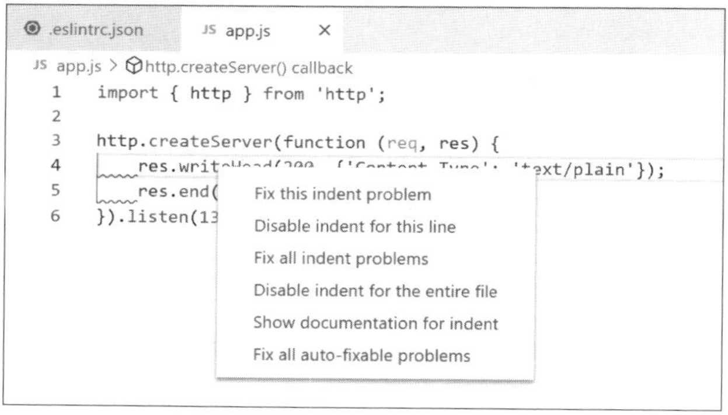

▲ 図5-2-6　クイックフィックス

　なお、このクイックフィックスは、カーソルをあてた状態で Ctrl + . （macOS： ⌘ + .）というキーボードショートカットで適用できます。

　では、クイックフィックスのメニューの［Fix this indent problem］を選択してみましょう。ルールに設定されたスペース2文字の規約にしたがってコードが自動で修正されます。同様のすべてのエラーを一度に修正したい場合は、［Fix all indent problems］を選択します。

5-2-3　自動フォーマット

　ここまでの手順では、エラーを表示するだけでしたが、ルールにしたがって自動フォーマットを行うように設定することも可能です。これによって、コーディング規約をチーム全体に強く遵守させることができます。

　この設定手順は、各言語のLint設定によって異なります。ESLintの場合、次のような手順で設定できます。

・メニューより［ファイル］→［基本設定］→［設定］を開く
・設定する内容をチームメンバーと共有するため、スコープを**ユーザー**、ワークスペースのうち**ワークスペース**を選択
・**ESLint**で検索する
・**Eslint: Auto Fix On Save** をオンにする

▲ **図5-2-7**　Eslintの自動フォーマットの設定

　これはワークスペース下の`.vscode/setting.json`で、次のようにJSON定義される内容と同等の設定です。

● **リスト5-2-5**　.vscode/setting.json

```
{
    "eslint.autoFixOnSave": true
}
```

この設定がされた状態で、先ほどインデントがスペース4文字となっていった app.js を開いて、そのまま保存します。

●リスト5-2-6　インデントがスペース4文字の app.js

```
import { http } from 'http';

http.createServer(function (req, res) {
    res.writeHead(200, {'Content-Type': 'text/plain'});
    res.end('I love VS Code');
}).listen(1337, '127.0.0.1');
```

保存したタイミングで自動フォーマットが行われ、次のようにインデントがスペース2文字に修正されていることがわかります。

●リスト5-2-7　インデントが修正された app.js

```
import { http } from 'http';

http.createServer(function (req, res) {
  res.writeHead(200, {'Content-Type': 'text/plain'});
  res.end('I love VS Code');
}).listen(1337, '127.0.0.1');
```

5-2-4　さまざまな言語における代表的な拡張機能

Lintの機能は、多くの言語で提供されており、拡張機能によってサポートされています。代表的な拡張機能を紹介します。

Python

・ms-python.python

　https://marketplace.visualstudio.com/items?itemName=ms-python.python

▲ **図5-2-8**　ms-python.python

別途、「`pip install`」でインストールした「`PyLynt`」か「`flake8`」を統合できます。詳しくは、次のドキュメントも参照してください。

・`Linting Python in Visual Studio Code`
  https://code.visualstudio.com/docs/python/linting

PHP

・`ikappas.phpcs`
  https://marketplace.visualstudio.com/items?itemName=ikappas.phpcs

Go

・`ms-vscode.go`
  https://marketplace.visualstudio.com/items?itemName=ms-vscode.Go

設定などの詳細は、公式ドキュメント[4]も参照してください。

5-3　Remote Development - リモート開発

「**Remote Development**」エクステンションパックを使うと、コンテナー、リモートマシン、Windows Subsystem for Linux上を、ローカルマシンと同じエクスペリエンスで開発環境として利用できます。

※4　https://code.visualstudio.com/docs/languages/go

ローカルマシン上のみに環境が存在するという制約を解決するだけではなく、次のようなメリットもあります。

・運用環境と同じか近い環境で開発できる。よりハイスペックであったり、特殊なハードウェアも利用できる
・ローカルマシンの設定に影響を与えないように開発できる
・チーム全員が一貫した環境・設定を利用できる

2019年11月には、FacebookがVS Codeをデフォルト開発環境とすることを発表し、特にRemote Developmentについては開発に協力していくとしています。[5]

5-3-1　接続形式3種類の違い

Remote Developmentエクステンションパックには、次の3つの機能拡張が含まれています。

・**Remote-SSH**：SSHを使用してリモートサーバーに接続
・**Remote-Container**：コンテナーベースのアプリケーションに接続
・**Remote-WSL**：Windows Sub SystemのLinuxに接続

どのように使い分けると便利なのか、それぞれの特徴をまとめました。

▼ **表5-3-1**　Remote Development拡張の接続方法の違い

接続形式	VS Codeが実行される場所	適したユースケース
SSH	リモートマシン上	・GPUマシンなど、ローカルマシンでは実現が困難な環境で作業したい ・チーム開発で同じマシンを共有したい
Container	ローカルマシン上のDocker環境	・チーム開発で同じDockerコンテナー環境を共有したい
WSL	ローカルマシン上のWSL環境	・Windowsマシンで手軽にLinux環境上で作業したい ・すでにWSL上に実行環境を整えている

※5　https://developers.facebook.com/blog/post/2019/11/19/facebook-microsoft-partnering-remote-development/

5-3-2　準備 - エクステンションパックをインストール

エクステンションパックをインストール（ローカルマシン）

　まず、VS CodeにRemote Developmentエクステンションパックをインストールします。拡張機能を「`Remote Development`」で検索するとよいでしょう。[6]

▲ **図5-3-1**　Remote-SSHエクステンションパックのインストール

　このエクステンションパックでは、前述したように3つの接続方法がサポートされていますが、ここでは、基本となる「Remore-SSH」を使ってリモートサーバーに接続する場合を説明します。その他の接続の詳細ついては、公式サイトのドキュメント[7]を参照してください。

Remote-SSH拡張機能

　SSHは、通信を暗号化し安全にリモートコンピューターと通信するためのプロトコルです。VS Codeの「**Remote-SSH**」拡張機能を使うと、SSHサーバーが稼働しているリモートマシンに接続し、リモートのファイルシステム上にあるフォルダーにVS Codeでアクセスできます。

※6　https://marketplace.visualstudio.com/items?itemName=ms-vscode-remote.vscode-remote-extensionpack
※7　https://code.visualstudio.com/docs/remote/remote-overview

これにより、ローカルマシン上にソースコードを置くことなく、リモートマシンのソースコードに対して編集やデバッグなどが行えるため、ローカルと異なる環境でもシームレスに開発が行えます。

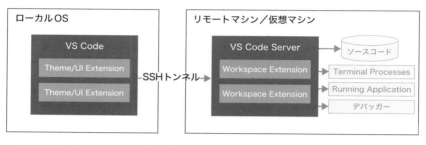

▲ 図5-3-2　Remote-SSH拡張機能

　ただし、Remote-SSH機能拡張を使うには、SSHサーバーは、次のプラットフォーム上で動作している必要があります。

・ローカルマシン
　OpenSSH互換のSSHクライアントがインストールされていること
・リモートマシン
　x86_64 Debian 8以降、Ubuntu 16.04以降、CentOS/RHEL7以降
　ARMv7l (AArch32) Raspbian Stretch/9+ (32-bit)
　ARMv8l (AArch64) Ubuntu 18.04+ (64-bit)

　SSH公開鍵認証は、ローカルの秘密鍵とリモートホスト上SSHサーバーのユーザーアカウントに関連付ける公開鍵を組み合わせた、便利でセキュリティの高い認証方法です。ここでは、これらのキーを生成してSSH接続する手順を説明します。

SSHの設定 (ローカルマシン)

　次に、ローカルマシンにOpenSSH互換のSSHコマンドをインストールします。

▼**表5-3-2** OSによるSSHコマンドのインストール手順

OS	インストール手順
Windows 10／Windwos Server 2016	Windows OpenSSH ClientまたはGit for Windowsをインストール
macOS	プリインストール
Debian／Ubuntu	sudo apt get install openssh
RHEL／Fedora／CentOS	sudo yum install openssh

すでにSSHキーを生成している場合はそれを利用することもできますが、すべてのSSHホストで同じSSHキーを使用すると、SSHキーが漏洩したときに、すべてのホストにアクセスされてしまう可能性があります。したがって、開発マシン用に専用のSSHキーを作成して利用するのがよいでしょう。

Windowsの場合

次のコマンドでSSHキーを作成します。

●**コマンド5-3-1** コマンドプロンプト

```
> ssh-keygen -t rsa -b 4096 -f %USERPROFILE%\.ssh\id_rsa-remote-ssh
```

キーとフォルダーに適切なパーミッションを設定しますが、使用しているSSHの実装によって異なります。たとえば、公式のWindows 10のOpenSSHクライアントを使用している場合は、管理者PowerShellウィンドウから次のコマンドを実行します。

●**コマンド5-3-2** PowerShell

```
PS >Set-ExecutionPolicy -ExecutionPolicy RemoteSigned -Scope Process

Install-Module -Force OpenSSHUtils -Scope AllUsers

Repair-UserSshConfigPermission ~/.ssh/config
Get-ChildItem ~\.ssh\* -Include "id_rsa-remote-ssh","id_dsa-remote-ssh" -E
rrorAction SilentlyContinue - % {
    Repair-UserKeyPermission -FilePath -$_.FullName @psBoundParameters
}
```

macOS ／ Linux の場合

次のコマンドでSSHキーを作成します。

●コマンド5-3-3　bash

```
$ ssh-keygen -t rsa -b 4096 -f ~/.ssh/id_rsa-remote-ssh
```

キーとフォルダーは、次のパーミッションを設定してください。

▼表5-3-3　キーとフォルダーのパーミッション

フォルダー／ファイル	パーミッション
.ssh/	chmod 700 ~/.ssh
.ssh/config	chmod 600 ~/.ssh/config
.ssh/id_rsa.pub	chmod 600 ~/.ssh/id_rsa

SSHの設定 (リモートマシン)

上の手順で生成したid_rsa-remote-ssh.pubを、SSHサーバーが動作するリモートホストのauthorized_keysに追加します。

Windows の場合

●コマンド5-3-4　コマンドプロンプト

```
>SET REMOTEHOST=name-of-ssh-host-here
>SET PATHOFIDENTITYFILE=%USERPROFILE%\.ssh\id_rsa-remote-
ssh.pub

>scp %PATHOFIDENTITYFILE% %REMOTEHOST%:~/tmp.pub
>ssh %REMOTEHOST% "mkdir -p ~/.ssh && chmod 700 ~/.ssh && cat ~/tmp.pub >>
~/.ssh/authorized_keys && chmod 600 ~/.ssh/authorized_keys && rm -f ~/tmp.
pub"
```

macOS ／ Linux の場合

● コマンド5-3-5　bash

```bash
$ ssh-copy-id -i ~/.ssh/id_rsa-remote-ssh.pub name-of-ssh-
host-here
```

　接続しているリモートコンピューターで、次のパーミッションが設定されていることを確認します。

▼ 表5-3-4　リモートコンピューターのパーミッション

フォルダー／ファイル	パーミッション
.ssh/	chmod 700 ~/.ssh
.ssh/authorized_keys	chmod 600 ~/.ssh/authorized_keys

　リモートマシンがLinuxの場合、64bit x86 glibcベースのLinuxでなければなりません。また、SSHトンネリングを使用するためTCPフォワーディングの利用が許可されている必要もあります。Linuxでのリモートホストの設定の詳細は、公式サイトのドキュメント[8]を参照してください。

　なお、クラウドサービスなどを利用すると、仮想マシンを使ってリモートのSSHサーバーを簡単に起動できます。たとえば、次の例は、Azureの東日本リージョンにUbuntuのSSHサーバー「devVM」を作成する例です。SSHキーとして、作成したid_rsa-remote-ssh.pubを使用しています。

● コマンド5-3-6　bash

```bash
$ az login
$ az group create -name dev -location japaneast
$ az vm create \
  -resource-group dev \
  -name devVM \
  -image UbuntuLTS \
  -admin-username azureuser \
  -ssh-key-value /mnt/c/Users/issei/.ssh/id_rsa-remote-ssh.pub

  -ssh-key-value path-to-sshkey/id_rsa-remote-ssh.pub
```

※8　https://code.visualstudio.com/docs/remote/linux

```
    ResourceGroup     PowerState    PublicIpAddress    Fqdns    PrivateIpAddr
ess    MacAddress          Location    Zones
- - - - - - - -
dev               VM running    138.91.13.209                10.0.0.4
00-0D-3A-51-17-F8  japaneast
```

　詳細な手順については、公式サイトにはUbuntuをポータルから利用する例
（「クイック スタート:Azure portal で Linux 仮想マシンを作成する」[※9]）がある
ので、参考にしてください。

接続先の管理（ローカルマシン）

　接続するリモートサーバーの接続先は、設定ファイル（ssh config）に保存し
ておくとよいでしょう。ローカルマシンのVS Codeでコマンドパレットを開き、
［Remote-SSH: Open Condiguration File］を選択します。

　SSH設定ファイルが開くので、SSHの接続先ホストのアドレスやユーザー名、
IdentityFileを設定します。たとえば、アドレスが138.91.13.209のホストに、
azureuserというアカウントで接続する場合は、次のようになります。

●**リスト5-3-1**　SSH設定ファイルの例

```
Host hostname01
    HostName 138.91.13.209
    User azureuser
    IdentityFile C:\Users\issei\.ssh\id_rsa-remote-ssh
    Port 22
```

　設定できたら、ファイルを保存します。アクティビティバーから［Remote-SSH］
ボタンをクリックし、［CONNEXTIONS］から設定したhostname01をクリックし、
新しいウインドウを開きます。

※9　https://docs.microsoft.com/ja-jp/azure/virtual-machines/linux/quick-create-portal

▲ 図5-3-3　Remote-SSH拡張機能のインストール

　リモートホスト上にSSH接続され、リモートホスト上のファイルやOSをあたかもローカルマシンと同じようにして開発できます。

▲ 図5-3-4　Remote-SSH拡張機能のインストール

　うまく接続ができない場合は、公式サイトにトラブルシューティング※10があるので、参照するとよいでしょう。

※10　https://code.visualstudio.com/docs/remote/troubleshooting

5-3-3　Visual Studio Online

　2019年11月、Microsoftは、クラウド上の開発環境に対してWebブラウザーでアクセスして利用できる「**Visual Studio Online**」[※11]を発表しました。執筆時点では、プレビュー機能となっています。また、Webブラウザーだけではなく、ローカルマシンのVS Codeから拡張機能を使って接続することも可能です。

　先ほど解説したRemote SSHに比べて、次のような点で便利です。

- ・ローカルマシンにSSHクライアント環境を用意しなくても、WebブラウザーまたはローカルマシンのVS Codeから接続できる
- ・デフォルトで、リモートマシンとして、Azureで実行されるマネージド環境が用意されている。つまり、リモートマシンを自分で用意する手間が簡潔になる
- ・一定時間アイドル状態が続いた場合、自動的にクラウド上のマシンが停止する。これにより、余分なアクティブ状態の課金を回避できる
    ※プレビュー段階の料金設定では、アクティブ状態に比べるとわずかですが基本レートで課金されるため、料金がゼロにはならない点に注意してください。

　では、試してみましょう。Webブラウザーでアクセスして利用します。[※12]

▲ **図5-3-5**　Visual Studio Online：Login

※11　2021/02時点で、Visual Studio Onlineの機能は、すべて「GitHub Codespaces」（https://github.com/features/codespaces）に統合されています。また、2021/02時点ではまだベータ版であるため、利用するためには申請と順番待ちが必要である点に注意してください。
※12　https://visualstudio.microsoft.com/ja/services/github-codespaces/

　ログインすると、環境一覧画面が表示されます。[Create environment] ボタンを押して新しい環境を作成します。

▲ **図5-3-6**　Visual Studio Online：Environments

次の項目の選択を行います。

- Subscription：利用する Azure サブスクリプションを選択する
- Location：利用する Azure リージョン
- （任意）Plan Name：任意の名前に変更する
- （任意）Resource Group：任意のリソースグループ名に変更する

▲ **図5-3-7**　Visual Studio Online：Billing

Part1

01

02

03

Part2

04

05

Part3

06

07

08

09

10

11

12

13

Part4

14

Appendix

続いて、任意の［Environment Name］を設定し、［Create］ボタンを押します。「Suspend idle environment after...」は、どれくらいアイドル状態が続いたときに環境を停止するかの設定です。デフォルトでは30分となっています。

作成されたVisual Studio Online環境が表示されます。

▲ **図5-3-8**　作成されたVisual Studio Online環境

環境名のリンク（図5-3-8では「vso-ishiraok」）をクリックすると、Webブラウザーで Visual Studio Code環境が開きます。

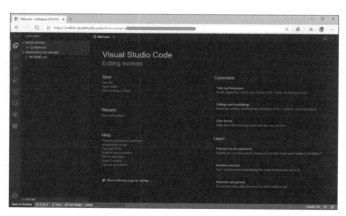

▲ **図5-3-9**　Webブラウザー上のVisual Studio Online

右下のボタンより、次のような操作ができます。

・Open in VS Code：ローカルマシンのVS CodeからVisual Studio Online拡張機能を使ってアクセスする
・Suspend：すぐに環境を停止する。利用しないことが明白な場合に、課金を減らすために利用する

　クラウド上のVisual Studio Onlineに対して、ローカルマシンのVS Codeから接続している場合、左下のステータスバー部分に、VS Online拡張が有効であることと、接続している環境の名前が表示されます。複数ウィンドウでローカルマシンとリモート環境を同時に使うときなど、区別するために便利です。

▲ **図5-3-10**　Visual Studio Onlineに接続時のVS Code

5-4　Visual Studio Live Shere

　「Visual Studio Live Share」[13]は、リアルタイムでほかのユーザーと共同でコードを編集／デバッグできる機能です。使っているプログラミング言語や構築しているアプリケーションの種類に関係なく利用できます。
　Visual Studio Live Shareでは、単にファイルを共同編集するだけではなく、使い慣れた自分の好みのエディター設定（テーマ／キーバインド／スニペットなど）をそのまま利用できるのが大きな特徴です。

※13　https://docs.microsoft.com/ja-jp/visualstudio/liveshare/

Part1
01
02
03
Part2
04
05
Part3
06
07
08
09
10
11
12
13
Part4
14
Appendix

▲ **図5-4-1**　Visual Studio Live Share

5-4-1　ユースケース

　リアルタイムでほかのユーザーと共同作業するというのは、どういった場面なのか、具体例を挙げてみましょう。

クイックアシスタンス

　バグを修正する際、自分の書いたコードではないところで問題が起きていることも多々あるでしょう。そのような場合でも、Gitの履歴から該当部分の更新者を特定して、ヘルプを求めることができます。ここまでに紹介したように、Git拡張機能で該当行の更新者がすぐにわかり、Live Shareの機能で現在開いているGitレポジトリのコミット者から連絡先をサジェストしてくれます。

ペアプログラミング

　2人以上の開発者が同じタスクを共同作業することには、コードの品質向上だけではなく、一方の開発者の知識をもう一方と共有するという大きな効果があります。もっとも原始的なスタイルでは、1つのキーボード、1つの画面を物理的に共有しますが、Live Share機能はより効率的な体験を提供します。昨今では、メンバーが地理的に離れている状況でチーム開発を進めるケースも少なくありませんが、Live Share機能を使えば、ペアが物理的に隣に座っている必要もありません。

モブプログラミング

共同作業を行うのは2人ペアに限らず、複数人で行うこともあるでしょう。場合によっては、知識や経験を共有するために、チーム全員で汎用度の高い箇所を実装したり、トレーニングをしたりすることがあります。このように複数人の場合でも、Live Share機能は有効です。

ハッカソン

学校でのグループプロジェクトやハッカソンなど、チームで迅速に開発を進める場合でも共同作業は有効です。チームメンバーの専門領域が異なる状況でプロトタイピング開発を進めるときなどは、特に効果が高いでしょう。

対話型トレーニング

プログラミング教室や新メンバーのオンボーディングなど、コードベース上で会話をしながら進めることは非常に便利です。

コードレビュー

コードレビューは、GitHubのプルリクエスト上などで非同期に進めるものだけではありません。ときには、コードができ上がってプルリクエストを出すタイミングよりも事前に共同作業をしたり、会話をしながらレビューを進めることで大きく効率を上げることができるでしょう。

5-4-2　Visual Studio Live Shareのインストール

VS CodeでVisual Studio Live Shareを利用するには、次のような環境が必要です。

・Visual Studio Code 1.22.0以降
・Windows 7 ／ 8.1 ／ 10
・macOS Sierra以降
・64bit版Linux (Ubuntu 16.04 以降／ Fedora 27以降／ CentOS 7が推奨)

Part1

01

02

03

Part2

04

05

Part3

06

07

08

09

10

11

12

13

Part4

14

Appendix

　VS CodeのMarketplaceから「Visual Studio Live Share 拡張機能」をダウンロードしてインストールします。なお、インストールの際、Linuxライブラリのインストールを求められる場合もあります。

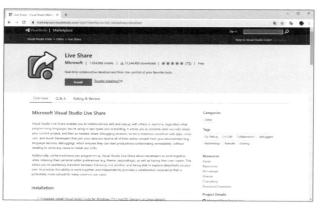

▲図5-4-2　Live Share

　インストールが完了したら、再読み込みを行います。これで、アクティビティバーに［Live Share］ボタンが表示されます。

5-4-3　サインイン

　共同作業するには、ほかのすべてのユーザーに認識されるように、Visual Studio Live Shareにサインインする必要があります。サインインは、次のいずれかのアカウントが利用可能です。

・Microsoftの個人アカウント（@outlook.com）
・Microsoftの職場または学校アカウント（AAD）
・GitHubアカウント

　［Live Share］ステータスバーの項目をクリックするか、コマンドパレットを起動して、［Live Share:Sign In With Browser］（Live Share: ブラウザーでサインイン）コマンドを選択します。

▲ **図5-4-3**　「ブラウザーでサインイン」コマンド

　Webブラウザーが開くので、いずれかのアカウントを選択してサインインを行います。問題なくサインインができれば、Webブラウザーは閉じて構いません。VS Codeがログイン成功を自動検出できない場合は、Webブラウザーに表示されるユーザーコードをコピーし、コマンドパレットから［Live Share: ユーザーコードでサインイン］を選択します。ここでコピーしたコードを入力すると完了です。

　サインインが完了すると、次のようにVS Codeのステータスバーにサインインの状態が表示されます。

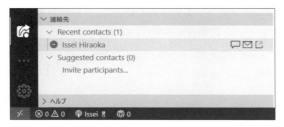

▲ **図5-4-4**　Live Shareにサインイン時のステータスバー

　［Live Share］アクティビティバーに追加され、共同作業に必要な情報が確認できます。ここでコラボレーションセッションを共有または参加すると、エクスプローラータブにもビューが表示されます。このビューでは、「共有コードで参加者の位置を確認する」「参加者をクリックしてフォローする」「参加者にフォロー依頼する」「共有サーバーやターミナルにアクセスする」などの操作ができます。

Part1

01

02

03

Part2

04

05

Part3

06

07

08

09

10

11

12

13

Part4

14

Appendix

▲**図5-4-5**　Live Shareメニュー

5-4-4　プロジェクトの共有

　Live Shareを使ってコラボレーションセッションを開始し、プロジェクトを共同作業するユーザーを招待しましょう。

　まず共同作業したいフォルダー／プロジェクト／ソリューションを開きます。

　次に、[Live Share] ステータスバーの項目をクリックするか、コマンドパレットから、[Live Share:Start a collaboration session (Share)]（Live Share: コラボレーション セッションの開始）を選択します。

Hint Live Shareのネットワークと接続モード

初めて共有するときに、Live Shareエージェントがポートを開くことを許可するように、ファイアウォールツールなどから求められる場合があります。また、共同作業する人が自分と同じネットワーク上にいるときには、セキュリティで保護された「ダイレクトモード」を有効にすることでパフォーマンスを向上できます。

これらの詳細については、「接続モードを変更する」（https://docs.microsoft.com/ ja-jp/visualstudio/liveshare/reference/connectivity#changing-the-connection- mode）を確認してください。

Part1
O1
O2
O3
Part2
O4
O5
Part3
O6
O7
O8
O9
10
11
12
13
Part4
14
Appendix

　これで「招待リンク」が自動的にクリップボードにコピーされます。このリンクをWebブラウザーで開くと、招待されたほかのユーザーが共有された新しいコラボレーションセッションに参加できます。

　再び「招待リンク」を取得したいときは、ステータスバーにあるセッション状態のアイコンをクリックして［Invite Others（Copy Link）］（他のユーザーを招待）でコピーできます。

　コラボレーションセッションを読み取り専用に設定したいときは「Make Readonly」をコピーします。このコードで招待されたゲストユーザーは、共有中のコードを変更できません。

　「招待リンク」を電子メールやSlackなどを使用して、招待したいユーザーに送信します。Live Shareセッションがゲストに提供できるアクセスレベルを考慮すると、信頼できる人とだけ共有すべきであることに注意してください。セキュリティの詳細については「Live Shareのセキュリティ機能」[※14]を参照してください。

　コラボレーションセッションを終了したいときは、［Live Share］ビューを開き、［Stop collaboration session］（コラボレーションセッションの終了）アイコンを選択すると、いつでも共有を完全に終了し、コラボレーションセッションを閉じることができます。

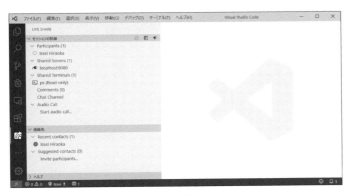

▲ 図5-4-6　セッションのクローズ

※14　https://docs.microsoft.com/ja-jp/visualstudio/liveshare/reference/security

> **Tips** Live Share でゲストを承認したいときは
>
> デフォルトでは、招待されたゲストはコラボレーションセッションに自動的に参加し、ゲストが共同作業の準備ができると通知されます。 この通知でセッションからゲストを削除できますが、代わりに参加するすべてのユーザーに承認を要求することもできます。この機能を有効にするには、次のようにユーザー設定に追加してください。
>
> ```
> "liveshare.guestApprovalRequired": true
> ```

5-4-5　プロジェクトへの参加／退出

コラボレーションセッションに参加するには、2つの方法があります。

1. Web ブラウザーで参加する

招待された際に送信された［招待リンク］をWebブラウザーで開きます。

2. 手動で参加する

VS Code のアクティビティ バーの［Live Share］タブを開き、［コラボレーションセッションに参加］アイコンまたはエントリを選択します。ここで［招待リンク］をペーストすることで、プロジェクトに参加できます。

▲ **図5-4-7**　プロジェクトに参加

参加が完了すると、ホストが現在編集しているファイルに自動的に移動します。

コラボレーションセッションから退席するには、［Live Share］タブを開き、［Leave collaboration session］（コラボレーションセッションからの退席）アイコンをクリックします。

5-4-6　共同編集

　ゲストユーザーがコラボレーションセッションに参加すると、すべてのコラボレーターが、互いの編集と選択内容をリアルタイムで確認できます。

▲ **図5-4-8**　コラボレーションセッションの様子

　編集中のカーソル、[Participants] の一覧で開いているファイル、行数位置が表示されます。

　どのユーザーが、どこを編集しているかは、[フラグ] で確認できます。デフォルトでは、ユーザーのカーソルがある場所の横に [フラグ] が表示されます。これを変更したいときは、ユーザー設定で`liveshare.nameTagVisibility`の値を次のように設定します。

▼ **表5-4-1**　フラグの設定

値	説明
`"liveshare.nameTagVisibility":"Never"`	カーソルでポイントしたときのみ表示
`"liveshare.nameTagVisibility":"Activity"`	ポイントしたとき、または編集/強調表示/カーソル移動したときに表示(デフォルト)
`"liveshare.nameTagVisibility":"Always"`	常に表示

　また、複数のファイルやコード内の場所にまたがる問題や設計について説明するときなどに、プロジェクト全体を移動するユーザーをフォローする機能もあります。

ユーザーのフォローを開始するには、［Live Share］ビューの参加者一覧で、フォローしたいユーザーをクリックします。フォローすると、名前の横に丸が表示されます。このフォローは、エディターグループに関連付けられています。

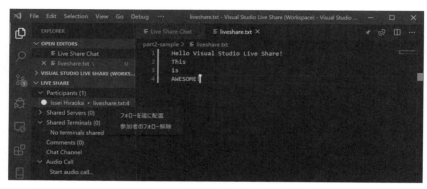

▲ **図5-4-9**　ユーザーのフォロー

コラボレーションセッションの参加者を確認するには、［Live Share］ビューの参加者一覧を確認するか、ステータスバーに表示されたアイコンをクリックします。

5-4-7　共同デバッグ

Visual Studio Live Shareを利用する大きなメリットとして、共同デバッグ機能が挙げられます。コラボレーションセッションで問題の解決をはかれるだけではなく、セッションのユーザーがホストマシンで共有デバッグセッションを提供することで、問題が「環境固有の可能性かどうか」を調査できます。

そのためには、ホストとすべてのゲストユーザーの両方に、デバッグ拡張機能がインストールされていることが必要条件なので、まずは確認します。この状態でデバッガーがホスト側にアタッチされると、すべてのゲストユーザーにも自動的にアタッチされます。

Part1

01

02

03

Part2

04

05

Part3

06

07

08

09

10

11

12

13

Part4

14

Appendix

▲ **図5-4-10**　共同デバッグ

　読み取り専用のコラボレーションセッション中は、ゲストはデバッグプロセス
をステップ実行できません。 ただし、ブレークポイントを追加または削除したり、
変数を検査したりすることはできます。

5-4-8　サーバーの共有

　コラボレーションセッションでは、Webアプリケーションや、ローカルで実行
されているサーバーまたはサービスをゲストユーザーと共有できます。Visual
Studio Live Shareでは、ローカルポート番号を指定し、必要に応じて名前を付
けてから、すべてのゲストと共有できます。

　その後、ゲストは、そのポートで共有されているサーバーに、自分のローカル
コンピューターから正確に同じポートでアクセスできます。たとえば、3000番ポ
ートで実行されているWebサーバーを共有した場合、ゲストユーザーは自分の
コンピューターの「http://localhost:3000」で、共有されたWebサーバーにア
クセスできます。これは、ホストとゲストの間のセキュリティ保護されたSSHま
たはSSLトンネルを介して接続され、サービスによって認証されるためコラボレ
ーションセッション内のユーザーだけがアクセスできます。

　VS Codeのアクティビティバーの［Live Share］タブを開き、［共有サーバー］
エントリを選択するかアイコンをクリックします。

Part1
01
02
03
Part2
04
05
Part3
06
07
08
09
10
11
12
13
Part4
14
Appendix

▲ **図5-4-11**　サーバーの共有

　次に、サーバーが実行されているポート番号と名前を入力します。これで、指定したポートのサーバーが、各ゲストのlocalhostの同じポートにマップされます。ただし、セキュリティ上の理由から、ホストのコンピューター上で共有されるポートをゲストが制御することはできません。

　ローカルサーバーの共有を終了するには、[Live Share] ビューの共有サーバー一覧にあるサーバーエントリをポイントし、[Unshare server]（サーバーの共有解除）アイコンをクリックします。

5-4-9　ターミナルの共有

　Live Shareでは、ホストとゲストユーザーとで「ターミナル」を共有できます。共有されたターミナルは、読み取り専用または完全な共同作業用にできます。これにより、ホストとゲストユーザーがコマンドの実行と結果の確認が可能になります。

　ただし、ゲストは（自分でコマンドを実行できない場合でも）少なくともホストが実行したコマンドの出力に読み取り専用でアクセスできるようになるため、デフォルトではターミナルは共有されません。

　ホストがターミナルを共有するには、VS Codeの [Live Share] ビューの [共有サーバー] をアイコンをクリックします。

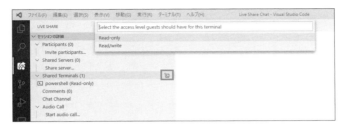

▲ **図5-4-12**　ターミナルの共有

　ここで、メニューから「Read-Only」（読み取り専用ターミナル）または「Read/
Write」（読み取り／書き込みターミナル）を選択できます。ただし、コラボレー
ションセッションが読み取り専用モードの場合は、ホストが共有できるのは読み
取り専用ターミナルだけです。

　ターミナル セッションを終了するにはexitコマンドでターミナルウィンドウ
を閉じるか、［Live Share］ビューの［Unshare terminal］（ターミナルの共有解除）
をクリックします。

Part 3
拡張機能の作成と公開

VS Codeの主な特徴の1つに、優れた拡張性があります。これまでのパートで触れてきたので、VS Codeに豊富な拡張機能があることは理解しているでしょう。本パートでは、基本編と応用編に分けて、VS Code拡張機能APIを使用して、実際に拡張機能を開発するための方法を説明します。拡張機能の雛形をベースにした拡張機能開発方法、主要拡張機能APIの使い方、拡張機能のテスト方法、そして作った拡張機能をMarketplaceで公開する方法など、豊富なサンプルを例に拡張機能開発のエッセンスと全体像を解説します。

Chapter **6**
拡張機能の作成

VS Codeの主な特徴の1つとして、柔軟な拡張性が挙げられます。ユーザーインターフェイスや編集機能に始まり、ほぼすべての機能を拡張機能APIを通じて拡張できます。VS Codeのコア機能の多くも、拡張機能の1つとして、この拡張機能APIを使用して作られています。また、開発者がVS Codeの機能拡張を簡単に開発し、テストを行い、そして開発した拡張機能を公開するための仕組みも提供されています。まずは「習うより慣れろ」の精神で、簡単な拡張機能の開発・テストを通じて拡張機能開発の雰囲気をつかむところから始めましょう。

6-1　VS Codeの拡張機能の概要

6-1-1　拡張・カスタマイズの種類

　VS Codeは、ほぼすべての機能を拡張もしくはカスタマイズできます。VS Codeで可能な拡張とカスタマイズについては、大きく次のようなカテゴリに分けることができます。

▼**表6-1-1**　VS Codeの拡張・カスタマイズの種類

カテゴリ	説明	拡張例
共通機能	すべての拡張機能で共通に利用可能なコア機能	コマンド、設定項目、キーバインド、メニューアイテムの登録 ワークスペースもしくはグローバルデータの保存 通知メッセージ表示 ユーザー入力取得のためのQuick Pick ファイルやフォルダーを開くためのFile Picker
テーマ	VS Codeの外観のカスタマイズ	ソースコードの色変更、UIの色変更 既存のTextMateテーマのVS Codeへの移植 カスタムファイルアイコン追加
言語拡張：宣言的言語機能	基本的なテキスト編集機能のカスタマイズ（コード不要で宣言的に設定が可能）	言語ごとのスニペットの登録 新規言語の登録 プログラミング言語の文法登録・置き換え 文法インジェクションを利用した既存文法の拡張 既存のTextMateの文法のVS Codeへの移植

言語拡張：プログラム言語機能	高度なプログラミング言語機能	APIの使用例を示すホバーの追加 診断機能を利用したソースコードのスペルチェック、リンターエラーの報告 プログラミング言語のフォーマッターの登録 コンテキストに応じたリッチなIntelliSense機能
ワークベンチ拡張	VS Code のワークベンチUIの拡張	ファイルエクスプローラーにカスタムのコンテキストメニューアクションを追加 サイドバーに新しいツリービューを作成 ステータスバーに新規情報を表示 WebView APIを使用したカスタムコンテンツのレンダリング
デバック	VS Code のデバック機能の活用またはデバック機能の拡張	デバックアダプターを実装してVS Code のデバックUIをデバッガーまたはランタイムに接続 デバック設定のスニペットの提供 プログラムによるブレークポイントの作成および管理

6-1-2　VS Code 拡張機能のエコシステム

　VS Code には、「Visual Studio Code Marketplace」（以降「Marketplace」）と呼ばれる、開発者が拡張機能を公開し、利用者がそれらを探して利用できるサービスが用意されています。VS Ccode には、多くの人が必要とする拡張機能については最初から組み込まれていますが、足りない機能があっても、このMarketplace というエコシステムを通じて、世界中の開発者による拡張機能を自分のVS Code に追加できます。

　拡張機能の提供方法としては、パッケージ化されたファイルを直接配布してローカル環境のVS Code にインストールすることもできますが、これにはまったく流通性がありません。Marketplace を通じた拡張機能の流通性は、VS Code の魅力の1つです。

・VS Code 拡張機能Marketplace
　https://marketplace.visualstudio.com/vscode

Part1
01
02
03
Part2
04
05
Part3
06
07
08
09
10
11
12
13
Part4
14
Appendix

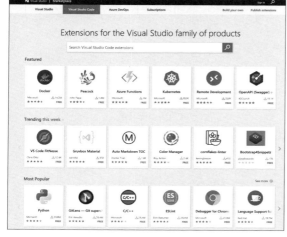

▲ **図6-1-1**　VS Code拡張機能Marketplace

6-2　拡張機能開発クイックスタート

| 開発
デバック | → | テスト | → | 公開
Marketplace公開
パッケージ化 |

▲ **図6-2-1**　拡張機能の開発から公開までの流れ

　では、VS Code拡張機能の開発を始めてみましょう。

　VS Codeの拡張機能の開発は、スクラッチから行うこともできますが、手早く始める方法としては次の2種類があります。

　①VS Code拡張機能の雛形ジェネレーターを利用する

　　VS Code公式の拡張機能テンプレートジェネレーターとして「generator-code」[※1]があります。これはWebアプリのワークフローに関わる主要機能を生成してくれる統合ツール「Yeoman」[※2]（読み方：ヨーマン）を利用したVS Code拡張機能用のカスタムジェネレーターです。

※1　https://www.npmjs.com/package/generator-code
※2　https://yeoman.io/

②目的に近いVS Code拡張機能のサンプルをベースに開発する

　公式に用意されているVS Code拡張機能のサンプル集がGitHubにあります。[3]これをベースにカスタマイズして拡張機能を作成します。

　ここでは、①のVS Code拡張機能の雛形ジェネレーターを利用した開発方法について解説します。

6-2-1 拡張機能開発の準備

　VS Code拡張機能の雛形ジェネレーターに取り組む前に、拡張機能の開発を行うためにはNode.jsとnpmが必要です。

　Node.jsとnpmがインストールされていない場合は、それぞれインストールしてください。なお、Node.jsとnpmのインストール方法については、Chapter 4の「準備&インストール」を参照してください

　さらに、次のようにして、コマンドラインでYeomanとVS Code拡張機能の雛形ジェネレーターをインストールします。

● **コマンド6-2-1** YeomanとVS Code拡張機能の雛形ジェネレーターのインストール

```
# npmのアップデート
$ npm install -g npm
# Yeoman とVS Code拡張機能ジェネレーターのインストール
$ npm install -g yo generator-code
```

6-2-2 VS Code拡張機能ジェネレーターで雛形作成

　「yo code」を実行して、雛形を作成します。

● **コマンド6-2-2** VS Code拡張機能ジェネレーターで雛形作成

```
$ yo code
```

※3 https://github.com/microsoft/vscode-extension-samples

221

雛形の種類や、いくつかのフィールドの入力が求められます。

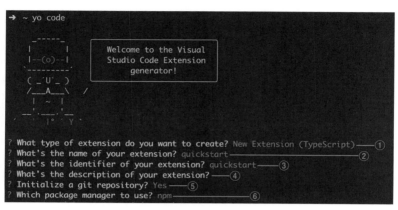

▲ 図6-2-2　VS Code拡張機能

　ここでは、次のようにquickstartという名前でTypeScriptのシンプルな雛形を選択しています。

①雛形の種類：New Extension (TypeScript)を選択。雛形は次から選択可能

　・New Extension (TypeScript)：TypeScriptの拡張機能雛形

　・New Extension (JavaScript)：JavaScriptの拡張機能雛形

　・New Color Theme：カラーテーマの雛形

　・New Language Support：言語サポートの雛形

　・New Code Snippets：スニペットの雛形

　・New Keymap：キーマップの雛形

　・New Extension Pack：拡張パックの雛形

　・New Language Pack (Localization)：言語パックの雛形

②拡張機能の名前。ここではquickstartという名前を入力

③拡張機能の識別子。ここではquickstartで設定

④拡張機能の説明。ここでは説明はなし

⑤.gitignoreファイルを作成するかどうか：Y（Yes）もしくはn（No）を選択可能。ここではYesを選択

⑥パッケージマネージャーの選択：npmまたはyarnを選択可能。ここではnpmを選択

「yo code」コマンドの入力を終えると、ジェネレーターによって雛形用のファイルが生成されます。さらに、自動的に「npm install」が実行され、依存パッケージのインストールが行われます。

最終的に生成されるフォルダーとファイルは、次の通りです。

```
quickstart (拡張機能ルートディレクトリ名)
    ├── .vscode
    │       ├── extensions.json
    │       ├── launch.json
    │       ├── settings.json
    │       └── tasks.json
    ├── CHANGELOG.md
    ├── README.md
    ├── node_modules
    ├── package-lock.json
    ├── package.json
    ├── src
    │       ├── extension.ts
    │       └── test
    ├── tsconfig.json
    ├── tslint.json
    └── vsc-extension-quickstart.md
```

▲ **図6-2-3**　VS Code拡張機能ジェネレーターで生成されるフォルダーとファイル

▼**表6-2-1**　VS Code拡張機能ジェネレーターで生成されるファイル

ファイル	説明
extensions.json	推奨拡張機能リストを記述するファイル。ユーザーまたはワークスペースごとのVS Codeの設定ファイルの1つ
launch.json	拡張機能の起動とデバックの設定をするファイル。ユーザーまたはワークスペースごとのVS Codeの設定ファイルの1つ
settings.json	VS Codeの設定を記述するファイル。デフォルトのVS Code設定をオーバーライドする。ユーザーまたはワークスペースごとのVS Codeの設定ファイルの1つ
tasks.json	TypeScriptをコンパイルするビルドタスクの設定ファイル。ユーザーまたはワークスペースごとのVS Codeの設定ファイルの1つ
node_modules	拡張機能が依存するnodeモジュールのディレクトリ
package.json	拡張機能のマニフェストファイル
extension.ts	拡張機能の起点となるスクリプトファイル。package.jsonのmainフィールドで指定
tsconfig.json	TypeScriptプロジェクトのコンパイルオプション設定ファイル
tslint.json	TSLint(TypeScript向け静的解析ツール)の設定ファイル

　VS Code拡張機能ジェネレーターで作成された雛形ファイルの中で、特に重要な2つのファイルについて解説します。

拡張機能のマニフェストファイル - package.json

　package.jsonは、Node.jsの開発ではおなじみですが、依存するnpmライブラリや実行スクリプトの管理などに加えて、VS Codeの拡張機能必要な情報について記述するVS Code拡張機能の構成管理ファイルです。

▲**図6-2-4**　package.jsonの構成

224

package.jsonのmainでは、拡張の起点スクリプトファイルを指定します。ここでは、src/extension.tsが起点ファイルになります。

package.jsonのcontributesは「コントリビューションポイント」と呼ばれ、どのようにコマンドが実行されるかを定義します。contributes.commandsに、実行するコマンドを登録します（複数のコマンドが定義可能）。このサンプルでは、「Hello World」という名前のコマンドextension.helloworldを登録しています。

contributes.commandsで定義されたコマンドは、デフォルトでコマンドパレットに表示されるため、ここで登録された「Hello World」がコマンドパレットに表示されます。なお、このコマンドはコマンドパレット以外にもメニューからの選択実行や、特定キーバインドからの実行など、実行方法を柔軟に制御できます。

package.jsonのactivationEventsは「**アクティベーションイベント**」と呼ばれ、拡張機能がどのイベントをトリガーにアクティベート（ロード）されるのかを定義します。VS Codeは、拡張機能のアクティベーションイベントをキャッチすると、拡張機能の起点スクリプトファイル（ここではsrc/extension.ts）内のactivateメソッドを一度だけ呼び出します。

このサンプルではonCommand:extension.helloworldと定義されているので、extension.helloworldコマンドが呼び出されると、拡張機能がロードされます。

拡張機能の起点スクリプトファイル - src/extension.ts

拡張機能の起点となるTypeScriptファイル（.ts）です。なお、雛形作成時にJavaScriptを選択すると、extension.jsが起点スクリプトファイルとして生成されます。

このファイルでは、activateとdeactivateの2つのメソッドをエクスポートします。activateメソッドは、拡張機能がアクティベートされるときに一度だけ呼び出されます。activateメソッドの中では、コマンドの実装をregisterCommandメソッドで登録します。具体的には、registerCommandメソッドの第一引数にpackage.jsonで定義したコマンド名を、第二引数にそのコマンドの実装を含むメソッドを渡します。このサンプルでは、コマンドが実行されるとメッセージボックスに、'Hello World!'が表示されます。

deactivateメソッドは、拡張機能がディアクテベートされるときに呼び出されます。拡張機能で確保されたリソースのクリーンアップ処理などが、ここで実行できます。これは、ちょうどオブジェクト指向言語のクラスのコンストラクター

とデストラクターに似ています。なお、実装されたコマンドはcontext.subscriptionsに追加されますが、拡張機能がディアクティベートされると、追加されたコマンドリソースが解放されます。

●**リスト6-2-1**　src/extension.ts

```
// 'vscode'モジュールにはVS Code拡張APIが含まれています
import * as vscode from 'vscode';

// このメソットは拡張機能がアクティベートされるときに一度だけ呼び出されます。
export function activate(context: vscode.ExtensionContext) {

    // 診断情報を出力するときはconsoleを、エラー情報を出力するときはconsole.error
    // をお使いください
    console.log('Congratulations, your extension "quickstart" is now active!');

    // package.jsonに定義されたコマンドの実装をregisterCommandで登録します
    // コマンドIDはpackage.jsonに記述したものと同一である必要があります
    let disposable = vscode.commands.registerCommand('extension.helloWorld', ()
=> {
        // ここに書かれたコードはコマンドが実行される度に実行されます

        // メッセージボックスを表示します
        vscode.window.showInformationMessage('Hello World!');
    });

    // 解放対象のリソースを追加します
    context.subscriptions.push(disposable);
}

// このメソッドは拡張機能がディアクテベートされるときに呼び出されます
export function deactivate() {}
```

6-2-3　拡張機能の実行

　それではサンプル拡張機能を実行していきましょう。まずは、VS Codeでサンプル拡張機能をルートフォルダーから開きます。codeコマンドで、ターミナルからVS Codeを起動することが可能です。なお、VS Codeのコマンドラインインターフェイスについては、公式サイトのドキュメント[※4]を参照してください。

● **コマンド6-2-3** Code コマンドによる VS Code の起動

```
$ cd quickstart
$ code .
```

VS Code が起動したら、まずは F5 を押してください。拡張機能が有効な新しいVS Code のウィンドウが立ち上がります。新しく立ち上がるウィンドウには「Extension Development Host」という名前が付いているのが特徴です。以降では、このウィンドウを「Extension Development Host」と呼びます。

次に、そのウィンドウで、 Ctrl + Shift + P (macOS: ⌘ + Shift + P) を押してコマンドパレットを開き、Hello World コマンドを実行します。

▲ **図6-2-5** Hello World コマンドの実行

コマンドを実行すると、次のように画面の右下にメッセージボックスが表示されます。

▲ **図6-2-6** Hello World コマンドの実行結果

※4 https://code.visualstudio.com/docs/editor/command-line

> **Column** Extension Hostでの実行
>
> VS Codeで拡張機能のソースを開いて、[F5]を押すと「Extension Development Host」（デバックウィンドウ）が立ち上がりましたが、実際には何が起動したのでしょうか？
> プロジェクトルートフォルダー直下のデバック構成設定を記述する`launch.json`ファイルを確認すると、拡張機能デバック実行用の`Run Extension`や、あとで説明する結合テスト用の`Extension Tests`の`type`が、どちらも`extensionHost`になっていることがわかります。
> `Extension Host`は、VS Codeのメインプロセスとは分離された`Node.js`プロセスで、VS Codeがセキュアかつ安定的なパフォーマンスで動作するように拡張機能を管理します。`Extension Host`について詳しくは、Chaper 7の「VS Code拡張機能の仕組み」で解説します。
>
> .vscode/launch.json
>
> ```
> {
>   "version": "0.2.0",
>   "configurations": [
>     {
>       "name": "Run Extension",
>       "type": "extensionHost",
>       "request": "launch",
>        ...
>     },
>     {
>       "name": "Extension Tests",
>       "type": "extensionHost",
>       "request": "launch",
>        ...
>     }
>   ]
> }
> ```

6-2-4　拡張機能のデバック

　VS Codeには、ビルトインで`Node.js`デバッカー拡張機能が付属しています。通常のJavaScriptプログラム開発と同様に、`src/extension.ts`内にブレークポイントを設定してステップ実行を行い、デバックコンソールで拡張機能からのさま

ざまな出力を確認できます。拡張機能開発では、このVS Codeの優れたデバッ
ク機能を活用しない手はありません。

　pakcage.jsonで登録されたコマンドのソース内でブレークポイントを設定後
に、F5を押すと、新しいExtension Development Hostが立ち上がります。そ
して、先ほどと同様にコマンドパレットを開き、Hello Worldコマンドを実行し
てみましょう。図6-2-7のように、ブレークポイントがヒットし、デバックビュー
やデバックコンソールでデバック情報を確認できます。

▲ **図6-2-7**　ブレークポイントを設定したデバッグ

Column JavaScriptソースマップとNode.jsデバッカによる
TypeScriptのデバック

VS CodeのNode.jsデバッガーは、JavaScriptソースマップをサポートしていま
す。JavaScriptソースマップを使うことで、TypeScriptをはじめとする
JavaScriptにトランスパイルするような言語のデバックができるようになります。
たとえば、元のTypeScriptファイルsrc/extension.tsは、自動生成されたソース
マップファイルout/extension.js.mapを介して、Node.jsデバッガーによる
TypeScriptのシングルステップ実行やブレークポイントの設定が可能になります。

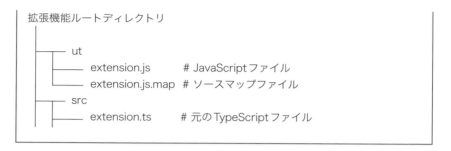

```
拡張機能ルートディレクトリ
    ut
        extension.js        # JavaScriptファイル
        extension.js.map    # ソースマップファイル
    src
        extension.ts        # 元のTypeScriptファイル
```

6-2-5 新しいコマンドの追加

　先ほどVS Code拡張機能ジェネレーターで作成した雛形に、新しいコマンドを追加します。実行したタイミングの日付を取得する単純なコマンドです。

　まずは拡張機能のマニフェストファイル package.json のコントリビューションポイントに、新しいコマンド「Get Today」（コマンドID：extension.gettoday）を追加します。

● リスト6-2-2　package.json

```
"contributes": {
  "commands": [
    {
      "command": "extension.helloWorld",
      "title": "Hello World"
    },
    {
      "command": "extension.getToday",
      "title": "Get Today"
    }
  ]
},
```

　次に、同じく package.json のアクティベーションイベント（activationEvents）に、リスト6-2-3のように「onCommand:<コマンドID>」の形式でコマンドIDを追加します。これによって、Hello Worldコマンドと同様に、Get Todayコマンドを呼び出すことで拡張機能がロードされるようになります。

● **リスト6-2-3**　package.json

```
"activationEvents": [
  "onCommand:extension.helloWorld",
  "onCommand:extension.getToday"
],
```

　package.jsonへのコントリビューションポイントとアクティベーションイベントへの追加が完了したら、拡張機能の起点スクリプトファイルsrc/extension.tsに実際のコマンドの中身を登録します。コマンドの登録は、すでにあるextension.helloWorldのあとに、extension.getTodayの実装をコールバックとして追加しています。コマンドID名はpackage.jsonで登録されたものと同一である必要があります。

　さらに、extension.helloWorldと同様に、context.subscriptionsに追加して、拡張機能がディアクティベートされるときにコマンドのリソースが解放されるようにします。

● **リスト6-2-4**　src/extension.ts

```
import * as vscode from 'vscode';
import { dateFormat } from "./dateformat";

export function activate(context: vscode.ExtensionContext) {

  let disposable_helloworld = vscode.commands.registerCommand('extension.h
elloWorld', () => {
    vscode.window.showInformationMessage('Hello World!');
  });

  // vscode.commands.registerCommandによりコマンドextension.getTodayを追加
  let disposable_gettoday = vscode.commands.registerCommand('extension.get
Today', () => {
    let today: Date = new Date();
    vscode.window.showInformationMessage("Today:" + dateFormat(today));
  });

  // context.subscriptionsに解放対象のリソースを追加
  context.subscriptions.push(
    disposable_helloworld,
```

```
    disposable_gettoday
  );
}
```

　新規コマンドextension.getTodayでは、Dateオブジェクトを生成し、それを元にコマンド実行日の文字列に整形して、メッセージボックスに表示します。Dateオブジェクトを日付文字列に整形するdateFormat関数は、次のように別ファイルsrc/dateformat.tsで定義します。

●**リスト6-2-5**　src/dateformat.ts

```
export function dateFormat(date : Date) : string {
  return date.getFullYear() + '-' + ( date.getMonth() + 1 ) + '-' + date.g
etDate();
}
```

　先ほどと同様に、F5を押して、新しいExtension Development Hostを立ち上げます。Extension Development Hostが立ち上がったら、コマンドパレットを開いて、Get Todayコマンドを実行してみます。

▲**図6-2-8**　Get Todayコマンドの実行

　メッセージボックスにコマンド実行日の日付が表示されます。

▲ **図6-2-9** Get Todayコマンドの実行結果

6-2-6 拡張機能のインストール

　拡張機能を開発したら、毎回 F5 でExtension Development Hostを立ち上げて実行するのではなく、VS Codeにインストールして拡張機能を使えるようにします。拡張機能のインストールには、大きく次の3種類の方法があります。

① Extensionsフォルダーにインストール
② パッケージ（.vsix）のインストール
③ Marketplaceからのインストール

　②については、すでにChapter 2の「VSIXファイルからのインストール」で紹介しました。また、③に関連しては、Chapter 11で自作拡張機能のMarketplace公開方法を紹介します。ここでは、①のExtensionsフォルダーへのインストール方法について紹介します。

　VS Codeは、.vscode/extensions配下の拡張機能を検索します。場所については、プラットフォームごとに異なります。

▼ **表6-2-2** extensionsフォルダーの場所

OS	フォルダーの場所
Windows	%USERPROFILE%\.vscode\extensions
macOS	$HOME/.vscode/extensions
Linux	$HOME/.vscode/extensions

　たとえば、ここで作成した拡張機能quickstartをインストールする場合、拡張機能フォルダー quickstartを丸ごと.vscode/extensions配下にコピーします。

●**コマンド6-2-4**　quickstartコマンドの実行

```
$ .vscode/extensions/quickstart
```

　こうすることで、次回以降、VS Codeを立ち上げると、その拡張機能がインストールされた状態になっています。

> **Column**　拡張機能でJavaScriptの利用について
>
> 本書では、主にTypeScriptを使用した拡張機能開発方法を解説していますが、JavaScriptでも同じように拡張機能を開発できます。JavaScriptを好む場合は、拡張機能ジェネレーターで「JavaScript」を選択するか、次のようなVS Code拡張機能のJavaScriptサンプルをベースに開発を進めるとよいでしょう。
>
> ・Hello World Minimal Sample
> 　https://github.com/Microsoft/vscode-extension-samples/tree/master/
> 　helloworld-minimal-sample

6-3　拡張機能のテスト

　ここでは、拡張機能のテスト方法について解説します。

▲**図6-3-1**　拡張機能のテストの流れ

　コラム「Extension Hostでの実行」で簡単に紹介しましたが、VS Codeの拡張機能のデバックや結合テスト実行においては個別のExtension Hostが立ち上がります。Extension HostからはVS Code APIを呼び出すことができるため、

実行中のVS Codeインスタンスの上でVS Code APIを利用した結合テストを簡単に実行できます。

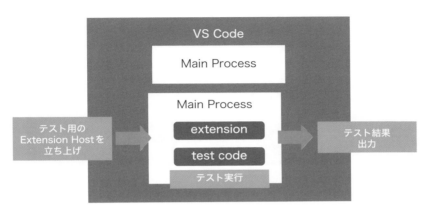

▲ 図6-3-2　テスト用Extension Host

6-3-1　VS Code拡張機能ジェネレーターで生成された雛形テストの実行

VS Code拡張機能ジェネレーターは、VS Code拡張機能のアプリケーションの雛形だけではなく、その結合テストの雛形も作成します。 結合テストの雛形は、テストフレームワークとして`Mocha API`を使用したテスト設定が生成されており、ダミーのテストスイートも用意されているので、雛形生成後すぐにテストを実行できます。

Column Mocha API

Mochaは、`Node.js`およびWebブラウザーで実行可能なJavaScriptテストフレームワークです。機能が豊富で、簡単に非同期テストができ、好みのアサーションライブラリを使ったコードカバレッジテストとレポート作成ができることが特徴です。

・Mocha公式サイト
　https://mochajs.org/

まずは、デバックビューからテストを実行してみましょう。次のように「Extension Tests」を選択して開始ボタンを押すことで、テストが開始されます。

▲ 図6-3-3　Extension Testsの実行

　テストの実行後、次のようにデバックコンソールに結果が出力されます。ここではダミーテストの「Sample test」が実行され、無事パスしたことがわかります。

▲ 図6-3-4　Extension Testsの実行結果

　次のように、npmコマンドからテストを実行することもできます。

● コマンド6-3-1　npmコマンドによるテストの実行

```
$ npm run test
```

> **Column** npmコマンドによるテスト実施の注意点
>
> 同一OSにおいて、VS Codeがどこかで使われている、もしくはVS Codeインスタンスが残っている場合、ターミナルから「npm run test」を実施すると、次のようなエラーが出力されてテストが失敗します。

```
Error: Running extension tests from the command line is currently onl
y supported if no other instance of Code is running.
```

　このように、「別のVS Codeインスタンスが走っている状態で、ターミナルから拡張機能のテストを実施できない」というのは、VS Codeの仕様です。対処方法としては、次の2つが考えられます。

1. 開発用にVS Code Insiders版を立ち上げ、ターミナルから「npm run test」を実行する
2. すべてのVS Code Stable版のインスタンスを完全に終了させて、ターミナルから「npm run test」を実行する

6-3-2　雛形テストの仕組み

　ここでは、雛形テストコードをベースにした結合テストの処理の流れを解説していきます。

　VS Code拡張機能ジェネレーターで生成された雛形では、結合テストを「npm run test」、もしくは「yarn test」で実行できます。ここでは、VS Code拡張機能ジェネレーターを使った雛形生成時にパッケージマネージャーとしてnpmを選択しているため、「npm run test」で結合テストを実行します。

●**コマンド6-3-2**　npmコマンドによるテストの実行

```
$ npm run test
```

●**コマンド6-3-3**　テストの出力結果

```
# プロジェクトのコンパイル
> npm run compile
> tsc -p ./

# 結合テストのエントリーファイルを実行
> node ./out/test/runTest.js

# VS Codeのダウンロード
Downloaded VS Code 1.43.0 into .vscode-test/vscode-1.43.0
```

237

```
# テスト結果の出力
Extension Test Suite

✓ Sample test
1 passing (2ms)
```

　出力結果からは、プロジェクトのコンパイル後に結合テストのエントリーファイル（runTest.js）が実行され、テストが実施されているように見えます。「npm run test」で実際に実行されるコマンドについては、package.jsonのscriptsの内容から確認できます。

●リスト6-3-1　package.json

```
"scripts": {
  "vscode:prepublish": "npm run compile",
  "compile": "tsc -p ./",
  "watch": "tsc -watch -p ./",
  "pretest": "npm run compile",
  "test": "node ./out/test/runTest.js"
},
```

　コマンドの出力結果のとおり、まずはpretestで指定されている「npm run compile」によるプロジェクトのコンパイルが実行されてから、testで指定されている「node ./out/test/runTest.js」が実行されます。このことから、out/test/runTest.jsが結合テストの起点となるスクリプトであることがわかります。
　さらに、out/test/runTest.jsは、src/test/runTest.tsをTypeScriptコンパイラー（tsc）でコンパイルして生成されます。
　src/test/runTest.tsから、結合テストの流れをみていきましょう。
　まず、結合テストの関連ファイルの構成は、図6-3-4のようになっています。処理の流れを理解するために、TypeScriptのコンパイル結果ファイルを含めています。

拡張機能ルートディレクトリ

```
┌─out
│  └─test
│     ├─runTest.js              # src/test/runTest.tsのコンパイル結果のJavaScript
│     ├─runTest.js.map          # runTest.tsとのソースマップ
│     └─suite
│        ├─extension.test.js    # src/test/suite/extension.test.tsのコンパイル
│        │                        結果のJavaScript
│        ├─extension.test.js.map # extension.test.tsとのソースマップ
│        ├─index.js             # src/test/suite/index.tsのコンパイル結果の
│        │                        JavaScript
│        └─index.js.map         # index.tsとのソースマップ
└─src
   └─test
      ├─runTest.ts
      └─suite
         ├─extension.test.ts
         └─index.ts
```

▲ **図6-3-5**　結合テストの関連ファイルの構成

　主要ファイルは次の3つで、各スクリプトに結合テストの処理順番を振ってい
ます。

▼ **表6-3-1**　結合テスト関連の主要ファイル

順番	ファイル	説明
1	src/test/runTest.ts	テストの起点となるファイル内部でvscode-test APIを使用して、拡張テストパラメーターを使用してVS Codeのダウンロード、展開、およびテスト用のVS Code起動プロセスを簡略化している。このスクリプトは、基本的に変更する必要はない
2	src/test/suite/index.ts	テストスイートを実際に走らせるスクリプト。テストフォルダー内の*.test.tsファイルを実行する仕組みを実装している。テストフレームワークとしてMocha APIを使用。テストスイートの起動方法や、別のフレームワークを使う場合は、このファイルを変更することになる
3	src/test/suite/extension.test.ts	テストスイート（ここに各テスト処理を記述）

VS Code拡張機能ジェネレーターで生成される雛形のテストスイートファイル
です。新規でテストを追加する場合は、このファイルが参考になります。表6-3-1
に記述した通り、テストフォルダー内の*.test.tsファイルが、テストスイート
として自動実行されます。

●リスト6-3-2　src/test/suite/extension.test.ts

```
import * as assert from 'assert';
import { before } from 'mocha';

// You can import and use all API from the 'vscode' module
// as well as import your extension to test it
import * as vscode from 'vscode';
// import * as myExtension from '../extension';

suite('Extension Test Suite', () => {
  before(() => {
    vscode.window.showInformationMessage('Start all tests.');
  });

  test('Sample test', () => {
    assert.equal(-1, [1, 2, 3].indexOf(5));
    assert.equal(-1, [1, 2, 3].indexOf(0));
  });

});
```

ここでは、VS Code拡張機能ジェネレーターで生成された雛形テストの構成や
流れを解説しましたが、同一構成のファイル群がhelloworld-test-sampleよりダ
ウンロードできます。ジェネレーターを使用しないのであれば、こちらをテンプ
レートとして利用できます。

・helloworld-test-sample ソースコード
  https://github.com/microsoft/vscode-extension-samples/tree/
  master/helloworld-test-sample

6-3-3　テストコードの追加

VS Code拡張機能ジェネレーターで生成された雛形のテストに、前に追加した新規コマンドのテスト用コードを追加します。ここでは、src/test/suiteフォルダーに新規でgettoday.test.tsファイルを追加します。

● **リスト6-3-3**　src/test/suite/gettoday.test.ts

```
import * as assert from 'assert';
import { dateFormat } from '../../dateformat';

suite('GetToday Test Suite', () => {
  test('Dateformat test', () => {
    let testdate: Date = new Date("2020-1-1");
    assert.equal('2020-1-1', dateFormat(testdate));
  });
})
```

先ほど実行したように、デバックビューから［Extension Tests］を選択して、開始ボタンを押してテストを開始します。今度は最初のダミーテストに加えて、新規で追加した「GetToday Test Suite」が実行されたことがわかります。

▲ **図6-3-6**　gettoday.test.tsの実行

ここまで、手動によるコマンドもしくはUIからのテスト実行方法について紹介しました。なお、Chapter 13では、継続的インテグレーション（CI）パイプラインを活用したテストの自動実行についても紹介します。

Chapter 7
拡張機能の仕組みを理解する

この章では、VS Code開発のために押さえておくべき拡張機能の仕組み、主要コンセプトや共通機能について説明します。

7-1　VS Code拡張機能の仕組み

　アーキテクチャの観点では、VS Codeはマルチプロセスアーキテクチャを採用しており、ツールのコア機能をメインプロセスで動かし、ツールの拡張にあたる機能を分離して別プロセスで動くようにしています。この拡張機能を管理するNode.jsプロセスのことを「**Extension Host**」と呼びます。

　Extension Hostでは、たとえ拡張機能が誤動作したとしても、VS Code全体のユーザーエクスペリエンスに影響を与えることなく安定的にエディター機能を提供できるように、個々の拡張機能の処理に対して制御を行います。たとえば、VS Codeの起動速度に影響があるような処理や、UI操作を遅くさせるような処理、UIの変更（コラムを参照）などに対して制御を行います。

　さらに、VS Codeでは拡張機能は「遅延ロード（lazy loading）」、つまりスタートアップ時にまとめてロードするのではなく、必要になったときにロードする仕組みがとられています。Chapter 6で簡単に紹介した拡張機能APIにある「アクティベーションイベント（Activation Events）」で、拡張機能がロードされるタイミングを指定します。

　このように、VS Codeでは拡張機能の追加による起動速度の劣化や不要な計算・メモリ資源の消費を抑制し、拡張機能のパフォーマンスに左右されることなく、ファイルの編集や保存といった基本動作を安定稼働させるめの工夫が施されています。これらのことは、拡張機能を開発する上で非常に重要なポイントになるので、しっかり念頭に置いておく必要があります。

　また、言語サポートについても、VC Codeと柔軟にインテグレーションできる仕組みが提供されています。VS Codeそのものは、JavaScriptとTypeScriptで実装されてますが、言語サーバー、デバックアダプター、プロトコルといった仕組みによって、VS Codeのコア実装とは関係なく、実装に最適なプログラミング言語でサポート対象言語ごとの拡張実装を行うことが可能です。なお、本書では

言語サーバー、デバックアダプター、プロトコルについては解説しませんが、詳しくは、Chapter 4のコラム「言語サービスとは」「デバッグアダプターとは」、後述の「[Hint] VS Code言語サポートの補足リンク」を参照してください。

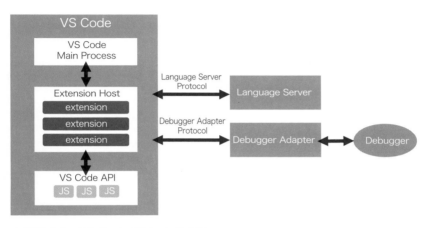

▲ **図7-1-1** VS Codeのアーキテクチャ

Column UI変更に対するExtension Hostの制御

UIの変更に関しては、たとえば、DOMへのアクセス制限があります。
パフォーマンス向上やUIカスタマイズのために拡張機能からカスタムのCSSを適用したり、HTML要素を追加したりなど、直接DOMにアクセスして機能の追加や修正をしたいときがあるかもしれません。しかし、VS Codeでは、次に挙げたような安全性や統一性の観点から、拡張機能からのDOMへのアクセスが制限されています。

・セキュリティ脆弱性の排除
・マルチプラットフォーム対応
・ユーザーエクスペリエンスの一貫性の確保

7-2　拡張機能の主要構成要素

　すでに一部の用語などについては説明済みですが、VS Code拡張開発のためにのために押さえておくべき主要構成要素について改めて整理しておきましょう。

▼ 表7-2-1　VS Codeの主要構成要素

名前	説明
アクティベーション イベント（Activation Events）	どのイベントで拡張機能がアクティブ化（ロード）されるかを package.jsonに定義
コントリビューション ポイント（Contribution Points）	何を拡張するのかを package.jsonに静的宣言
VS Code API	拡張コードの中から呼び出せるJavaScript API群
拡張機能マニフェスト （package.json）	VS Code拡張機能の構成を定義するJSONファイル。アクティベーションイベントやコントリビューションポイントは、ここに設定する。また、通常のJavaScriptのプロジェクトと同様に、モジュールの依存関係、パッケージ管理のさまざまな設定もここで行う
起点スクリプトファイル	この起点ファイルではactivateとdeactivateの2つのメソッドをエクスポートする。VS Codeは、拡張機能のアクティベートイベントをキャッチすると、activateメソッドがコールされる。一方、拡張機能のディアクテベート時にはdeactivateメソッドがコールされる

これらの主要構成要素の関連を図で表すと、次のようになります。

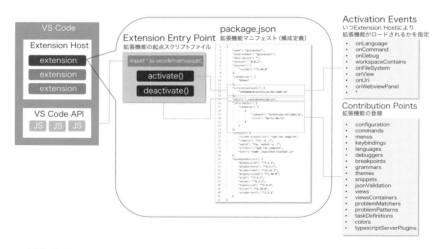

▲ 図7-2-1　VS Codeのアーキテクチャ

7-2-1　アクティベーションイベント

「**アクティベーションイベント**」は、どのイベントが発生したときに拡張機能をアクティブ化し、ロードするかをpackage.jsonに定義します。この設定によって、VS Codeの起動とは別に各拡張機能の起動のタイミングを制御し、不必要なCPUやメモリリソースの消費を抑えることができます。

次のように、拡張機能マニフェストpackage.jsonのactivationEventsにイベントを追加します。

● **リスト7-2-1**　アクティベーションイベント設定（package.json）

```
"activationEvents": [
  "イベント1",
  "イベント2",
  "イベント3",
  ...
]
```

アクティベーションイベントの種類、各イベントの説明と設定例は、次のとおりです。

▼ **表7-2-2**　アクティベーションイベントの種類、各イベントの説明と設定例

イベントの種類	説明	設定例
onLanguage	特定言語ファイルが開かれたときにイベントが発生する。言語識別子(https://code.visualstudio.com/docs/languages/identifiers)を使って対象言語を指定する	"onLanguage:markdown"
onCommand	特定コマンドが呼び出されたときにイベントが発生する	"onCommand:extension.helloworld"
OnDebug OnDebugInitial Configurations OnDebugResolve	onDebugではデバックセッションが始まったときにイベントが発生する。デバック拡張機能が軽い場合はこれで十分だが、重い場合はonDebugInitialConfigurationsやonDebugResolveの利用を推奨している。onDebugInitialConfigurationsは、DebugConfigurationProviderのprovideDebugConfigurationsメソッドが呼び出され	

		る直前にイベントが発生する。また、onDebugResolve:type では、指定された型の DebugConfigurationProvider の resolveDebugConfiguration メソッドが呼び出される直前にイベントが発生する	
workspaceContains		フォルダーを開いたときに、特定のファイルや特定の glob パターンにマッチするファイルが含まれていた場合にイベントが発生する	"workspaceContains:**/.myconfig"
onFileSystem		ftp、sftp、ssh などの特定のスキームでファイルやフォルダーが開かれたときにイベントが発生する	"onFileSystem:sftp"
onView		特定ID の View が展開されたときにイベントが発生する	"onView:nodeDependencies"
onUri		特定URI で拡張機能が開かれたときにイベントが発生する。URIスキームは vscode または vscode-insiders に限定される	"onUri"
onWebviewPanel		viewType にマッチングする Webview をリストアする必要があるときにイベントが発生する。viewType は window.createWebviewPanel を呼び出すときに設定される	"onWebviewPanel:yourViewType"
*		VS Code スタートアップ時にイベントが発生する	"*"

　アクティベーションイベントの詳細については、公式サイトのドキュメント[1]を参照してください。

7-2-2　コントリビューションポイント

　コントリビューションポイントには、拡張機能で何を拡張するのかを静的に宣言します。

　次のように拡張機能マニフェスト package.json の contributes にコントリビューションポイントを追加します。

● リスト7-2-2　コントリビューションポイント設定 (package.json)

```
{
  //..
  "contributes": {
    "コントリビューションポイント1": {宣言内容;},
```

※1　https://code.visualstudio.com/api/references/activation-events

```
    "コントリビューションポイント2": {宣言内容;},
    "コントリビューションポイント3": {宣言内容;},
    //...
  },
  // ...
}
```

代表的なコントリビューションポイントは、次のとおりです。

▼**表7-2-3** 代表的なコントリビューションポイント

コントリビューションポイント	宣言・設定するもの	備考
configuration	利用ユーザーが入力するコンフィギュレーションキー	「共通機能」の項で詳細を説明
configurationDefaults	言語特有のエディター設定デフォルト値	
commands	コマンドのインターフェイス。タイトル、アイコン、カテゴリ、コマンド有効状態などで構成される。when句を使って有効化の条件も指定可能。デフォルトでコマンドパレットで表示される	「共通機能」の項で詳細を説明
menus	メニューアイテム。メニューアイテムからエディターやエクスプローラーのコマンドを呼び出す	「共通機能」の項で詳細を説明
keybindings	キーバインド	「共通機能」の項で詳細を説明
languages	編集対象の言語	
debuggers	VS Codeのデバッガー	
breakpoints	どの言語でブレークポイントが有効かを指定。通常、デバッガー拡張機能はこのブレークポイントもセットで設定する	
grammars	編集対象の言語に対するTextMate形式のグラマー	
themes	TextMate形式のカラーテーマ	
snippets	特定言語に対するスニペット	
jsonValidation	特定形式のJSONファイルに対するバリデーションのためのスキーマ。ローカルパスもしくはリモートURLを指定可能	
views	VS CodeのViewの設定 設定可能なViewコンテナー: 　アクティビティバーのエクスプローラー Viewコンテナー	

	ソースコントロール管理（SCM）View コンテナー	
	デバック View コンテナー	
	テスト View コンテナー	
	カスタム View コンテナー	
taskDefinitions	タスクの定義	
colors	新しい色の定義	

　コントリビューションポイントの詳細については、公式サイトのドキュメント[2]を参照してください。

7-2-3　VS Code API

　VS Code APIは、その名の通り、一連のJavaScript APIで、VS Code拡張機能からAPIを呼び出すことで各コンポーネントを操作します。

　利用可能なVS Code拡張機能APIのネームスペースやクラスについては「VS Code APIリファレンス」[3]を確認してください。

　また、VS Code APIのTypeScript型定義ファイルvscode.d.tsは、GitHub[4]でリリースされています。リファレンスやエディターの機能で定義を参照することはできますが、実際の定義ファイルを見ることで容易にAPIの全体観が把握できるでしょう。

　VS Codeは、1.36からは拡張機能の開発にはVS Code APIのTypeScript型定義を提供する@types/vscodeパッケージが必要になりました。[5]VS Code拡張機能ジェネレーターで生成される雛形においては、次のようにpackage.jsonの"devDependencies"の部分に@types/vscodeが追加されています。

●**リスト7-2-3**　VS Code拡張機能ジェネレーターで生成されるpackage.jsonの例

```
"engines": {
  "vscode": "^1.43.0"
```

※2　https://code.visualstudio.com/api/references/contribution-points
※3　https://code.visualstudio.com/api/references/vscode-api
※4　https://github.com/Microsoft/vscode/blob/master/src/vs/vscode.d.ts
※5　https://code.visualstudio.com/updates/v1_36#_splitting-vscode-package-into-typesvscode-and-vscodetest

```
  },
  ...
  "devDependencies": {
    "@types/glob": "^7.1.1",
    "@types/mocha": "^5.2.7",
    "@types/node": "^12.11.7",
    "@types/vscode": "^1.43.0",
    "glob": "^7.1.5",
    "mocha": "^6.2.2",
    "typescript": "^3.6.4",
    "tslint": "^5.20.0",
    "vscode-test": "^1.2.2"
  }
```

Hint VS Code言語サポートの補足リンク

・言語サーバー
https://code.visualstudio.com/api/language-extensions/overview

・デバッカーの拡張
https://code.visualstudio.com/api/extension-guides/debugger-extension

7-3 主要機能の説明

　ここでは、VS Code拡張機能を開発する上でよく利用される主要機能について説明します。自分で拡張機能を作る際には、これらの機能やその利用パターンを組み合わせることで、効率よく開発を進めることができるはずです。

7-3-1 コマンド (vscode.commands)

　コマンドは、VS Codeによる作業における中心的な位置付けの機能です。たとえば、VS Codeによる作業では、次のような複数の方法でコマンドを呼び出すことができます。

①コマンドパレットを開いてコマンドを実行する
②キーバインドの設定によりコマンドにマッピングされたショートカットキー

を押してコマンドを実行する

③右クリックでコンテキストメニューからコマンドを選択して実行する

コマンド管理用APIである`vscode.commands.*`には次の4つがあります。

▼ **表7-3-1**　vscode.commands.*の定義

定義	説明
vscode.commands. registerCommand	コマンドを登録する
vscode.commands. executeCommand	コマンドを実行する
vscode.commands. getCommands	利用可能なコマンド一覧を取得する
vscode.commands. registerTextEditor Command	コマンドを登録する。registerCommandとの違いは、コマンドがエディターを開いているときのみに実行可能で、さらにエディター操作に特化したAPIへのアクセスが容易であること

Hint APIリファレンス

それぞれのAPIについての詳細は、各ドキュメントを参照してください。

- **vscode.commands.registerCommand API**
  https://code.visualstudio.com/api/references/vscode-api#commands.registerCommand
- **vscode.commands.executeCommand API**
  https://code.visualstudio.com/api/references/vscode-api#commands.executeCommand
- **vscode.commands.getCommands API**
  https://code.visualstudio.com/api/references/vscode-api#commands.getCommands
- **vscode.commands.registerTextEditorCommand API**
  https://code.visualstudio.com/api/references/vscode-api#commands.registerTextEditorCommand

コマンドの登録と実行

それでは、コマンドAPIの中でもよく利用されるコマンド登録（`vscode.commands.registerCommand`）とコマンド実行（`vscode.commands.executeCommand`）

について、サンプルを使って説明します。

　サンプルコードは、本書のGitHub[6]から取得できます。内容としては、vscode.commands.registerCommandによって登録されたコマンドを、vscode.commands.executeCommandを使って別のコマンドとして実行するというものです。

　まずは、次のようにマニフェストpakcage.jsonのコントリビューションポイント contributes.commandsに「Hello World」（コマンドID：extension.helloWorld）と「Show」（コマンドID：extension.show）の2つのコマンドを定義します。また、アクティベーションイベントには「onCommand:<コマンドID>」で、それぞれのコマンド実行をトリガーとした起動設定を追加します。

● リスト7-3-1　コマンドサンプルpackage.jsonの設定内容

```
"activationEvents": [
  "onCommand:extension.show",
  "onCommand:extension.helloWorld"
],
"main": "./out/extension.js",
"contributes": {
  "commands": [
    {
      "command": "extension.show",
      "title": "Show",
      "category": "SampleCommands"
    },
    {
      "command": "extension.helloWorld",
      "title": "Hello World",
      "category": "SampleCommands"
    }
  ],
  //...
},
```

　続いて、コマンドを実装します。extension.showとextension.helloWorldのどちらのコマンドも、vscode.commands.registerCommandで登録しています。

※6　https://github.com/vscode-textbook/extensions/tree/master/commands

extension.showは、与えられたメッセージテキストをメッセージボックスで表示します。

　一方、extension.helloWorldも同様に与えられたメッセージテキストをメッセージボックスで表示しますが、内部ではvscode.commands.executeCommandを使ってextension.showを実行しています。

●**リスト7-3-2**　カスタムコマンドを実行する例（src/extension.ts）

```
export function activate(context: vscode.ExtensionContext) {

  let show = vscode.commands.registerCommand('extension.show', message => {
    if (message) {
      vscode.window.showInformationMessage(message);
    }
  });
  let helloworld = vscode.commands.registerCommand(
    'extension.helloWorld',
    () => vscode.commands.executeCommand("extension.show", "Hello World"));

  context.subscriptions.push(show, helloworld, hellovscode);
}
```

　リスト7-3-2は、自分で登録するカスタムコマンドをvscode.commands.executeCommandを使って実行する例ですが、VS Codeには多くのビルトインのコマンドが用意されており、当然、これらもvscode.commands.executeCommandを使って実行することが可能です。

　たとえば、次のリスト7-3-3は、フォルダーを開くためのビルトインコマンドvscode.openFolderをvscode.commands.executeCommandで実行する例です。

●**リスト7-3-3**　フォルダーを開くビルトインコマンドの実行例

```
let uri = Uri.file('/some/path/to/folder');
let success = await vscode.commands.executeCommand('vscode.openFolder', uri);
```

　VS Codeのビルトインコマンドについては、「VS Code Built-in Commands」[7]を参照してください。

---

[7]　https://code.visualstudio.com/api/references/commands

when句でコマンド表示の条件を制御する

　コマンドをコントリビューションポイントに定義すると、そのコマンドがコマンドパレットに表示されます。これをコントリビューションポイントの menus. commandPalette で when 句の設定を行うと、特定の条件下のみにコマンドパレットでコマンド表示するように制御できます。

　次に挙げたリスト7-3-4は、先ほどの extension.helloWorld コマンドを、編集ファイルが「typescript」であるときのみにコマンドパレットで表示するという設定例です。

● **リスト7-3-4**　編集ファイルが「TypeScript」のときのみにコマンドパレットでコマンド表示する package.json の例

```
"contributes": {
  "commands": [
    {
      "command": "extension.helloWorld",
      "title": "Hello World",
      "category": "SampleCommands"
    }
  ],
  "menus": {
    "commandPalette": [
      {
        "command": "extension.helloWorld",
        "when": "editorLangId == typescript"
      }
    ]
  }
},
```

　when句は、ほかにもさまざまな条件を設定できます。詳しくは「when句コンテキスト リファレンス」※8を参照してください。

※7　https://code.visualstudio.com/api/references/commands
※8　https://code.visualstudio.com/docs/getstarted/keybindings#_when-clause-contexts

7-3-2　キーバインド

ここでは、キーバインド設定によるコマンド実行方法について説明します。

コントリビューションポイント contributes.keybindings で、キーの組み合わせとコマンドをマッピングするキーバインドを定義できます。

次に示したのは、先ほどの extension.helloworld コマンドを、Windows や Linux では [Ctrl] + [Shift] + [H] で、macOS では [⌘] + [Shift] + [H] のキーの組み合わせで実行するためのマニフェストの設定例です。

●リスト7-3-5　キーボードショートカットキーで実行する package.json の例

```json
"contributes": {
  "commands": [
    {
      "command": "extension.helloWorld",
      "title": "Hello World",
      "category": "SampleCommands"
    }
  ],
  "keybindings": [
    {
      "command": "extension.helloWorld",
      "key": "ctrl+shift+h",
      "mac": "cmd+shift+h"
    }
  ],
```

先ほどの menus.commandPalette の設定と同じように、キーバインド設定も when 句を使って制御できます。たとえば、次のような when 句の定義を contributes.keybindings に追加することで、エディターにフォーカスがあるときのみにキーバインド設定を有効にできます。

●リスト7-3-6　contributes.keybindings に追加する内容 (package.json)

```json
"keybindings": [
  {
    "command": "extension.helloWorld",
```

```
        "key": "ctrl+shift+h",
        "mac": "cmd+shift+h",
        "when": "editorTextFocus"
    }
  ],
```

　キーバインドの設定について詳しくは「contributes.keybindings」[※9]を参照してください。

　なお、数多くの拡張機能をインストールしたり、キーボードショートカットのカスタマイズをしていると、同じキーボードショートカットに複数のコマンドがマッピングされてしまうことがあります。

　その場合は、［ファイル］（masOS：［Code］）→［基本設定］→［キーボードショートカット］を開いてキーボードショートカット一覧を確認し、必要に応じてキーボードショートカットを変更してください。

7-3-3 コンテキストメニュー

　コンテキストメニューは、右クリックメニュー、エクスプローラー、エディタータイトル メニューバーなどエディター上のUIからコマンド呼び出しができるようにする機能です。コンテキストメニューは、コントリビューションポイントcontributes.menusに定義します。

　それでは、エディタータイトルのメニューバーからコマンド実行するためのコントリビューションポイントcontributes.menusの設定例を紹介しましょう。サンプルコードは、本書のGitHub[※10]から取得してください。拡張機能コマンドをエディタータイトルのメニューバーから実行するというものです。

　実行するコマンドは、先ほどと同じextension.helloWorldを使います。マニフェストpackage.jsonのコントリビューションポイントに、次のようなコマンド（contributes.commands）とコンテキストメニュー（contributes.menus）を定義します。

※9　https://code.visualstudio.com/api/references/contribution-points#contributes.keybindings

※10　https://github.com/vscode-textbook/extensions/tree/master/contextmenu

● **リスト7-3-7**　コマンドとコンテキストメニュー設定例（package.json）

```json
"contributes": {
  "commands": [
    {
      "command": "extension.helloWorld",
      "title": "Hello World",
      "icon": {
        "light": "resources/heart.svg",
        "dark": "resources/heart.svg"
      }
    }
  ],
  "menus": {
    "editor/title": [
      {
        "when": "editorTextFocus",
        "command": "extension.helloWorld",
        "group": "navigation"
      }
    ]
  }
},
```

　この設定によって、次のようなエディタータイトルのメニューバーにあるハートアイコンの押下でextension.helloWorldコマンドを実行できるようになります。

▲ **図7-3-1**　メニューバーのハートアイコンで実行

▲ **図7-3-2**　実行結果

このコンテキストメニューの設定について、ポイントは次の3つです。

①エディタータイトルのメニューバーの設定はコントリビューションポイントの`contributes.menus.editor/title`に定義する

②メニューバーで実行するコマンドの定義で`icon`の設定があると、メニューバーにはアイコン画像が表示される。アイコンは`dark`テーマと`ligh`テーマの2種類が指定可能で、ここでのサンプルでは両方とも同じハート画像（`resources/heart.svg`）を設定

③`editor/title`の`group`は、グループソートのためのキーワードで、実際の表示はグループ単位でソートされる

メニューアイテムのグループソートでは、エディタータイトルメニューには次のグループを指定可能です。ここでは`navigation`を指定しています。

▼ **表7-3-2**　エディタータイトルメニューに指定可能なグループ

グループ名	説明
`1_diff`	エディターの差分取得関連のコマンドのためのグループ
`3_open`	エディターオープン関連のコマンドのためのグループ
`5_close`	エディタークローズ関連のコマンドのためのグループ
`navigation`	常にメニューとトップもしくは最初の位置に表示されるグループ

Part1

01

02

03

Part2

04

05

Part3

06

07

08

09

10

11

12

13

Part4

14

Appendix

> **Column** コマンドアイコンの仕様
>
> コマンドアイコンのサイズは総縦横幅は16×16ピクセルで、そのうちパディング
> 用に1ピクセルを確保し、中央配置することが期待されています。また、色は単色
> にする必要があります。形式については、任意の形式を利用可能ですが、推奨は
> SVGです。詳しくは、次リンクを参照してください。
>
> ・https://code.visualstudio.com/api/references/contribution-points
> #Command-icon-specifications

　ここでは、エディタータイトルのメニューバーの設定例を紹介しましたが、コ
ンテキストメニューには、ほかにもさまざまなメニューの設定が可能です。詳し
くは「コンテキストメニュー contributes.menus」[11]を参照してください。

7-3-4　拡張機能のユーザー設定

　ここでは、拡張機能ごとのユーザー設定を扱う方法について紹介します。
vscode.workspace.getConfigurationは、拡張機能ごとのユーザー設定を扱うた
めのAPIです。また、拡張機能のデフォルト設定値は、package.jsonのコントリ
ビューションポイント contributes.configurationで定義できます。
　それでは、ユーザー設定の扱い方についてサンプルを使って説明します。サン
プルコード[12]は、vscode.workspace.getConfigurationを使ったユーザー設定値
の読み込みと更新を行うというものです。
　まずは、サンプル拡張機能のデフォルト設定値を、次のようにコントリビュー
ションポイント contributes.configurationに定義します。

●**リスト7-3-8**　コントリビューションポイント contributes.configurationの
設定例 (package.json)

```
"configuration": {
  "title": "Sample Configuration",
  "type": "object",
```

---

[11]　https://code.visualstudio.com/api/references/contribution-points#contributes.menus
[12]　https://github.com/vscode-textbook/extensions/tree/master/configurations

```
      "properties": {
        "sampleconfig.stringitem": {
          "type": "string",
          "default": "hello",
          "description": "Sample String Item"
        },
        "sampleconfig.numberitem": {
          "type": "number",
          "default": "10",
          "description": "Sample Number Item"
        },
        "sampleconfig.booleanitem": {
          "type": "boolean",
          "default": false,
          "description": "Sample Boolean Item"
        }
      }
    }
  },
```

　次のように、vscode.workspace.getConfigurationを使ってユーザー設定値を取得します。具体的には、vscode.workspace.getConfigurationで取得したインスタンスのgetメソッドで、ユーザー設定値を取得します。ユーザー設定がない場合は、設定されたデフォルト値が取得されます。次のサンプルコードでは、取得したユーザー設定値をデバックコンソールに出力します。

● **リスト7-3-9**　vscode.workspace.getConfigurationを使ってユーザー設定値を取得する例（src/extension.ts）

```
const config = vscode.workspace.getConfiguration('sampleconfig');
console.log(`sampleconfig.stringitem=${config.get('stringitem')}`);
console.log(`sampleconfig.numberitem=${config.get('numberitem')}`);
console.log(`sampleconfig.booleanitem=${config.get('booleanitem')}`);
```

　今度は、vscode.workspace.getConfigurationを使ってユーザー設定値を更新します。具体的には、vscode.workspace.getConfigurationで取得したインスタンスのupdateメソッドでユーザー設定値を更新します。ここで更新された設定

259

値は永続化され、次回VS Codeを立ち上げた際に、更新されたユーザー設定値を取得できます。

●**リスト7-3-10**　vscode.workspace.getConfigurationを使ってユーザー設定値を更新する例 (src/extension.ts)

```
const config = vscode.workspace.getConfiguration('sampleconfig');
config.update('stringitem', 'hey', true);
config.update('numberitem', 20, true);
config.update('booleanitem', true, true);
```

コントリビューションポイントcontributes.configurationやvscode.workspace.getConfigurationのAPIの詳細は「contributes.configuration リファレンス」[13]をして参照ください。

なお、ここではAPIを使ったユーザー設定値の扱い方を紹介しましたが、Settingsエディターを利用したり、直接ユーザー設定値が格納されるsettings.jsonファイルを直接参照・編集することでも同様の設定が可能です。

図7-3-3は、APIによるユーザー設定値変更後のSettingエディターとsettings.jsonの表示イメージです。

settingsエディター

settings.json

▲**図7-3-3**　Settingsエディターとsettings.jsonの表示イメージ

※13　https://code.visualstudio.com/api/references/contribution-points#contributes.configuration

Column Settingsエディターの開き方

1. VS Codeメニューからたどる
   Windows ／ Linux：[File] → [Preferences] → [Settings]
   macOS：[Code] → [Preferences] → [Settings]

2. Settingsエディター起動用ショートカットキー
   Windows ／ Linux：[Ctrl] + [,]
   macOS：[⌘] + [,]

7-3-5　データの永続化

　拡張機能の実体は、VS CodeのExtension Hostの上で動作するアプリケーションです。したがって、ユーザー設定とは別に、アプリケーションを終了しても前の状態やデータを管理するためにデータを永続化したいという場合もあるでしょう。

　そのようなときに対応できる拡張機能で扱うデータを永続化するには、大きく次の2つの方法があります。

・Memento APIを使ってKey-Value型のデータを保存する
・カスタムのオブジェクトファイルを専用ストレージパスに保存する

　ここでは、この2つの永続化の方法を紹介します。どちらの方法も、ワークスペースとグローバルレベルの2種類のインターフェイスが用意されています。また、これらのインターフェイスはExtensionContextという拡張機能のコンテキストを表すインスタンスから利用可能です。

Memento APIを利用したKey-Value型データの保存

　ExtensionContextは、2種類のMementoと呼ばれるKey-Value型データの保存・取得可能なストレージインスタンスを備えています。

▼**表7-3-3**　Memento API

API	説明
ExtensionContext.workspace State	今開いているワークスペースの情報をKey-Value型で保存・取得が可能
ExtensionContext.globalState	ワークスペースに関係なく、全体で共通のストレージにKey-Value型で保存・取得が可能

　ここでは、ExtensionContext.workspaceStateを使った簡単なサンプルを紹介します。サンプルコード[14]は、ワークスペースごとのコマンド実行回数のカウンターをExtensionContext.workspaceStateを使って実現しています

●**リスト7-3-11**　ワークスペースごとのコマンド実行回数カウンター実装例（src/extension.ts）

```
const COUNTER_KEY = "visit_counter";

export function activate(context: vscode.ExtensionContext) {

  let disposable = vscode.commands.registerCommand('extension.helloWorld',
() => {
    // ワークスペースレベルのカウンター
    // ワークスペースストレージからカウント情報を取得
    let val =  context.workspaceState.get(COUNTER_KEY, 0);  // default 0
    let counter : number = Number(val);
    counter++;
    vscode.window.showInformationMessage(`Command call #: ${counter}`);
    // カウント値を更新
    context.workspaceState.update(COUNTER_KEY, counter);
  });

  context.subscriptions.push(disposable);
}
```

　Memento APIの使い方についての詳細は「Memento APIリファレンス」[15]を参照してください。

※14　https://github.com/vscode-textbook/extensions/tree/master/datastore
※15　https://code.visualstudio.com/api/references/vscode-api#Memento

カスタムのオブジェクトファイルを専用ストレージパスに保存

ここでは、Memento APIを利用したKey-Value型のデータを保存するのではなく、テキストやバイナリーなどの自由なオブジェクトファイルにデータを保存していくというアプローチです。ExtensionContextは、オブジェクトファイルを自由に保存・参照が可能な次の2種類のストレージパス情報を備えています。

▼ **表7-3-4** ExtensionContext

API	説明
ExtensionContext.storagePath	今開いているワークスペース用のストレージパス
ExtensionContext.global StoragePath	ワークスペース関係なく全体で共通のストレージパス

パス情報を取得したら、そこに自由にカスタムのオブジェクトファイルを保存・取得してデータの永続化が可能になります。

次のサンプルコード[16]は、ExtensionContext経由で、ワークスペースレベル・グローバルレベルのストレージパスを取得する簡単なサンプルです。

● **リスト7-3-12** ストレージパスを取得する例 (src/extension.ts)

```
export function activate(context: vscode.ExtensionContext) {

  let disposable = vscode.commands.registerCommand('extension.helloWorld',
() => {
    // 途中省略 ...

    //ストレージパスの表示
    console.log(`Workspace Storage Path: ${context.storagePath}`);    //
ワークスペースレベル
    console.log(`Global Storage Path: ${context.globalStoragePath}`); //
グローバルレベル
  });
    // 途中省略 ...
}
```

ストレージパスの出力結果は、デバックコンソールで確認できます。

※16　https://github.com/vscode-textbook/extensions/tree/master/datastore

263

7-3-6 通知メッセージの表示

VS Codeには、重要度レベルの異なるメッセージをユーザーに表示するため
APIが提供されています。

▼ **表7-3-5** 通知メッセージのAPI

API	説明
vscode.window.showInformationMessage	通常メッセージの表示
vscode.window.showWarningMessage	警告メッセージの表示
vscode.window.showErrorMessage	エラーメッセージの表示

重要度別のメッセージ表示APIを使った簡単なサンプルコード[※17]とその実行
結果です。

● **リスト7-3-13** メッセージ表示API利用例 (src/extension.ts)

```
// ユーザーに通常メッセージを表示
vscode.window.showInformationMessage('INFO: Hello World!');
// ユーザーに警告メッセージを表示
vscode.window.showWarningMessage('WARNING: Hello World!');
// ユーザーにエラーメッセージを表示
vscode.window.showErrorMessage('ERROR: Hello World!');;
```

▲ **図7-3-4** 実行結果

※17　https://github.com/vscode-textbook/extensions/tree/master/message

7-3-7 ユーザー入力用UI

ここでは、ユーザー入力用UIを提供する2種類のAPIを紹介します。これらのAPIを使うと、ユーザーからの入力データを利用した拡張機能を簡単に作成できます。

▼ **表7-3-6** ユーザー入力用UIのAPI

APIの種類	説明
QuickPick	複数アイテムからの選択用UIを提供するAPI群 主なAPI: vscode.window.showQuickPick(https://code.visualstudio.com/api/references/vscode-api#window.showQuickPick) vscode.window.createQuickPick(https://code.visualstudio.com/api/references/vscode-api#window.createQuickPick)
InputBox	任意のテキスト入力用UIを提供するAPI群 主なAPI: vscode.window.showInputBox(https://code.visualstudio.com/api/references/vscode-api#window.showInputBox) vscode.window.createInputBox(https://code.visualstudio.com/api/references/vscode-api#window.createInputBox)

Quick Pick APIで複数アイテムからの選択

Quick Pickのvscode.window.showQuickPickAPIを使った、複数アイテムの中から選択したアイテムをメッセージ表示させるサンプル[18]を説明します。

vscode.window.showQuickPickは、引数として与えるデータを変えることで次の2種類のアイテムリストを作成できます。

①ラベル付きアイテムのリスト
②ラベルと詳細付きアイテムのリスト

次に示したのは、vscode.window.showQuickPickを使った①のラベル付きアイテムのリストを作成するサンプルコードとその表示結果です。vscode.window.showQuickPickの引数に文字列リストを渡しています。vscode.window.

※18 https://github.com/vscode-textbook/extensions/tree/master/quickinput

showQuickPickは、戻り値がThenable<string>となっており、then()で、その後の処理を継続できます。ここでは、then()ブロックの中で選択したアイテムをメッセージ表示しています。

●**リスト7-3-14** ラベル付きアイテムリスト作成例（src/extension.ts）

```
vscode.window.showQuickPick(
  ['Red', 'Green', 'Blue', 'Yellow'],{
    canPickMany: false,
    placeHolder: 'Choose your favorite color'
}).then(
  selectedItem => {
    if (selectedItem) {
      vscode.window.showInformationMessage(`You choose ${selectedIte
m}`);
    }
});
```

▲**図7-3-5** 実行結果

　一方、vscode.window.showQuickPickを使った②のラベルと詳細付きアイテムのリストを作成するサンプルコードとその表示結果です。引数にアイテムのラベルlabelや詳細descriptionをプロパティに持つQuickPickItemのリストを渡しています。①の例と同様に、then()ブロックの中で選択したアイテムをメッセージ表示しています。

●**リスト7-3-15** ラベルと詳細付きアイテムリストの作成例（src/extension.ts）

```
const actions: vscode.QuickPickItem[] = [
  { label: 'Action1', description: 'Description of Action1'},
```

```
    { label: 'Action2', description: 'Description of Action2'},
    { label: 'Action3', description: 'Description of Action3'},
    { label: 'Action4', description: 'Description of Action4'},
  ];
  vscode.window.showQuickPick(
    actions,{
      canPickMany: false,
      placeHolder: 'Choose your favorite action'
  }).then (
    selectedItem => {
      if (selectedItem) {
        vscode.window.showInformationMessage(`You choose ${selectedItem.la
bel}`);
      }
  });
```

▲**図7-3-6** 実行結果

`vscode.window.showQuickPick`の使い方についての詳細は、「vscode.window. showQuickPick APIリファレンス」[19]を参照してください。

InputBox APIで任意の文字列の入力

Input Box APIの`vscode.window.showInputBox`を使った、任意の文字列入力とその文字列をメッセージ表示させるサンプル[20]を説明します。

`vscode.window.showInputBox`には、引数として`InputBoxOptions`オブジェクトを渡すことができます。`InputBoxOptions`オブジェクトには、プロパティに入力ボックスの説明用文字列`prompt`、メンバーに入力値のバリデーションチェック用関数`validateInput`を指定できます。ここでは入力ボックスの説明用文字列とし

※19 https://code.visualstudio.com/api/references/vscode-api#window.showQuickPick
※20 https://github.com/vscode-textbook/extensions/tree/master/quickinput

267

て「Input your name」を、入力バリデーションチェックに簡易的な空文字列チェックの関数を指定します。

● **リスト7-3-16** 文字列入力ボックス作成例 (src/extension.ts)

```
- vscode.window.showInputBox({
    prompt: "Input your name",
    validateInput: (s: string): string | undefined =>
      (!s) ? "You must input something!" : undefined
  }).then(
    inputString => {
      vscode.window.showInformationMessage(`Your name is ${inputString}`);
  });
```

▲**図7-3-7** 実行結果 (入力ボックス)

何も入力しないで Enter を押すと、バリデーションチェック (validatInputで指定したチェック関数) により、次のように誘導用文字列が表示されます。

▲**図7-3-8** バリデーションチェックによる誘導用文字列の表示

無事に入力ができると、入力内容がメッセージボックスに表示されます。
vscode.window.showInputBoxの使い方についての詳細は、「vscode.window.showInputBox APIリファレンス」[21]を参照してください。

※21 https://code.visualstudio.com/api/references/vscode-api#window.showInputBox

7-3-8　Webview による HTML コンテンツの表示

　Webviewは、HTMLコンテンツのレンダリングが可能なコンポーネントです。
Webview APIを使うことでVS CodeのネイティブAPIでは実現できないリッチ
なUIをVS Code内に作ることができます。たとえば、VS Codeのビルトインで
提供されているMarkdown拡張機能のMardownプレビュー機能では、この
Webview APIが利用されています。

　ここでは、Webview APIを利用した簡易的なHTMLコンテンツをプレビュー
表示するサンプル[22]を紹介します。

　Webview APIの vscode.window.createWebviewPanel を使うと、次のように新
しいWebviewパネルを作成し、それを表示させることができます。Webviewパ
ネルに渡すHTMLコンテンツは getWebviewContent 関数で生成します。

●リスト7-3-17　Webviewパネル作成・表示例（src/extension.ts）

```
const panel = vscode.window.createWebviewPanel(
  'previewHelloVSCode',          // Webviewパネルの任意ID
  'Preview Hello VS Code',       // Webviewパネルのタイトル文字列
  vscode.ViewColumn.Two,         // Webviewパネルをエディターの中のどこに
配置するかを指定。ここでは第二カラムに配置
  {}
);
// Webviewパネルに出力用HTMLコンテンツを渡す
panel.webview.html = getWebviewContent();
```

　vscode.window.createWebviewPanel の3つ目の引数は vscode.ViewColumn 型に
なりますが、これでWebviewパネルのエディター中の配置位置を指定できます。
よく使われる vscode.ViewColumn のメンバー定数については、表7-3-7を参照して
ください。

※22　https://github.com/vscode-textbook/extensions/tree/master/webview

269

▼ **表7-3-7** vscode.ViewColumnの主なメンバー定数

ViewColumnメンバー	配置場所
`vscode.ViewColumn.One`	第1カラムに新規配置。すでに開いたエディターがあれば第1カラムに別タブとして配置される
`vscode.ViewColumn.Two`	第2カラムに新規配置。第2カラムがない場合は、第2カラムにWebviewパネルが配置される

生成されたWebviewパネルの表示結果は、次のようになります。

▲ **図7-3-9** Webviewパネルの表示結果

`vscode.window.createWebviewPanel`の使い方についての詳細は、「vscode.window.createWebviewPanel API リファレンス」[23]を参照してください。

7-3-9　Outputパネルにログ出力

Outputパネルは、ログなどの情報を出力するために用意されたパネルです。OutputChannel APIを使うと、Outputパネルにテキスト情報を出力できます。

OutputChannel APIの使い方は、次のサンプルコードのように`vscode.window.createOutputChannel`で新しいOutputChannelを生成し、そのOutputChannelのメンバー **append**にテキスト情報を追加します。これでOutputパネルに情報が出力されます。

---

[23]　https://code.visualstudio.com/api/references/vscode-api#window.create
WebviewPanel

● **リスト7-3-18**　OutputChannel APIでOutputパネルにログを出力する例
（src/extension.ts）

```typescript
// 新しいOutputChannelを生成
let _channel: vscode.OutputChannel = vscode.window.createOutputChannel('Te
st Output');
// エディターUIに生成したOutputChannelを表示
_channel.show(true);
// テキスト情報の追加
_channel.appendLine("log1 is appended");
_channel.appendLine("log2 is appended");
_channel.appendLine("log3 is appended");
_channel.appendLine("log4 is appended");
```

このサンプルコード[24]を実行した結果は、次のようになります。

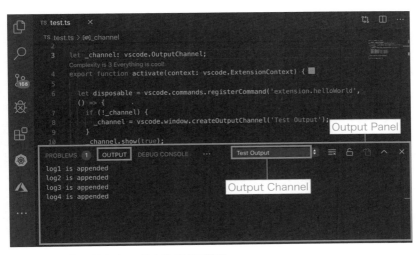

▲ **図7-3-10**　Webviewパネルの表示結果

`vscode.window.createOutputChannel`の使い方についての詳細は、「vscode.
window.createOutputChannel API リファレンス」[25]を参照してください。

※24　https://github.com/vscode-textbook/extensions/tree/master/outputchannel
※25　https://code.visualstudio.com/api/references/vscode-api#window.create
　　　OutputChannel

Chapter **8**
Markdownを便利に書く拡張機能の作成

Chapter 6とChapter 7では、拡張機能の概要、VS Code拡張機能ジェネレーターによって生成された雛形をベースにした簡単な拡張機能の作り方、デバックやテストの方法、拡張機能の仕組み、主要コンセプトと拡張機能の開発でよく使われる主要機能について解説しました。

この章では、これまで学んだことをベースにして、Markdown関連の拡張機能の開発方法について紹介します。VS CodeのMarkdown関連機能のカスタマイズ方法やMarkdownに関連した拡張機能の開発を通じて、拡張機能の開発の基礎を学びましょう。

8-1　コードスニペットのカスタマイズ

　Markdownは、ドキュメントを記述するための軽量なマークアップ言語の1つで、テキスト形式で手軽に書くことができるため、簡易的メモから技術文書まで、さまざまな用途で利用されています。VS Codeは、Markdown関連の機能をビルトインで備えており、Markdownコードスニペットも持っています。たとえば、VS Code 1.43.0時点でのビルトインMarkdownコードスニペットは、次のURLより確認できます。

・VS Code-1.43.0 ビルトインのMarkdownスニペット定義ファイル
https://github.com/microsoft/vscode/blob/1.43.0/extensions/
markdown-basics/snippets/markdown.json

●**リスト8-1-1**　markdown.json

```
{
        "Insert bold text": {
                "prefix": "bold",
                "body": "**${1:${TM_SELECTED_TEXT}}**$0",
                "description": "Insert bold text"
        },
        "Insert italic text": {
                "prefix": "italic",
                "body": "*${1:${TM_SELECTED_TEXT}}*$0",
```

```
                "description": "Insert italic text"
        },
        "Insert quoted text": {
                "prefix": "quote",
                "body": "> ${1:${TM_SELECTED_TEXT}}",
                "description": "Insert quoted text"
        },
        "Insert code": {
                "prefix": "code",
                "body": "`${1:${TM_SELECTED_TEXT}}`$0",
                "description": "Insert code"
        },

    // ...途中略...

}
```

　ビルトインのスニペットで十分であればよいのですが、足りない場合は独自ス
ニペットを登録できます。ここでは、Chaprer 7でも紹介したVS Code拡張機能
ジェネレーターを利用したカスタムコードスニペットの作成方法を説明し
ます。

8-1-1　ビルトインのMarkdownスニペットを使ってみる

　まずは、ビルトインのMarkdownスニペットを使ってみましょう。VS Codeで
は、デフォルトでMarkdownファイルはキーボード入力時に入力補完が有効に
なっていません。有効にする場合は、次のユーザー設定を加える必要があります。
こうすることで、IntelliSenseが有効になり、キーボード入力ごとにスニペットの
候補が表示されるようになります。

●**リスト8-1-2**　settings.json

```
"[markdown]": {
  "editor.quickSuggestions": true
}
```

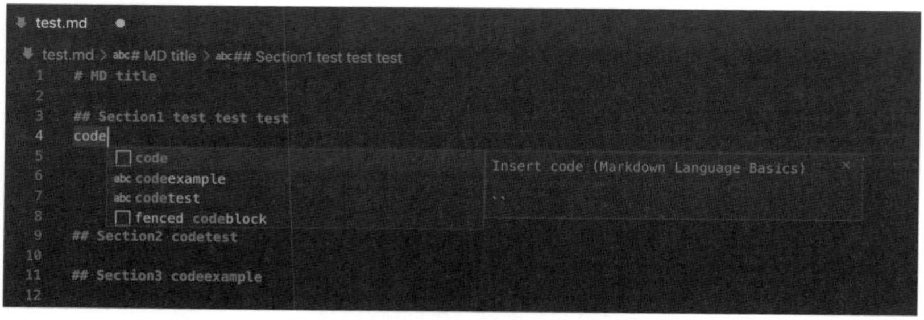

▲ **図8-1-1**　有効になったMarkdown用IntelliSense

　デフォルトでは、スニペットだけではなく、単語ベースの候補（ドキュメント内の単語に基づく候補）も表示されてしまいます。単語ベースの候補を無効にするには、次の設定を行います。

● **リスト8-1-3**　settings.json

```json
"[markdown]": {
    "editor.quickSuggestions": true,
    "editor.wordBasedSuggestions": false
}
```

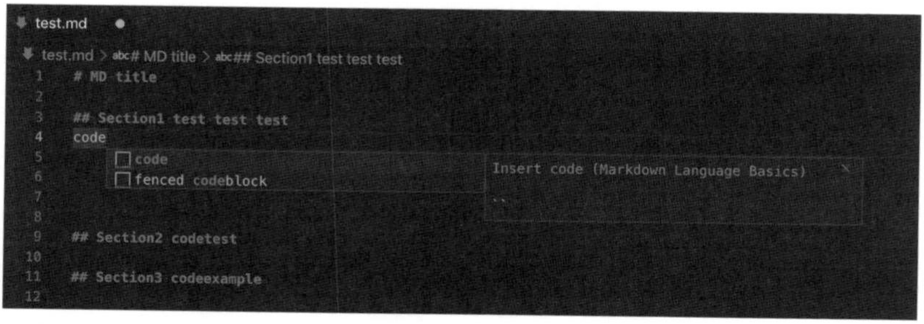

▲ **図8-1-2**　単語ベースの候補を無効

　また、スニペットと単語ベースの候補と一緒に出すものの、スニペットの候補を常に上位に表示させたい場合は、次の設定を追加してください。

● **リスト8-1-4** settings.json

```json
"editor.snippetSuggestions": "top"
```

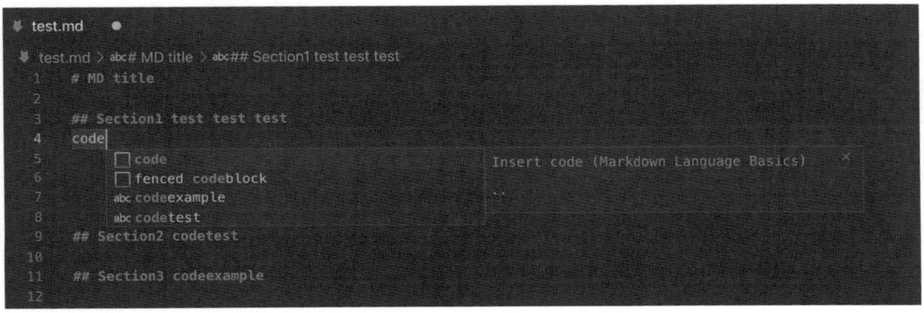

▲ **図8-1-3** スニペットの候補を常に上位に表示

Hint [Ctrl] + [Space] のバッティング問題

[Ctrl] + [Space] は、ほかのキーバインドと重複していることがあります。その解決方法として、MarkdownのquickSuggestionsを有効にする方法が示されています。
https://github.com/Microsoft/vscode/issues/26108

8-1-2　コードスニペットの雛形作成

それでは、VS Code拡張機能ジェネレターでコードスニペット拡張機能の雛形を作成するところから始めます。

「yo code」を実行して、雛形を作成します

● **コマンド8-1-1** 雛形の作成

```
$ yo code
```

雛形の種類や、いくつかのフィールドの入力が求められます。

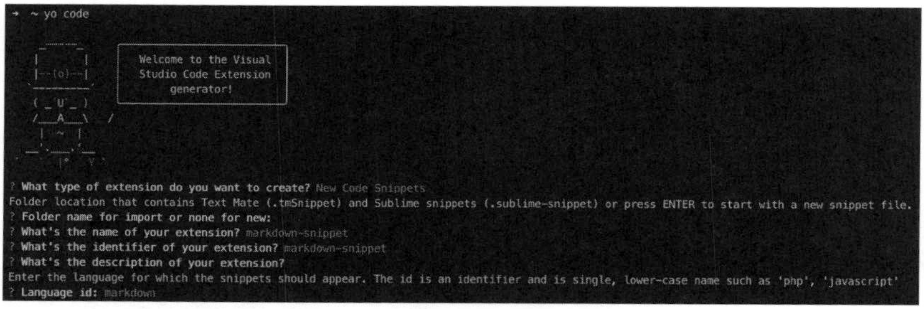

▲ 図8-1-4　実行画面

・extension type：New Code Snippetsを選択
・拡張機能の名前とID：markdown-snippetに設定
・スニペット対象言語の言語ID：markdowを指定

　New Code Snippetsタイプで、次のようなフォルダーとファイル構成でコードスニペットの雛形が生成されます。

```
markdown-snippet（拡張機能ルートディレクトリ名）
├── CHANGELOG.md
├── README.md
├── package.json
├── snippets
│       └── snippets.json
└── vsc-extension-quickstart.md
```

▲ 図8-1-5　雛形で作成されるフォルダーとファイル

　まずは、拡張機能マニフェストファイルpackage.jsonを見てみましょう。

●リスト8-1-5　package.json

```
{
    "name": "markdown-snippet",
    "displayName": "markdown-snippet",
    "description": "",
    "version": "0.0.1",
    "engines": {
```

```
        "vscode": "^1.43.0"
    },
    "categories": [
        "Snippets"
    ],
    "contributes": {
        "snippets": [
            {
                "language": "markdown",
                "path": "./snippets/snippets.json"
            }
        ]
    }
}
```

　ファイルの内容からsnippets/snippets.jsonにMarkdownコードスニペット
を追加すればよいことがわかります。

8-1-3　カスタムコードスニペットの作成と動作確認

　snippets/snippets.jsonに独自のスニペットを登録します。先ほどのビルトイ
ンのスニペット一覧には、テーブルのスニペットは存在しません。そこで、ここ
では次のMarkdownテーブルのスニペットを登録します。

● **リスト8-1-6**　snippets/snippets.json

```
{

  "Insert table": {
    "prefix": "table",
    "body": [
      "| ${1:Heading} | ${2:Heading} |",
      "| --- | --- |",
      "| ${3:Content} | ${4:Content} |"
    ],
    "description": "Insert Table"
  }

}
```

Hint スニペットのフォーマット

スニペットのフォーマットは、次のとおりです。各要素については、コメントを参照してください。

```
{
    "Snippet Name": {                    // スニペットの名前
        "prefix": "Prefix String"
        //プレフィックス。この文字列を入力すると次のbody部分の文字列に補完される
        "body": [
        // 補完される値。1行ごとに配列の1要素を追加。
            "1st line: $1 $2 $3 $4",
            // Tabキーを$1 -> $2 -> $3 -> $4の順番で入力可能
            "2nd line .......",
            "3rd line .......",
            "Nth line ${N: DefaultValue}"
            // $Nは${N: default値}の形式でデフォルト値を設定可能
        ],
        "description": "Description on Snippet"
        // スニペットの説明。
    }
```

それでは、次の手順で拡張機能の動作確認を行っていきます。

①VS Codeで拡張機能を開く

```
> cd markdown-snippet
> code .
```

② F5 を押してデバックウィンドウを立ち上げる

③Markdownファイルの入力でスニペット候補が表示されるようにsettings. jsonを設定する（上記参照）

④tableと入力して Tab を押す。追加したカスタムのスニペット候補が表示されることを確認する

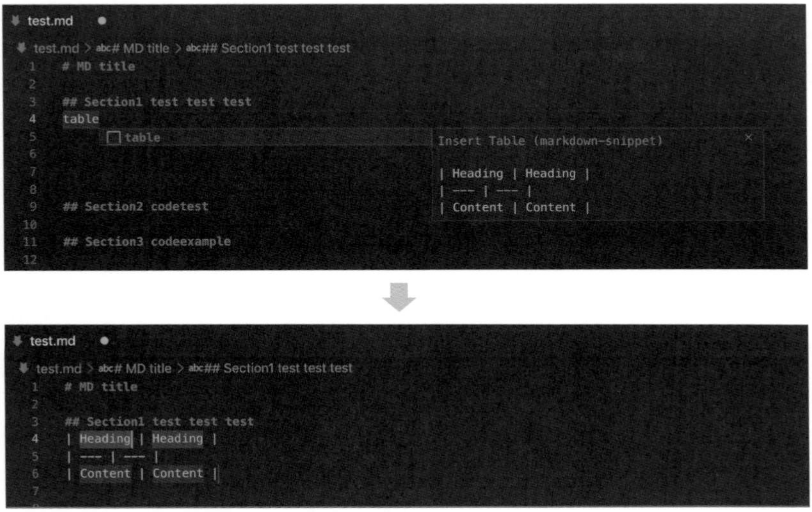

▲ **図8-1-6**　スニペット候補の表示と補完

　tableの入力で、スニペット候補の出力と、選択後に定義したスニペットが補完されることが確認できます。これでスニペット拡張機能の開発は完了です。

　コードスニペットについては、ほかにもGitHubにサンプルがある[*1]ので、こちらも参考にしてください。

8-1-4　VSIXパッケージの作成

　それでは、作成した拡張機能のVSIXパッケージを作成します。拡張機能をMarketplaceに公開する前に、別のマシンでテストしたり他人に共有したりする場合に、拡張機能のVSIXパッケージが非常に有効です。ソースコードのコピーに比べると、簡単に拡張機能を共有・公開できます。

　VSIXパッケージはvsceツールで作成します。

● **コマンド8-1-2**　vsceコマンドの実行

```
$ vsce package
```

※1　https://github.com/Microsoft/vscode-extension-samples/tree/master/snippet-sample

vsceコマンドの実行によって、`<extension-name>-<version>.vsix`の名前形式でVSIXパッケージが生成されます。

注意点として、VSIXパッケージの作成には、必ず次の2つの設定が必要です。

① package.jsonにpublisherを設定する

　`"publisher": "Publisher名",`

② README.mdを編集する

　公開ページの説明にREADME.mdの内容がそのまま利用される。現時点では拡張パックを公開しないため、内容は簡単なものでも問題ない。

なお、パッケージ作成コマンド実行時には、この2点以外の確認・警告メッセージが表示されるかもしれませんが、ここではテスト実行用のパッケージ作成なので無視してパッケージ作成を進めて問題ありません。

VSIXパッケージのインストール方法についてはChapter 2の「VSIXファイルからのインストール」を参照してください。

8-2　Markdownテーブル作成機能の作成

ここでは、拡張機能開発の基本編であるChapter 7の「Quick Pick APIで複数アイテムからの選択」で学んだQuick Pick APIを使った拡張機能を紹介します。先ほどはカスタムスニペットを使ってMarkdownテーブルの雛形しましたが、今度は拡張機能を使ってMarkdownテーブルの雛形を作成します。

拡張機能の基本的な開発の流れはこれまでと同じなので、ここではすでに開発した拡張機能（markdown-table-maker）についてポイントを絞って解説します。GitHubレポジトリ[2]のソースコードを見ながら読み進めてください。

※2　https://github.com/vscode-textbook/extensions/tree/master/markdown-table-maker

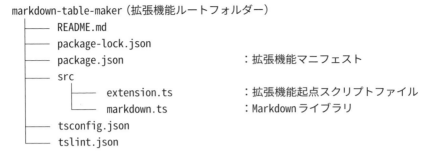

```
markdown-table-maker (拡張機能ルートフォルダー)
├── README.md
├── package-lock.json
├── package.json              :拡張機能マニフェスト
├── src
│     ├── extension.ts        :拡張機能起点スクリプトファイル
│     └── markdown.ts         :Markdownライブラリ
├── tsconfig.json
└── tslint.json
```

▲ **図8-2-1**　ソースコードのファイル構成

8-2-1　拡張機能を動かしてみる

それでは拡張機能を動かしていきましょう。

拡張機能のルートフォルダーに移動して、依存するパッケージのインストールを行います。

● **コマンド8-2-1**　依存パッケージのインストール

```
$ cd markdown-table-maker
$ npm install
```

これで準備が整ったので、VS Codeで拡張機能をルートフォルダーから開きます。

● **コマンド8-2-2**　VS Codeの起動

```
$ code .
```

VS Codeが起動したら、まずは F5 を押して、「Extension Development Host」を立ち上げます。

次に、Markdownファイルを開いて、コマンドパレットから［MDTable Maker: Make Table］を実行します。設定上、コマンドはMarkdownファイル（拡張子 .md、.mkd、.markdown など）のときのみに表示されるので、注意してください。

Part1

01

02

03

Part2

04

05

Part3

06

07

08

09

10

11

12

13

Part4

14

Appendix

```
>MDTable
MDTableMaker: Make Table                                          recently used
```

▲**図8-2-2**　コマンドパレットから［MDTableMaker: Make Table］を実行

　［`MDTableMaker: Make Table`］コマンドが実行されると、図8-2-3のように数値のQuick Pickリストが表示されます。テーブルのカラム数用と行数用の2つのQuick Pickリストが表示されます。

```
Choose number of columns (1-10)
1
2
3
4
5
6
7
8
9
10
```

▲**図8-2-3**　コラム数の選択

　たとえば、カラム数4、行数3で選択すると、次のようにその結果に応じたMarkdownテーブルの雛形がエディターに挿入されます。

```
test.md ●
test.md > abc# MD title > abc## Section1 test test test
1   # MD title
2
3   ## Section1 test test test
4   | Heading | Heading | Heading | Heading |
5   | --- | --- | --- | --- |
6   | Content | Content | Content | Content |
7   | Content | Content | Content | Content |
8   | Content | Content | Content | Content |
9
10
11  ## Section2 codetest
```

▲**図8-2-4**　カラム数4、行数3のMarkdownテーブルの雛形

　これで動作確認は完了です。ここで動作確認した拡張機能についても、VSIXパッケージを作成し、自分のVS Codeにインストールしてみましょう。

8-2-2　拡張機能の実装ポイント解説

コマンドの定義

　package.jsonにコマンドの定義をします。Markdownテーブルを作成するコマンドをコントリビューションポイントcontributes.commandsに登録します。また、アクティベーションイベントには「onCommand:<コマンドID>」でコマンド実行を契機とした起動設定を追加しています。

● **リスト8-2-1**　Markdownテーブル作成コマンドの定義（package.json）

```
"activationEvents": [
  "onCommand:mdtablemaker.maketable"
],
"main": "./out/extension.js",
"contributes": {
  "commands": [
    {
      "command": "mdtablemaker.maketable",
      "title": "Make Table",
      "category": "MDTableMaker"
    }
  ],
  ... 途中略 ...
},
```

　さらに、Markdownファイル（拡張子.md、.mkd、.markdownなど）のときのみにコマンドパレットでコマンド表示されるように、コントリビューションポイントcontributes.menusに、次の定義を追加します。when句の条件指定「"editorLangId == markdown"」がポイントです。

●**リスト8-2-2**　when句によるコマンドの条件表示設定（package.json）

```json
"contributes": {
... 途中略 ...
  "menus": {
    "commandPalette": [
      {
        "command": "mdtablemaker.maketable",
        "when": "editorLangId == markdown"
      }
    ]
  }
},
```

Quick Pickによるアイテムリストの作成

package.jsonで定義したコマンド「MDTableMaker: Make Table」（コマンド ID：mdtablemaker.maketable）を実行すると、テーブルのカラム数と行数選択用 のQuick Pickリストが表示されます。

リスト8-2-3のように、この2つのアイテムリストはQuick Pick APIの showQuickPick()を使って作成しています。showQuickPick()は、引数として渡さ れた1〜10の文字列リストで、その文字列をラベルとしたアイテムリストを作成 します。最初にカラム数用のアイテムリスト表示し、ユーザーの入力が完了する と、500ミリ秒待ってから、次の行数用のアイテムリストを表示しています。そ して、得られたカラム数と行数を元に最終的にエディター挿入用のMarkdown テーブルの雛形を作成します。

●**リスト8-2-3**　Quick Pick APIを使ったアイテムリスト作成の例（src/ extension.ts）

```typescript
// Quick Pick選択リスト: Columns#
const colnum = await vscode.window.showQuickPick(
    ['1', '2', '3', '4', '5', '6', '7', '8', '9', '10'], {
      canPickMany: false,
      placeHolder: 'Choose number of columns (1-10)'
    });

// 500msの待ち
```

```
await new Promise(resolve => setTimeout(resolve, 500));

// Quick Pick選択リスト: Rows#
const rownum = await vscode.window.showQuickPick(
    ['1', '2', '3', '4', '5', '6', '7', '8', '9', '10'], {
        canPickMany: false,
        placeHolder: 'Choose number of rows (1-10)'
    });

// エディター挿入用のMarkdownテーブルの作成
const table = makeMarkdownTable(Number(colnum), Number(rownum));
```

Hint

・vscode.window.showQuickPick APIリファレンス
  https://code.visualstudio.com/api/references/vscode-api#window.showQuickPick

エディターにMarkdownデーブル文字列の挿入

　最終的に、変数tableに格納されるテーブル雛形の文字列をエディターに挿入するコードは、次のようになります。

● リスト8-2-4　エディターにテーブル雛形文字列を挿入するコード（src/extension.ts）

```
const editor = vscode.window.activeTextEditor;
if (editor) {
  editor.edit( builder => {
    builder.delete(editor.selection);
  }).then( () => {
    editor.edit( builder => {
      builder.insert(editor.selection.start, table);
    });
  });
}
```

285

コードのポイントは、次の通りです。

- vscode.window.activeTextEditorは、型は「scode.TextEditor | undefined」となっており、現在フォーカスが当たっているアクティブなエディターがある場合はvscode.TextEditor、アクティブなエディターがない場合はundefinedとなる
- アクティブなエディターがある場合、つまり、エディターにフォーカスを当てている場合のみ、vscode.TextEditorのメンバーであるeditメソッドのコールバックでbuilder（vscode.TextEditorEditインターフェイス）のdeleteメソッドを通じて選択しているテキストが削除される。特に選択していない場合は何も起らない
- editメソッドは、返り値が「henable<boolean>」なので、then()が利用可能。問題なく処理が完了するとthen()の部分の処理が行われる。削除と同様に、builder（vscode.TextEditorEditインターフェイス）のinsertメソッドを通じて、選択テキストの先頭位置にテーブル文字列が挿入される

> **Hint**
>
> - vscode.TextEditor APIリファレンス
>   https://code.visualstudio.com/api/references/vscode-api#TextEditor
> - vscode.TextEditorEdit APIリファレンス
>   https://code.visualstudio.com/api/references/vscode-api#TextEditorEdit

8-3 Markdown簡単入力機能（太字／イタリック／打ち消し線）の作成

Markdownのスニペット、テーブル作成機能に続いて、ここではエディター中のテキストをMarkdown表記に変換する拡張機能（markdown-text-utils）を説明します。この拡張機能で扱うのは、太字、イタリック、打ち消し線の3つの指定です。

GitHubのレポジトリのソースコード[※3]を見ながら読み進めてください。

※3 https://github.com/vscode-textbook/extensions/tree/master/markdown-text-utils

```
markdown-text-utils（拡張機能ルートフォルダー）
├── README.md
├── package-lock.json
├── package.json              ：拡張機能マニフェスト
├── src
│   └── extension.ts          ：拡張機能メインファイル
├── tsconfig.json
└── tslint.json
```

▲ **図8-3-1**　ソースコードのファイル構成

8-3-1　拡張機能を動かしてみる

　それでは拡張機能を動かしていきましょう。まずは、拡張機能に必要なパッケージのインストールを行います。

● コマンド8-3-1　パッケージのインストール

```
$ cd markdown-text-utils
$ npm install
```

　これで準備が整ったので、VS Codeで拡張機能をルートフォルダーから開いてください。

● コマンド8-3-2　VS Codeの起動

```
$ code .
```

　VS Codeが起動したら、 F5 を押して、「Extension Development Host」を立ち上げます。

　無事に拡張機能が立ち上がったら、任意のMarkdownファイルを開きます。この拡張機能のコマンドは、Markdownファイル（拡張子.md、.mkd、.markdownなど）以外の場合は有効にならないのは、先ほどと同様です。

　そして、Markdownファイル上で太字にしたい文字列を選択して、コマンドパレットから［MDTextUtils: Bold］を実行します。

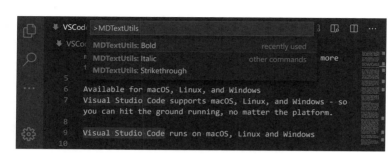

▲ **図8-3-2**　コマンドパレットから［MDTextUtils: Bold］を実行

　コマンドが実行されると、図8-3-3のように、選択したテキストが「**」で囲まれたMarkdownの太字指定に変換されることが確認できます。

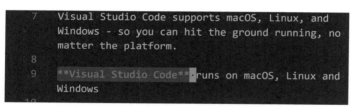

▲ **図8-3-3**　選択文字列がボールドされた

　同様に、Markdownファイル上でイタリック表記や打ち消し線指定にしたい文字列を選択して、コマンドパレットでそれぞれ［`MDTextUtils: Italic`］、［`MDTextUtils: Strikethrough`］を実行しましょう。ボールドの指定と同様に、コマンドが実行されると、選択したテキストが「_」で囲まれたイタリックの指定や、「~~」打ち消し指定に変換されることが確認できます。

　ここで動作確認した拡張機能についても、「VSIXパッケージの作成」で紹介した方法でVSIXパッケージを作成し、自分のVS Codeにインストールしてみてください。

8-3-2　拡張機能の実装ポイント

コマンドの定義

　マニフェスト`package.json`にコマンドの定義をします。　選択する文字列を太

字、イタリック、打ち消し表記にする3つのコマンドをコントリビューションポイント contributes.commands に登録します。また、アクティベーションイベントには、「onCommand:<コマンド ID>」でコマンド実行を契機とした起動設定を追加します。

● **リスト8-3-1**　package.json

```
"activationEvents": [
  "onCommand:mdtextutils.bold",
  "onCommand:mdtextutils.italic",
  "onCommand:mdtextutils.strikethrough"
],
"main": "./out/extension.js",
"contributes": {
  "commands": [
    {
      "command": "mdtextutils.bold",
      "title": "Bold",
      "category": "MDTextUtils"
    },
    {
      "command": "mdtextutils.italic",
      "title": "Italic",
      "category": "MDTextUtils"
    },
    {
      "command": "mdtextutils.strikethrough",
      "title": "Strikethrough",
      "category": "MDTextUtils"
    }
  ]
  ... 途中略 ...
},
```

エディターで選択した文字列の変換

エディターで選択した文字列を、太字、イタリック、そして打ち消し表記した文字列に入れ替える処理の部分は、次のようになります。

●リスト8-3-2　エディター中の選択文字列を変換した文字列に入れ替えるコード（src/extension.ts）

```ts
export function activate(context: vscode.ExtensionContext) {
  let disposable_bold = vscode.commands.registerCommand(
    'mdtextutils.bold', () => {
      replaceText( text => {
        return `**${text}**`;
      });
  });
  let disposable_italic = vscode.commands.registerCommand(
    'mdtextutils.italic', () => {
      replaceText( text => {
        return `_${text}_`;
      });
  });
  let disposable_strikethrough = vscode.commands.registerCommand(
    'mdtextutils.strikethrough', () => {
      replaceText( text => {
        return `~~${text}~~`;
      });
  });
  // ... 途中略 ...
}
// ... 途中略 ...

// エディター中の選択された文字列を変換後の文字列で置き換える関数
function replaceText(callback: (text: string) => string): void {
  const editor = vscode.window.activeTextEditor;
  if (editor) {
    let selections: vscode.Selection[] = editor.selections;
    editor.edit(builder => {
      for (const selection of selections) {
        const selectedText = editor.document.getText(
          new vscode.Range(selection.start, selection.end
        ));
        builder.replace(selection, callback(selectedText));
      }
    });
  }
}
```

コードのポイントは、次の通りです。

- vscode.commands.registerCommandを使って3コマンドを登録する。それぞれコールバックに、実際にエディター中の文字列置換を行うためのreplaceText関数を指定する
- replaceText関数の中で使用しているvscode.window.activeTextEditorの型は「vscode.TextEditor | undefined」となっており、現在フォーカスが当たっているアクティブなエディターがある場合はvscode.TextEditor、ない場合はundefinedになる。アクティブなエディターはeditor変数に格納される
- selectionsの型はvscode.Selection[]で、エディターの中で選択している部分を抽象化したクラスSelectionの配列。複数選択されている場合は、それぞれ格納される
- vscode.TextEditorのeditメソッドで、エディターで扱っているドキュメントの編集を行う。実際の編集は、builder（型はvscode.TextEditorEdit)で呼び出されるコールバックで行う。コールバックの中で、選択文字列が格納されている配列Selectionsをイテレーションで回して各文字列を変換後の文字列で置換する。なお、各選択された文字列はTextDocument.getTextメソッドを通して取得する

各APIの詳細は、VS Code APIリファレンス※4を参照してください。

8-4　エクステンションパックの作成

VS Codeは、「**エクステンションパック**」と呼ばれる、複数の拡張機能をバンドルにしてまとめてインストールできる仕組みを提要しています。エクステンションパックを作成する理由としては、次のようなことが挙げられます。

- お気に入りの拡張機能や特定分野のコレクションを他人と共有したい
- ある開発プロジェクトでメンバーに関連するパッケージをバンドルにして配布したい
- バンドル化した拡張パッケージ群をまとめてインストール／無効化／アンインストールさせたい

※4　https://code.visualstudio.com/api/references/vscode-api

　ここでは、Markdown関連の拡張機能に絞ったエクステンションパックの作成方法を説明します。

8-4-1　雛形作成

　VS Code拡張機能ジェネレーターを使って、エクステンションパックの雛形を作成します。

● コマンド8-4-1　雛形の作成

```
$ yo code
```

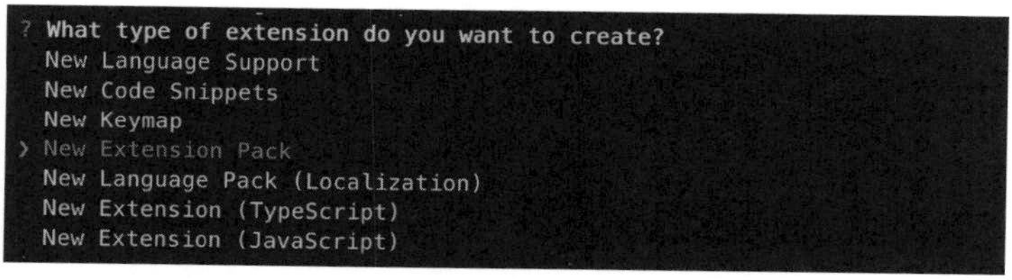

```
? What type of extension do you want to create?
  New Language Support
  New Code Snippets
  New Keymap
> New Extension Pack
  New Language Pack (Localization)
  New Extension (TypeScript)
  New Extension (JavaScript)
```

▲ 図8-4-1　雛形の作成

　拡張機能の雛形一覧から［New Extension Pack］を選択します。

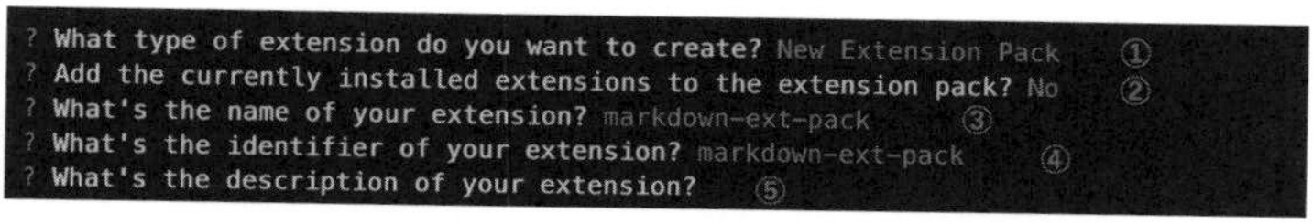

```
? What type of extension do you want to create? New Extension Pack   ①
? Add the currently installed extensions to the extension pack? No   ②
? What's the name of your extension? markdown-ext-pack   ③
? What's the identifier of your extension? markdown-ext-pack   ④
? What's the description of your extension?   ⑤
```

▲ 図8-4-2　雛形の詳細

　①拡張機能の種類：New Extension Pack
　②雛形マニフェストのエクステンションパック対象拡張機能一覧に、自分の環境にインストールされている拡張機能を含めるかどうか：ここではNoを選択
　③拡張機能の名前：ここではmarkdown-ext-packを入力
　④拡張機能の識別子：ここではmarkdown-ext-packで設定

⑤拡張機能の説明：ここでは説明はなし

これで、図8-4-3のようなファイル群が生成されます。

```
markdown-ext-pack
    ├── CHANGELOG.md
    ├── README.md
    ├── package.json
    └── vsc-extension-quickstart.md
```

▲**図8-4-3** 作成されるファイル群

8-4-2 package.json の編集

　マニフェストファイルのpackage.jsonを編集していきます。マニフェストの extensionPack部分に、Extension Packに含める拡張機能のIDを含めていきます。拡張機能IDはpublisher.extensionName の形式です。

●**リスト8-4-1** package.jsonに追加する内容

```json
{
    "name": "markdown-ext-pack",
    "displayName": "markdown-ext-pack",
    "description": "",
    "version": "0.0.1",
    "engines": {
        "vscode": "^1.43.0"
    },
    "categories": [
        "Extension Packs"
    ],
    "extensionPack": [
        "publisher.extensionName"
    ]
}
```

　エクステンションパックのMarketplace公開用のカテゴリは、リスト8-4-1のようにExtension Packsを指定します。

ここでは、すでに公開済みの次の5つの拡張機能を含めます。

・Markdown Preview Enhanced（ID：`shd101wyy.markdown-preview-enhanced`）
https://marketplace.visualstudio.com/items?itemName=shd101wyy.markdown-preview-enhanced
・markdownlint（ID：`DavidAnson.vscode-markdownlint`）
https://marketplace.visualstudio.com/items?itemName=DavidAnson.vscode-markdownlint
・Markdown Shortcuts（ID：`mdickin.markdown-shortcuts`）
https://marketplace.visualstudio.com/items?itemName=mdickin.markdown-shortcuts
・Markdown TOC（ID：`AlanWalk.markdown-toc`）
https://marketplace.visualstudio.com/items?itemName=AlanWalk.markdown-toc
・Markdown Emoji（ID：`bierner.markdown-emoji`）
https://marketplace.visualstudio.com/items?itemName=bierner.markdown-emoji

この一覧の拡張機能IDを`package.json`の`extensionPack`部分に追加します。

● リスト8-4-2　package.jsonのextensionPack部分に追加する内容

```
"extensionPack": [
  "shd101wyy.markdown-preview-enhanced",
  "DavidAnson.vscode-markdownlint",
  "mdickin.markdown-shortcuts",
  "AlanWalk.markdown-toc",
  "bierner.markdown-emoji"
]
```

これでエクステンションパック作成に必要な準備は完了です。

エクステンションパックも、通常の拡張機能と同様に、VSIXパッケージにしてインストールするか、もしくはMarketplaceに公開してインストールできます。

294

ここでのエクステンションパックについても、VSIXパッケージを作成して自分
のVS Codeにインストールしてみてください。
　なお、エクステンションパックをインストールすると、次のような拡張機能ペ
ージが確認できます。

▲ 図8-4-4　雛形の詳細

Part1

O1

O2

O3

Part2

O4

O5

Part3

O6

O7

O8

09

10

11

12

13

Part4

14

Appendix

Chapter 9
テキスト翻訳を行う拡張機能の作成

拡張機能開発の基本編となるChapter 6 ～ Chapter 8では、それぞれ拡張機能の基本とMarkdownを題材にした拡張機能の開発方法を学びました。

ここからは、拡張機能基本編で学んだ知識をベースに、より実践的な拡張機能の開発、拡張機能のパッケージ化、Marketplaceへの公開、継続的インテグレーションなどについて学んでいきましょう。

ここでは、拡張機能の応用例として、エディターで選択したテキストを外部のAPIサービスを利用して別の言語に機械翻訳する拡張機能(mytranslator)を例に解説していきます。

9-1　作成する拡張機能の概要

　ここで作成する拡張機能では、次のように選択した英文テキストを日本語に翻訳します。

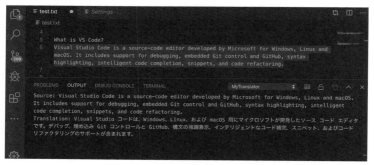

▲ 図9-1-1　mytranslatorの動作画面

　テキストの機械翻訳を行う外部APIは、Google、IBM、Microsoftなど、さまざまなプロバイダーによって提供されてますが、ここではMicrosoftのAzureが提供する「Azure Cognitive Services」の「Translator Text API」を利用します。Translator Text APIは、ニューラル機械翻訳技術が使用されたクラウドベースの機械翻訳機能をシンプルなREST APIで提供しています。

Hint

Azure Cognitive ServicesやTranslator Text APIについては、次に挙げたサイトを参照してください。

・Azure Cognitive Services とは
　https://docs.microsoft.com/ja-jp/azure/cognitive-services/welcome
・Translator Text API
　https://azure.microsoft.com/ja-jp/services/cognitive-services/translator-text-api/
・Translator Text API の言語と地域のサポート
　https://docs.microsoft.com/ja-jp/azure/cognitive-services/Translator/language-support

　それでは、本書のGitHubのレポジトリ[※1]のソースコードを見ながら読み進めてください。

```
mytranslator（拡張機能ルートディレクトリ）
    ├── README.md
    ├── package-lock.json
    ├── package.json            ：拡張機能マニフェスト
    ├── src
    │       ├── apiclient.ts     ：翻訳API接続関連クライアント
    │       ├── extension.ts     ：拡張機能メインファイル
    │       └── utilities.ts     ：ユーティリティ関数
    ├── tsconfig.json
    └── lint.json
```
▲ 図9-1-2　ソースコードのファイル構成

9-2　拡張機能の動作確認に必要な準備

　まずは、拡張機能の動作確認に必要な準備事項ついて説明します。なお、特に動作確認が不要の場合は、ここを読み飛ばしていただいても構いません。

※1　https://github.com/vscode-textbook/extensions/tree/master/mytranslator

9-2-1　Azureアカウント

　Translator Text APIを利用するためには、「サブスクリプションキー」と呼ばれるAPI利用ユーザーのAzureアカウントに対して一意の個人用に設定されたアクセスキーを取得しなければなりません。利用ユーザーは、Translator Text APIの認証のために、リクエストごとにHTTPヘッダーにサブスクリプションキーを埋め込む必要があります。

　Azureアカウントを持っていない場合は、無料Azureアカウント取得ページ[2]からアカウントを作成し、試すことができます。アカウント取得済みであれば、Azureポータル[3]にサインインして、次の「Translator Text APIのサブスクリプションキーの取得」に進みます。

9-2-2　Translator Text APIのサブスクリプションキーの取得

　Azureポータルにサインインした後、次の方法でTranslator Text APIアクセスのためのサブスクリプションキーを作成できます。

①[＋ リソースの作成]を選択する
②[Marketplaceを検索]ボックスに、「Translator Text」と入力し、結果からTranslator Textを選択する
③[作成]を選択して、サブスクリプションの詳細を定義する
④サブスクリプションの詳細定義ページでは、[価格レベル]の一覧から、ニーズに合った価格レベルを選択して[作成]をクリックし、サブスクリプションの作成を完了する
　・各サブスクリプションには「Freeレベル」があり、有料プランと同じ機能を備えているが、有効期限がない
　・無料サブスクリプションは、アカウントに1つだけ持つことができる
⑤Translator Text APIへのサブスクリプションの作成が完了したら、APIのサブスクリプションキーを取得する

※2　https://azure.microsoft.com/ja-jp/free/
※3　https://portal.azure.com/

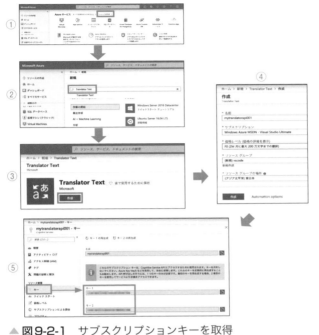

▲ 図9-2-1 サブスクリプションキーを取得

Hint

・Translator Text API にサインアップする方法
 https://docs.microsoft.com/ja-jp/azure/cognitive-services/translator/
 translator-text-how-to-signup

9-3 拡張機能を動かしてみる

　それでは拡張機能を動かしていきましょう。まずは、これまでと同じように、拡張機能のルートフォルダーに移動して必要なパッケージのインストールを行います。

● コマンド9-3-1　必要なパッケージのインストール

```
$ cd mytranslator
$ npm install
```

> **Column** スクラッチからの翻訳APIを利用した拡張機能の開発
>
> 雛形からスクラッチで拡張機能を開発するために、今回の翻訳API利用のために必要となるパッケージとその追加方法を紹介します。
>
> ・needle：翻訳APIサービスとの通信処理のために必要
>   https://www.npmjs.com/package/needle
> ・uuidv4：翻訳APIサービスとの通信処理のために必要
>   https://www.npmjs.com/package/uuidv4
> ・@types/needle：コンパイルのために必要
>   https://www.npmjs.com/package/@types/needle
>
> 雛形を作成後、次のように個別にインストールしてください。npmでのインストール時に、--save と --save-devオプションを付与することで、インストールされたパッケージ名とバージョンが、それぞれpakcage.jsonのdependencies部分とdevDependencies部分に挿入されます。
>
> ```
> # 拡張機能のルートに移動
> $ cd mytranslator
> # needleパッケージを --saveオプション付きでインストール
> $ npm install --save needle
> # uuidv4パッケージを --saveオプション付きでインストール
> $ npm install --save uuidv4
> # @types/needleパッケージを--save-devオプション付きでインストール
> $ npm install --save-dev @types/needle
> ```

　これで準備が整ったので、VS Codeで拡張機能をルートフォルダーから開きます。

● **コマンド9-3-2** VS Codeの起動

```
$ code .
```

　VS Codeが立ち上がったら、F5 を押してExtension Development Hostを立ち上げます。拡張機能が立ち上がったら、Settingsエディターを開いて、mytranslator拡張機能の2つの設定項目である「サブスクリプションキー」（SubKeyTranslator）と「翻訳先の言語」（TargetLanguage）の部分に、それぞれ値を入力します。

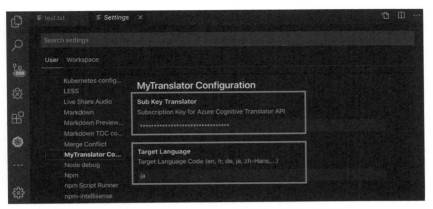

▲ 図9-3-1 「サブスクリプションキー」と「翻訳先の言語」の入力

　翻訳先言語は、「Translator Text API の言語と地域のサポート」[4]を参考に、Translator Text APIがサポートする言語コードを入力します。規定値は、日本語（ja）です。

　拡張機能の設定（Settings）が完了したら、エディター上の翻訳したい文字列を選択して、次のいずれかの方法でコマンド［MyTranslator: translate］を実行します。

1. コマンドパレットから［MyTranslator: translate］コマンドを実行
2. 翻訳コマンド用ショートカットキー `Ctrl` + `Shift` + `T`（macOS：`⌘` + `Shift` + `T`）で実行

▲ 図9-3-2 ［MyTranslator: translate］の実行

[4] https://docs.microsoft.com/ja-jp/azure/cognitive-services/Translator/language-support

301

　［MyTranslator: translate］コマンドが実行されると、図9-3-3のように、OUTPUTパネルに選択したテキストと翻訳後のテキストが出力されます。

▲ **図9-3-3**　実行結果

9-4　拡張機能の実装ポイント解説

9-4-1　コマンドとキーバインドの定義

　選択したテキストに対してAPIを利用して翻訳処理を行うコマンドを、コントリビューションポイントcontributes.commandsに登録します。また、アクティベーションイベントによる拡張機能の起動設定は、前の例では「onCommand:<コマンドID>」でコマンド実行をトリガーとした起動設定でしたが、ここでは「"*"」と設定してVS Codeスタートアップ時に拡張機能がロードされるようにしています。

●**リスト9-4-1**　package.jsonに追加する内容

```
"activationEvents": [
  "*"
],
// ...
"contributes": {
  "commands": [
    {
      "command": "mytranslator.translate",
      "title": "Translate",
```

```
      "category": "MyTranslator"
    }
  ],
  // ...
},
```

さらに、コマンドをショートカットキー ⎡Ctrl⎤ + ⎡Shift⎤ + ⎡T⎤（macOS：⎡⌘⎤ + ⎡Shift⎤ + ⎡T⎤）で実行できるように、次のようにコントリビューションポイント commands.keybindings にキーバインド設定を登録しています。when句で editorHasSelection を指定しているので、エディターで何らかのテキストが選択されているときのみにキーバインドが有効になります。

● **リスト9-4-2** package.jsonに追加する内容

```
// ...
"contributes": {
  // ...
  "keybindings": [
    {
      "command": "extension.mytranslator.translate",
      "key": "ctrl+shift+t",
      "mac": "cmd+shift+t",
      "when": "editorHasSelection"
    }
  ],
  // ...
},
```

9-4-2 拡張機能に必要なユーザー設定値の扱い

この拡張機能では、翻訳APIアクセスのためのサブスクリプションキーと翻訳のターゲット言語の2つのユーザー設定が必要になります。この2つのユーザー設定は、次のようにコントリビューションポイント contributes.configuration に定義しています。

303

●**リスト9-4-3**　package.jsonに追加する内容

```
"contributes": {
  // ...
  "configuration": {
    "type": "object",
    "title": "MyTranslator Configuration",
    "properties": {
      "mytranslator.subKeyTranslator": {
        "type": "string",
        "default": "*******************************",
        "description": "Subscription Key for Azure Cognitive Translator API"
      },
      "mytranslator.targetLanguage": {
        "type": "string",
        "default": "ja",
        "description": "Target Language Code (en, fr, de, ja, zh-Hans,...)"
      }
    }
  }
},
```

この定義を追加することで、`mytranslator.subKeyTranslator`と`mytranslator.targetLanguage`の2つの値をVS CodeのSettingsエディターで入力できます。

また、設定した2つの値は、ソースコード中で次のように`vscode.workspace.getConfiguration`を使って取得します。

●**リスト9-4-4**　Settingsエディターで設定した値を取得するコード（src/extension.ts）

```
let {
  subKeyTranslator,
  targetLanguage,
} = vscode.workspace.getConfiguration("mytranslator");
```

拡張機能ごとのコンフィギュレーションについては、拡張機能Chapter 7の「拡張機能のユーザー設定」を参照してください。

9-4-3 エディター中で選択したテキストの取得

　エディター中で選択されたテキストを翻訳対象文字列としてTranslator Text APIに送信します。

　リスト9-4-5のコードで、エディター中で選択されたテキストを取得して`targetLanguageCode`変数に格納しています。前のサンプルと同じように、その時点でフォーカスが当たっているアクティブなエディター（`vscode.window.activeTextEditor`）がある場合に、選択された文字列を`TextDocument.getText`メソッドを通じて取得しています。`selections`は、型が`vscode.Selection[]`で、エディターの中で選択している部分を抽象化したクラス`Selection`の配列です。複数選択されている場合は、複数格納されます。前のサンプルでは、エディター中で選択しているすべての部分（`Selection`配列の全要素）の文字列を変換対象にしていましたが、ここでは1カ所だけで、複数選択された場合は例外を飛ばすようにしています。

● **リスト9-4-5**　エディター中で選択した文字列を取得するコード（src/extension.ts）

```
const editor = vscode.window.activeTextEditor;
if (editor) {
  if (editor.selections.length > 1) {
    throw new Error('Multiple text is not supported!');
  }
  const text = editor.document.getText(
      new vscode.Range(
        editor.selections[0].start,
        editor.selections[0].end)
    );
}
```

　そして、このコードで取得されたテキストは、`ApiClient`クラスの`translate`メソッドに渡され、その中でAPIを通じて翻訳処理が行われ、結果をOutputチャンネルに出力します。

Part1
01
02
03
Part2
04
05
Part3
06
07
08
09
10
11
12
13
Part4
14
Append

●**リスト9-4-6**　src/extension.ts

```
apiclient.translate(text, targetLanguageCode);
```

　APIクライアントの実装についての説明は、ここでは省略します。詳しくは、src/apiclient.tsの該当部分を参照してください。なお、Outputチャンネルへの出力については、Chapter 7の「Outputパネルにログ出力」でも解説しているので、併せて参照してください。

9-4-4　動的なコンフィギュレーション変更対応

　コンフィギュレーションを変更した場合に、拡張機能にその内容を反映させるには、どのようにしたらよいでしょうか。通常であれば、VS Codeをリロードすることが考えられますが、これではユーザーエクスペリエンス的に不便であることは否めません。コンフィギュレーションを変更したら、それが動的に反映されるようにしたいでしょう。

　そこで、VS Code APIのvscode.workspace.onDidChangeConfigurationを使うと、コンフィギュレーションの変更をイベントとしてキャッチできます。この拡張機能では、これを利用して、コンフィギュレーション変更に対してVS Codeをリロードすることなく設定内容を拡張機能に反映するように実装しています。

　ポイントは、src/extension.tsの次の部分です。

●**リスト9-4-7**　コンフィギュレーションの変更イベントをキャッチしてVS Codeをリロードするコード (src/extension.ts)

```
export function activate(context:vscode.ExtensionContext) {
  // ...
  let disposable_configchange =  vscode.workspace.onDidChangeConfiguratio
n( ()=>loadConfig() );
  // ...
}
```

　onDidChangeConfiguration()は、コンフィギュレーション変更イベントをキャッチして引数のコールバックを実行します。ここではコールバックに拡張機能がコンフィギュレーション設定内容を再読み込みする関数reloadConfig()を指定しています。

Hint

・vscode.workspace.onDidChangeConfiguration APIリファレンス
　https://code.visualstudio.com/api/references/vscode-api#workspace.
onDidChangeConfiguration

Chapter 10
JSON Web Tokenビューアーの作成

ここでは、JSON Web Token（以降、JWT）をデバックするための簡易的なビューアーをVS Codeの拡張機能として開発します。

10-1　作成する拡張機能の概要

　ユーザー・デバイス認証にJSON Web Token（JWT）を使ったプロジェクトでは、デバックのためにJWTを復号化し、その内容を確認していくというのはよくある作業です。ここでは、JWTエンコードされた文字列から、ヘッダーやペイロードが次のようなGUIで確認できるオリジナルのJWTビューーワーを開発してみましょう。

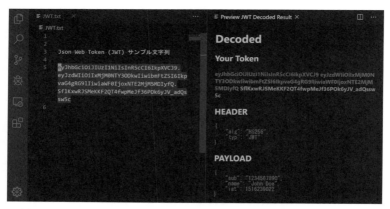

▲ 図10-1-1　JSON Web Tokenビューーワーの動作画面

　JWTとは、RFC 7519[1]で定められている、JSONをベースとしたトークン認証のための標準仕様です。ユーザーやデバイスの認証でよく用いられます。
　JWTは、「ヘッダー」「ペイロード」「署名」という3つの要素から構成されます。ヘッダーは、署名を生成するために使用するアルゴリズム（HS265、RS256など）

※1　https://tools.ietf.org/html/rfc7519

の情報を格納します。ペイロードは、認証情報などのクレーム（claim）を格納します。また、署名は、Base64 URLエンコード済みのヘッダーとペイロードをベースに、ヘッダーで指定されたアルゴリズムを使って生成される文字列で、生成されたJWTトークンが改変されていないかを検証するために必要になります。

　これらの要素が、次のように各要素がBase64 URLエンコードされ、ピリオド「.」で結合された文字列になります。

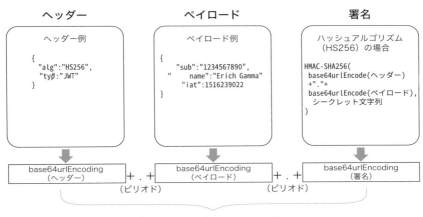

▲ 図10-1-1

　JWT文字列のサンプルは、次のようなものです。

● リスト10-1-1　JWT文字列のサンプル

```
eyJhbGciOiJIUzI1NiIsInR5cCI6IkpXVCJ9.eyJzdWIiOiIxMjM0NTY3ODkwIiwibmFtZSI6I
kpvaG4gRG9lIiwiaWF0IjoxNTE2MjM5MDIyfQ.SflKxwRJSMeKKF2QT4fwpMeJf36POk6yJV_a
dQssw5c
```

Column JWTデバック用ツール

JWTデバック用ツールとしては、米国Auto0社より提供されている「JWT debugger」が有名です。

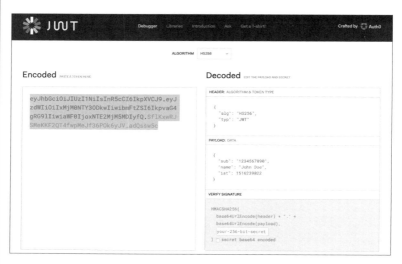

JWTは、「ヘッダー」「ペイロード」「署名」の3つの要素から構成されますが、本章で開発する `jwt-viewer` は、JWT文字列のヘッダー部とペイロード部の内容をのみを複合化して表示する拡張機能サンプルとなっているため、署名を使ったJWTの検証は行いません。一方、JWT debuggerは、JWT文字列のヘッダー部とペイロード部の複合化以外にも、利用するアルゴリズムに応じて署名されたJWTの妥当性チェックも行うため、本格的にJWTを検証する際に利用するとよいでしょう。なお、署名の生成でよく用いられるアルゴリズムに「HS256」と「RS256」がありますが、それぞれ次のような特徴があります。

・HS256（SHA-256を使用したHMAC）：対称アルゴリズムで、二者間で共通の鍵を用いて署名の生成と検証を行う。署名の生成と検証で共通の鍵を利用するため、鍵が侵害されないように注意する必要がある
・RS256（SHA-256を使用したRSA署名）：非対称アルゴリズムで、秘密鍵、公開鍵のペアを使用して署名の生成と検証を行う。署名の検証に公開鍵が必要になるが、公開鍵の場合は鍵の侵害を注意する必要がない。したがって、鍵を保護するように利用ユーザーを制御できない状況では、HS256よりもRS256が適している。

　これ以降は、GitHubのレポジトリ[2]にあるソースコードを見ながら読み進めてください。

```
jwt-viewer（拡張機能ルートディレクトリ）
├── README.md
├── package-lock.json
├── package.json              ：拡張機能マニフェスト
├── resources
│      └── heart.svg           ：コマンドのアイコン用画像
├── src
│     extension.ts             ：拡張機能メインファイル
├── tsconfig.json
└── tslint.json
```
▲ 図10-1-3　ソースコードのファイル構成

10-2　拡張機能を動かしてみる

　それでは拡張機能を動かしていきましょう。まずは、これまでと同様に、拡張機能のルートディレクトリに移動して、必要なパッケージのインストールを行います。

● コマンド10-2-1　必要なパッケージのインストール

```
$ cd jwt-viewer
$ npm install
```

※2　https://github.com/vscode-textbook/extensions/tree/master/jwt-viewer

---

Column スクラッチからの JWT 拡張機能の開発

雛形からスクラッチで拡張機能を開発するために、ここで取り上げた JWT を扱う
ために必要となるパッケージとその追加方法を紹介します。

・jwt-decoce：JWT のデコード用ライブラリ
　https://github.com/auth0/jwt-decode
・@types/jwt-decode：TypeScript 用型パッケージ。コンパイルのために必要

雛形を作成後、次のように個別にインストールしてください。 npm でのインストー
ル時に、--save と --save-dev オプションを付与することで、インストールされた
パッケージ名とバージョンが、pakcage.json の dependencies 部分と dev
Dependencies 部分に挿入されます。

```
$ npm install --save jwt-decode
$ npm install --save-dev @types/jwt-decode
```

　これで準備が整ったので、VS Code で拡張機能をルートフォルダーから開き
ます。

● **コマンド 10-2-2**　VS Code の起動

```
$ code .
```

　VS Code が起動したら、F5 を押して Extension Development Host を立ち上
げるのも、これまで同様です。拡張機能が立ち上がったら、次のサンプル用の
JWT エンコードされた文字列をエディターに貼り付けてます。

● **リスト 10-2-1**　JWT エンコードされた文字列

```
eyJhbGciOiJIUzI1NiIsInR5cCI6IkpXVCJ9.eyJzdWIiOiIxMjM0NTY3ODkwIiwibmFtZSI6I
kpvaG4gRG9lIiwiaWF0IjoxNTE2MjM5MDIyfQ.SflKxwRJSMeKKF2QT4fwpMeJf36POk6yJV_a
dQssw5c
```

　そして、エディターに貼り付けた文字列を選択してから、次のようにコマンド
パレットから［JWTViewer: Decode］コマンドを実行してみます。

▲ 図10-2-1　［JWTViewer: Decode］コマンドの実行

　コマンドを実行すると、次のように結果がWebviewパネルで表示されます。

▲ 図10-2-2　JSON Web Tokenビューワーの動作画面

　次に、Webviewパネルを閉じて、再びエディターに貼り付けた文字列を選択
します。今度は、ショートカットキー Ctrl + Shift + D（macOS：⌘ + Shift
+ D）を押して、図10-2-2と同じように結果がWebviewパネルで表示されること
を確認してください。
　最後に、再びWebviewパネルを閉じて、エディターに貼り付けた文字列を選
択します。文字列が選択されると、エディター右上のコンテキストメニューにハ
ートアイコンが表示されるので、今度は、そのアイコンをクリックしてください。
同じように結果がWebviewパネルで表示されるはずです。

▲ **図10-2-3**　JSON Web Tokenビューワーのコンテキストメニュー

いくつかの動作確認をしましたが、ポイントは次の3つです。

- 選択したJWT文字列が、コマンドパレットから［`JWTViewer: Decode`］コマンド実行で、Webviewパネルにデコード結果が表示される
- 選択したJWT文字列が、ショートカットキー Ctrl + Shift + D （macOS： ⌘ + Shift + D）で、Webviewパネルにデコード結果が表示される
- 選択したJWT文字列が、コンテキストメニューのハートアイコン押下で、Webviewパネルにデコード結果が表示される

10-3　拡張機能の実装ポイント解説

10-3-1　コマンド、キーバインド、コンテキストメニューの定義

　JWT文字列のデーコードのためのコマンド、そのコマンドのショートカットキーのためのキーバインド、そしてコンテキストメニューは、すべてマニフェストファイルの`package.json`に定義します。

● **リスト10-3-1**　package.json

```json
"activationEvents": [
  "onCommand:jwtviewer.decode"
],
// ...
"contributes": {
  "commands": [
```

```
    {
      "command": "jwtviewer.decode",
      "title": "Decocde",
      "category": "JWTViewer",
      "icon": {
        "Light": "resources/heart.svg",
        "dark": "resources/heart.svg"
      }
    }
  ],
  "keybindings": [
    {
      "command": "jwtviewer.decode",
      "key": "ctrl+shift+d",
      "mac": "cmd+shift+d",
      "when": "editorHasSelection"
    }
  ],
  "menus": {
    "editor/title": [
      {
        "when": "editorHasSelection",
        "command": "jwtviewer.decode",
        "group": "navigation"
      }
    ]
  }
},
// ...
```

Part1
01
02
03
Part2
04
05
Part3
06
07
08
09
10
11
12
13
Part4
14
Appendix

　JWT文字列のデーコードのためのコマンドを、コントリビューションポイント contributes.commands に登録します。また、アクティベーションイベントにコマンド実行による拡張機能の起動設定を行います。

　コマンドのショートカットキーのためのキーバインドは、コントリビューションポイントの contributes.keybindings で定義しています。これにより、[Ctrl] + [Shift] + [D]（macOS:[⌘] + [Shift] + [D]）で jwtviewer.decode コマンドを実行できます。なお、when 句で editorHasSelection を指定しており、エディターでテキストを選択しているときのみにキーバインドが有効になります。

　さらに、コントリビューションポイントの contributes.menus では、コンテキ

ストメニューから実行するコマンド（ここでは jwtviewer.decode）を定義しています。when句でeditorHasSelectionを指定しているので、キーバインド設定と同じように、エディターでテキストを選択しているときのみにコンテキストメニューにコマンドが表示されます。

なお、contributes.commandsのコマンドの定義において、icon部分で表示用アイコン画像を指定しているので、コンテキストメニューではそのコマンド用のアイコン画像が表示されます。iconで指定されているアイコン画像の保存パスは拡張機能のルートからの相対パスになるので、heart.svgは「拡張機能ルートディレクトリ/resources/」に保存されています。

コンテキストメニューの設定については、Chapter 7の「主要機能の説明」の「コンテキストメニュー」も参照してください。

10-3-2　デコード結果のWebviewパネルへの表示

エディターで選択したJWTエンコードされた文字列をデコードして得られる結果をWeviewパネルに表示する部分を解説します。

ポイントは、次のコード部分です。

● **リスト10-3-2**　src/extension.ts

```
  try {
    // JWTエンコードされた文字列encoded_textをjwt-decodeライブラリを使っ
てJWTヘッダとペイロードを取得
    const decodedHeader = jwtDecode(encoded_text, { header: true });
    const decodedPayload = jwtDecode(encoded_text);
    // Webviewパネルに表示
    const panel = vscode.window.createWebviewPanel(
        'previewJWTDecoded',
        'Preview JWT Decoded Result',
        vscode.ViewColumn.Two,
        {}
    );
    panel.webview.html = getWebviewContent(encoded_text, decodedHeader,
decodedPayload);

  } catch (e){
    if (e.name === 'InvalidTokenError') {
```

```
      vscode.window.showErrorMessage('Invalid Token Error!');
    }
  }
```

　このコードの前の部分で、テキスト翻訳サンプルと同じ方法で、エディターで選択しているJWTエンコードされた文字列を取得して、encoded_textに格納しています。この文字列をjwt-decodeライブラリのjwtDecodeを使ってデコードし、JWTヘッダーとペイロードを取得しています。

　次に、vscode.window.createWebviewPanelでWebviewパネルのインスタンスを作成し、そこに表示するHTMLを指定しています。vscode.window.createWebviewPanelのインスタンス作成時に、その3つ目の引数にvscode.ViewColumn.Twoを指定しており、これでエディターの左から2カラム目に新規配置されます。なお、出力用のHTMLは、同ファイル中に実装しているgetWebviewContent関数で作成しています。

　Webviewパネルへの表示については、Chapter 7の「WebViewによるHTMLコンテンツの表示」を参照してください。

Chapter 11
自作拡張機能のMarketplace公開

拡張機能を開発して、公開してもよいレベルになったら、ほかの人にも使ってもらいたくなります。拡張機能のソースコードをGitHubのレポジトリで公開して、それを自分のVS Codeに取り込んでもらうこともできますが、それではとても不便ですし、開発者ではない人にとってはハードルの高い方法です。
ここでは、VS Code拡張機能をMarketplaceに公開する方法を説明します。

11-1 Marketplace公開のための準備

次に示したのは、作成した拡張機能をMarketplaceに公開する流れです。

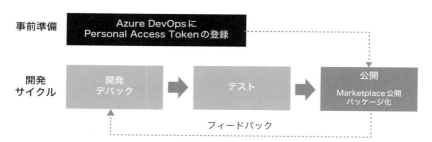

▲ 図11-1-1　拡張機能をMarketplaceに公開する流れ

VS CodeのMarketplaceサービスはAzure DevOpsを活用しており、VS Code拡張機能の認証、ホスティング、および管理はAzure DevOpsを通じて提供されます。したがって、拡張機能をMarketplaceに公開するには、Azure DevOpsの組織とAzure DevOpsへのパブリッシャー登録が必要になります。さらに、拡張機能を公開するためには拡張機能マニフェストpackage.jsonに公開に必要な情報を追加する必要があります。

これらをまとめると、VS Codeの拡張機能をMarketplaceサービスを通じて提供するには、次の3つが必要ということです。

・Azure DevOpsの組織
・Azure DevOpsへのPersonal Access Tokens（PAT）の登録
・拡張機能マニフェストpackage.jsonに公開用情報追加

11-1-1　Azure DevOpsの組織の作成

　Azure DevOpsに「Personal Access Tokens」（PAT）を登録するためには、Azure DevOpsの組織を作成する必要があります。まだ、組織を作成していない場合は、Azure DevOpsのサイト[※1]にアクセスして「無料で始める」を押して進んでください。MicrosoftアカウントもしくはGitHubアカウントでログインして、新しい組織を作成できます。すでにAzure DevOpsに組織を作成済みであれば、Azure DevOpsにサインインください。

▲ 図11-1-2　Azure DevOps

11-1-2　Personal Access Token（PAT）の登録

　VS Code拡張機能のパッケージ化やMarketplaceへの公開などの管理のために、vsceというCLIツールを使います。vsceを使うためには、事前に「Personal Access Token」（以降、PAT）というアクセストークンをAzure DevOpsに登録しておく必要があります。

※1　https://azure.microsoft.com/ja-jp/services/devops/

PATの登録

　まずは、Azure DevOpsにサインインします。そして、画面の右上のプロフィールアイコンの隣の［User settings］アイコンをクリックし、表示されるドロップダウンメニューで［Personal access tokens］を選択します。

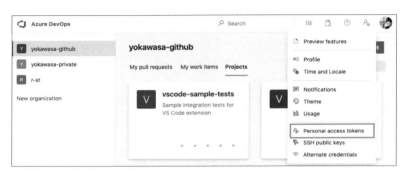

▲ **図11-1-3**　User settingsメニューから［Personal access tokens］を選択

　PATのページに遷移したら、［+ New Token］をクリックして、PATの登録ページに進みます。

▲ **図11-1-4**　［+ New Token］をクリック

　PATの登録のポイントは、次の通りです。

・Name：トークン名を入力。ここではvsceを入力。
・Organization：［all accessible organizations］を選択
・Expiration（有効期限）：最長で1年まで設定可能
・Scopes：［Custom defined］を選択して、Marketplaceは［Acquire］と［Manage］をチェック

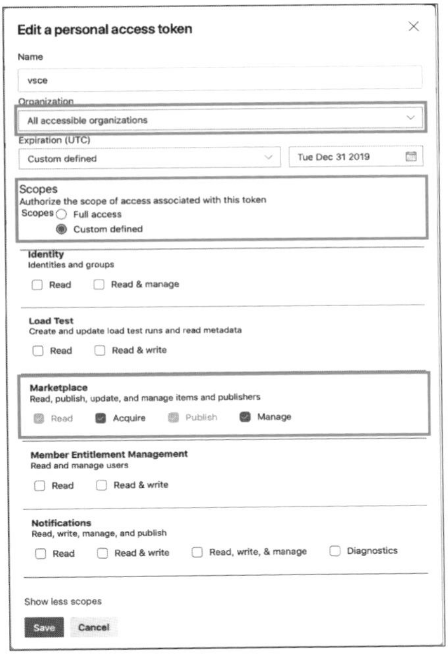

▲ **図11-1-5**　PATの登録

　これで、[Save] ボタンを押すと、新しいPATが作成され、トークン文字列が表示されます。

　トークンは1回しか表示されないので、ここで必ずメモをとっておきます。

11-1-3　拡張機能公開のための追加設定

拡張機能マニフェストpackage.json

　拡張機能を公開するためには、拡張機能マニフェストpackage.jsonの設定項目として、いくつか必須のものがあります。ここでは、公開に必須、もしくはMarketplace公開ページに関連する設定を紹介します。

　ここでは、VS Code拡張機能のMarketplaceでもっとも人気が高い拡張機能の1つであるPython拡張機能のpackage.jsonを使って説明を進めます。

Hint　Python拡張機能

MarketplaceページURL：
　https://marketplace.visualstudio.com/items?itemName=ms-python.python
リポジトリURL：https://github.com/Microsoft/vscode-python

　まずは、Python拡張機能の`package.json`を見ていきましょう。Marketplace
での公開に必要もしくは関連項目を確認するために、一部分を切り出したもの
です。

● **リスト11-1-1**　package.json

```json
{
    "name": "python",
    "displayName": "Python",
    "description": "Linting, Debugging (multi-threaded, remote), Intellise
nse, code formatting, refactoring, unit tests, snippets, and more.",
    "version": "2020.4.0-dev",
    "languageServerVersion": "0.5.30",
    "publisher": "ms-python",
    "author": {
        "name": "Microsoft Corporation"
    },
    "license": "MIT",
    "homepage": "https://github.com/Microsoft/vscode-python",
    "repository": {
        "type": "git",
        "url": "https://github.com/Microsoft/vscode-python"
    },
    "bugs": {
        "url": "https://github.com/Microsoft/vscode-python/issues"
    },
    "qna": "https://stackoverflow.com/questions/tagged/
visual-studio-code+python",
    "icon": "icon.png",
    "galleryBanner": {
        "color": "#1e415e",
        "theme": "dark"
    },
    "engines": {
        "vscode": "^1.43.0"
```

```
    },
    "keywords": [
        "python",
        "django",
        "unittest",
        "multi-root ready"
    ],
    "categories": [
        "Programming Languages",
        "Debuggers",
        "Linters",
        "Snippets",
        "Formatters",
        "Other"
    ],
    //...
}
```

https://github.com/microsoft/vscode-python/blob/master/package.json

　次に、Python拡張機能のMarketplace公開ページを見てみましょう。表示項目に関連するpackage.jsonのフィールドをラベルで表示しています。

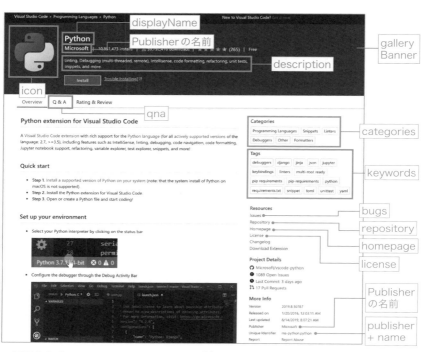

▲ **図11-1-6**　Marketplace公開ページ[※2]

　表11-1-1に、各フィールドの説明を記載しました。この中で拡張機能を公開するために必須となるのは、`publisher`のみです。その他のフィールドは、Marketplaceページのデザインや補足情報に関わるものです。

▼ **表11-1-1**　package.jsonのフィールド

フィールド名	必須	型／属性	説明
publisher	Yes	文字列	発行者のID文字列。これがないとVSIXパッケージ化もできない、重要な必須項目
displayName		文字列	Marketplaceでの拡張機能の表示名
description		文字列	Marketplaceでの拡張機能の説明文

categories		文字列配列	Marketplace上で使われる拡張機能のカテゴリ情報設定可能な値: Programming Languages、Snippets、Linters、Themes、Debuggers、Formatters、Keymaps、SCM Providers、Other、Extension Packs、Language Packs
keywords		文字列配列	Marketplace上で使われる拡張機能のタグ情報。現在は最大5個まで
galleryBanner		オブジェクト属性: color、theme	Marketplaceページのヘッド部分(バナー)のカスタマイズが可能。colorとthemeで、それぞれバナーの色とテーマ(値はdarkまたはlightを選択)を設定可能
preview		ブーリアン	trueにすると拡張機能がプレビューリリースであることを意味するフラグがセットされる
qna		marketplace(default) URL文字列 false	この値でQ&Aのリンクを制御する。デフォルト値はmarketplaceで、MarketplaceのデフォルトQ&Aサイトが利用される。他サイトのQ&Aを利用する場合は、そのサイトURLをセットする。Q&Aリンクを無効化したい場合はfalseをセットする
icon		文字列	Marketplace内で使われる拡張機能のアイコン画像のパス。サイズは最低128×128ピクセルの正方形指定が必要
bugs		オブジェクト属性: url、email	MarketplaceページのResourdeエリアのIssue用リンク
repository		オブジェクト属性: type、url	MarketplaceページのResourdeエリアのRepository用リンク
homepage		文字列	MarketplaceページのResourdeエリアのHomepage用リンク
license		文字列	MarketplaceページのResourdeエリアのLicense用リンク

vscodeignoreファイル

.vscodeignoreを作成しておけば、パッケージに含めないファイルを指定することが可能です。VS Code拡張機能ジェネレーターで生成される拡張機能の雛形には、次の内容の.vscodeignoreが含まれています。

●リスト11-1-2　.vscodeignore

```
.vscode/**
.vscode-test/**
out/test/**
src/**
.gitignore
vsc-extension-quickstart.md
**/tsconfig.json
**/tslint.json
**/*.map
**/*.ts
~
```

　パッケージに含めたくないファイルがほかにもあれば、.vscodeignoreを編集してください。詳しくは、「Publishing Extensions」の「.vscodeignore」の項[3]が参考になります。

11-2　拡張機能のMarketplaceへの公開

　すべての準備が完了したら、拡張機能をMarketplaceに公開します。

11-2-1　vsce ツールのインストール

　公開のために、コマンドラインツールのvsceを使います。まずはvsceツールをローカル環境にインストールします。

●コマンド11-2-1　vsce ツールのインストール

```
$ npm install -g vsce
```

※3　https://code.visualstudio.com/api/working-with-extensions/publishing-extension#.vscodeignore

326

11-2-2　Publisherの登録

拡張機能をMarketplaceに公開するためには、公開者のアイデンティティを表すPublisherの登録が必要です。

まずは、vsceツールを使ってpublisherを作成します。

● コマンド11-2-2　publisherの作成

```
$ vsce create-publisher <publisher名>
```

Publisher登録の際には、次の3つの情報の入力を求められます。

・名前（IDではなく、公開者の表示用の名前、ニックネーム、フルネームなど）
・メールアドレス
・Personal Access Token（先ほど作成したもの）

publisherがyokawasaの場合の実行例は、次のとおりです。

● コマンド11-2-3　Publisherの作成の実行例

```
$ vsce create-publisher yokawasa
Publisher human-friendly name: (yokawasa) Yoichi Kawasaki
E-mail: <Eメールアドレス>
Personal Access Token: ********************************************************

Successfully created publisher 'yokawasa'.
```

publisherの作成が無事完了したら、次のコマンドで、publisherをサービス側で管理するPublisherリストに登録します。

● コマンド11-2-4　publisherリストに登録

```
vsce login <publisher>
```

publisherがyokawasaの場合の実行例は、次のとおりです。

● コマンド11-2-5　Publisherリストに登録する実行例

```
$ vsce login yokawasa
Personal Access Token for publisher 'yokawasa': ***************************
***************************
```

これで、publisherの作成と登録が完了しました。

11-2-3　拡張機能の公開

次のコマンドで、拡張機能をMarketplaceに公開できます。

● コマンド11-2-6　拡張機能をMarketplaceに公開

```
$ vsce publish
```

なお、vsce publish実行時に、最低限必要なpublisher以外に、repository、licenseなど、複数の推奨フィールドの定義がない場合は、次のような警告メッセージが表示されます。警告を無視する場合は「N」を入力して処理を進めてください。

● コマンド11-2-7　警告メッセージ

```
WARNING  A 'repository' field is missing from the 'package.json' manifest
file.
Do you want to continue? [y/N]
```

公開処理が無事完了しても、すぐにはMarketplaceページに反映されません。しばらくおいてからアクセスして、反映されているかを確認しましょう。

Marketplaceページには、次のURLでアクセスできます。

・https://marketplace.visualstudio.com/items?itemName=<publisher ID>.<拡張機能名>

たとえば、Python拡張機能（publisher：`ms-python`、拡張機能名：`python`）の Marketplaceページ URLは、次のようになります。

・https://marketplace.visualstudio.com/items?itemName=ms-python. python

---

Column vsceツールのセキュリティチェック

`vsce`ツールは、セキュリティの観点から、次のことをチェックしています。いずれかに引っかかると、その拡張機能を公開できません。

・`package.json`の`icon`や`badge`フィールドでSVGイメージが指定されている（TrustedプロバイダーによるSVGは除く）
・`README.md`や`CHANGELOG.md`ファイルにSVGイメージが指定されている（TrustedプロバイダーによるSVGは除く）
・`README.md`や`CHANGELOG.md`ファイルに記述される画像URLのプロトコルがhttpsではない
（参考：https://code.visualstudio.com/api/working-with-extensions/publishing-extension）

そのほかにも、`vsce`ツールは、必須フィールドのチェックや、新旧APIの互換性問題を防ぐために、`engines.vscode`のバージョンと開発時に利用する`devDependencies`部分の`@types/vscode`のバージョンをチェックなど、最低限の確認を行っています。

Part1
01
02
03
Part2
04
05
Part3
06
07
08
09
10
11
12
13
Part4
14
Appendix

Chapter 12
拡張機能をバンドル化する

複数の拡張機能を1つにまとめる「バンドル」は、VS Codeの標準機能では提供されていませんが、JavaScriptの「バンドラー」を使うことで、複数の拡張機能をバンドル化することが可能です。ここでは、その方法を紹介します。

12-1　拡張機能のバンドルについて

　「**バンドル**」とは、複数のソースファイルを1つのファイルに結合するプロセスのことを指し、「バンドラー」とは、それを実現するためのツールやプログラムです。

　JavaScriptの開発では、主に可読性の観点から、ある一定のまとまりをモジュール化して開発・管理が行われます。しかし、ファイル数が多くなると、それに応じてHTTPリクエストの回数が増えてしまうため、全体のプログラムのロードが遅くなります。そこで、その対策の1つとして、バンドル化が採用されています。一般に、複数の小さなファイルをローディングするよりも、1つの大きなファイルをローディングするほうが速くなることから、バンドル化はパフォーマンスの観点で有効な対策とされています。

　JavaScriptにおける有名なバンドラーとしては、「webpack」[1]「rollup.js」[2]「Parcel」[3]「Browserify」[4]などがあります。

　ここでは、その中でも比較的人気の高いwebpackを使ったバンドル方法を説明します。

※1　https://webpack.js.org/
※2　https://rollupjs.org
※3　https://parceljs.org/
※4　http://browserify.org/

▲**図12-1-1**　webpack公式サイト

　ここでは、前章でサンプルとして利用した拡張機能mytranslatorをwebpack
を使ってバンドルします。

　mytranslatorのファイル構成は、次のようになっています。

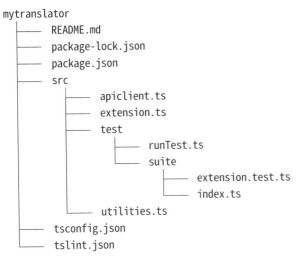

```
mytranslator
├── README.md
├── package-lock.json
├── package.json
├── src
│       ├── apiclient.ts
│       ├── extension.ts
│       ├── test
│       │       ├── runTest.ts
│       │       └── suite
│       │               ├── extension.test.ts
│       │               └── index.ts
│       └── utilities.ts
├── tsconfig.json
└── tslint.json
```

▲**図12-1-2**　mytranslatorのファイル構成

12-2　必要パッケージのインストール

まずは、webpack[5]を利用するために必要なパッケージをインストールします。さらに、webpackをローカルで実行するためにwebpack-cli[6]をインストールします。また、webpackはJavaScriptのバンドラーですが、TypeScirptに対してもバンドル処理ができるようにts-loader[7]（TypeScript loader for webpack）もインストールします。

すべて--save-devを付与してインストールし、これらのパッケージをpackage.jsonのdevDependenciesに追加します。

●コマンド12-2-1　必要なパッケージのインストール

```
$ npm install --save-dev webpack webpack-cli
$ npm install --save-dev ts-loader
```

12-3　webpackの設定

次に、webpackの設定ファイルwebpack.config.jsを作成します。

ここでは、「webpack-sample」[8]を参考にして、拡張機能のルートフォルダーに次のようなwebpack.config.jsを作成します。簡単な設定ファイルを書いて、webpackコマンドを実行するだけという内容です。

●リスト12-3-1　webpack.config.js

```
//@ts-check

'use strict';
// output.pathに絶対パス指定するためにpathモジュール
const path = require('path');

/**@type {import('webpack').Configuration}*/
const config = {
  target: 'node',  //バンドルが実行される環境。ここではnode.js環境での実行
```

※5　https://www.npmjs.com/package/webpack
※6　https://www.npmjs.com/package/webpack-cli
※7　https://www.npmjs.com/package/ts-loader
※8　https://github.com/Microsoft/vscode-extension-samples/tree/master/webpack-sample

を指定

```
  entry: './src/extension.ts', // 拡張機能のエントリーポイント
  output: {
    // バンドルを'dist'フォルダーに保存
    path: path.resolve(__dirname, 'dist'),
    filename: 'extension.js',
    libraryTarget: 'commonjs2',
    devtoolModuleFilenameTemplate: '../[resource-path]'
  },
  devtool: 'source-map',
  externals: {
    // バンドルに含めない物を指定。VS Codeはオンザフライで作成されるので含
めない
    vscode: 'commonjs vscode'
  },
  resolve: {
    // webpackはTypeScriptとJavaScirptをその順番に読み込みを行う
    extensions: ['.ts', '.js']
  },
  module: {
    rules: [
      {
        test: /\.ts$/,
        exclude: /node_modules/,
        use: [
          {
            loader: 'ts-loader'  // TypeScriptを扱うためのローダー
          }
        ]
      }
    ]
  }
};
module.exports = config;
```

▼**表12-3-1**　webpackの設定項目

設定項目	説明
target	バンドルが実行される環境。nodeは環境がnode.jsでrequireを通じて実行されることを表す https://webpack.js.org/configuration/target/
entry	拡張機能のエントリーポイントとなるファイル
output	どのように結果のバンドルやアセットファイルなどを出力するかを指定 https://webpack.js.org/configuration/output/
exclude	バンドルに含めないファイルや依存パッケージを指定 https://webpack.js.org/configuration/externals/
resolve	バンドル対象モジュールの解釈方法を指定。resolve.extensionsでは拡張子（複数あり）を指定することで、指定された拡張子を指定された順番で処理を行う https://webpack.js.org/configuration/externals/
module	プロジェクト内のモジュールをどのように扱うかについて指定 https://webpack.js.org/configuration/module/

参照：https://webpack.js.org/configuration/

　これで、コマンドを入力することでwebpackを実行できるようになりました。

　さらに、npmコマンドからもwebpackを実行できるように、package.jsonのscripts部分を次のように編集します。

●**リスト12-3-2**　package.json

```
"scripts": {
  "package": "vsce package",
  "publish": "vsce publish",
  "vscode:prepublish": "webpack --mode production",
  "watch": "webapck --mode node --watch",
  "test-compile": "tsc -p ./ && npm run webpack",
  "pretest": "npm run test-compile",
  "test": "node ./out/test/runTest.js",
  "webpack": "webpack --mode none"
},
```

　編集したpackage.jsonの要点は、次のとおりです。

- packageとpublish：vsceコマンドによるパッケージ作成とMarketplaceへの公開を実行する。パッケージ作成時に、自動的にwebpackが実行される
- vscode:prepublish：VS Codeのパッケージングおよび公開ツールであるvsceから利用され、拡張機能を公開する前に実行されるタスク
- test-compile：テスト実行前のコンパイル実施のためのタスクで、バンドル後のファイルでテスト実施するためにTypeScriptコンパイルとwebpackタスクを実行する
- webpack：開発・テスト用なのでmodeはnodeとしてバンドルファイルを生成する

Column　webpackのmodeについて

--modeの取りうる値は、「production」「development」「none」の3つです。「vscode:prepublish」では、最適化レベルを制御するためのモードである「production」を指定しています。「production」は、「none」「development」比べて長い時間を要します。
詳細については、webpack公式サイト（https://webpack.js.org/configuration/mode/ ）を参照してください。

また、webpackによるバンドル後のファイルはdistフォルダー配下に保存されるため、package.jsonにおけるmainによるエントリーポイントは、次のように./dist/extensionに変更します（拡張子はないが、問題なく補完解釈される）。

●**リスト12-3-3**　package.jsonに記載するエントリーポイント

```
"main": "./dist/extension",
```

次に、VS Codeのデバックビューの「Run Extension」と「Extension Tests」の2種類のデバック処理の設定についても、webpackを利用したものに変更します。設定ファイルはlaunch.jsonとなり、変更ポイントは次の2点です。

1. 「Run Extension」と「Extension Tests」の両方のpreLaunchTaskをtest-compileに変更する

2.「"Run Extension"」のoutFilesはdist配下に保存されたバンドルファイル
になるので、distフォルダー配下を指すように変更する

変更後のlaunch.jsonは、次のようになります。

●リスト12-3-4 .vscode/launch.json

```json
{
    "version": "0.2.0",
    "configurations": [
        {
            "name": "Run Extension",
            "type": "extensionHost",
            "request": "launch",
            "runtimeExecutable": "${execPath}",
            "args": [
                "--extensionDevelopmentPath=${workspaceFolder}"
            ],
            "outFiles": [
                "${workspaceFolder}/dist/**/*.js"
            ],
            "preLaunchTask": "npm: test-compile"
        },
        {
            "name": "Extension Tests",
            "type": "extensionHost",
            "request": "launch",
            "runtimeExecutable": "${execPath}",
            "args": [
                "--extensionDevelopmentPath=${workspaceFolder}",
                "--extensionTestsPath=${workspaceFolder}/out/test/suite/index"
            ],
            "outFiles": [
                "${workspaceFolder}/out/test/**/*.js"
            ],
            "preLaunchTask": "npm: test-compile"
        }
    ]
}
```

12-4　webpackによるバンドル化実行

次のように、ターミナルからnpmコマンドでwebpackタスクを実行できます。

● コマンド12-4-1　npmコマンドによるwebpackタスクの実行

```
$ npm run webpack
```

また、コマンドパレットからまた、コマンドパレットから［npm: run script］コマンドを実行するとnpmタスクを選択できるので、そこでwebpackタスクを実行することもできます。

▲ 図12-4-1　コマンドパレットからのバンドル化実行

設定した通り、webpack実行後にバンドルがdistフォルダー配下に出力されます。

```
dist
    ├── extension.js
    └── extension.js.map
```

▲ 図12-4-2　バンドルの出力

なお、VS Codeのデバックビューにおいても、webpack前と変わらずに「Run Extension」と「Extension Tests」の2種類のデバック実行ができます。

337

▲**図12-4-3**　バンドル後も2種類のデバッグが可能になっている

Chapter 13
継続的インテグレーションを設定する

拡張機能の編となるChapter 6で、vscode-testを利用した拡張機能のインテグレーションテスト方法について説明しました。ここでは、その応用として、CIサービスを利用した拡張機能のインテグレーションテスト方法を解説します。キーになるのは、vscode-testです。このライブラリを使うことで、容易にCIサービス上でのインテグレーションテストを設定できます。ここでは、CIサービスとして「GitHub Actions」を利用した継続的インテグレーションテスト（以降、CI）の設定方法を説明します。

13-1　GitHub Actionsとは

▲図13-1-1　GitHub Actions公式サイト

「**GitHub Actions**」は、コードのビルド、テスト、パッケージ、リリース、デプロイなど、ソフトウェア開発のライフサイクルにおけるワークフローの自動化、迅速化を可能にするサービスです。たとえば、GitHub上のレポジトリに対するコミットやプルリクエストをトリガーに、自動でインテグレーションテストやデリバリプロセスを走らせ、任意のクラウドや外のサービスにデプロイするといったことが可能です。GitHub Actionsは、この自動化されたワークフローをGitHubリポジトリに直接作成できることが大きな特徴です。

　ここでは、GitHub Actionsを使って、VS Code拡張機能のレポジトリに対するコミットやプルリクエストをトリガーに、自動でビルド・テストプロセスを実

行する設定を行います。

　なお、利用料金について、GitHub Actionsは公開・非公開によって利用限度が異なりますが、公開リポジトリについては無料で利用が可能です。利用料金の詳細は公式ページ[1]の下のほうに書かれているので参照してください。

13-2　事前準備

13-2-1　GitHubアカウント

　GitHubアカウントが必要です（無料）。まだ取得していない場合は、GitHub公式サイト[2]から作成してください。

13-2-2　サンプルコード取得

　ここで作成するVS Code拡張機能CIのワークフローは、次のレポジトリ[3]の拡張機能とテストコードを使用します。ダウンロード、[git clone]もしくは[fork]して使用してください。

　ちなみに、このレポジトリは、すでにここで利用するGitHub Actionsのワークフロー設定が行われています。GitHub Actionsのワークフローはユーザーもしくは組織アカウントでGitHubレポジトリの.github/workflows配下に任意のファイル名でYAMLファイル（.yml）を作成することで設定が可能です。ここでは、.github/workflows/vscode.ymlがワークフローファイルになります。

13-2-3　インテグレーションテストのローカル実行

　GitHub Actionsでテストを自動実行する前に、まずはローカルで問題なくテストが実行可能かを確認しておきましょう。先のレポジトリから取得したサンプルコードのルートフォルダーで、次のようにnpmで依存パッケージのインストールとテストを実行してください。

※1　https://github.com/features/actions
※2　https://github.com/
※3　https://github.com/vscode-textbook/vscode-extension-ci

●コマンド13-2-1　必要なパッケージのインストール

```
# 依存パッケージのインストール
$ npm install

# テスト実行（npm testでもOK）
$ npm run test
```

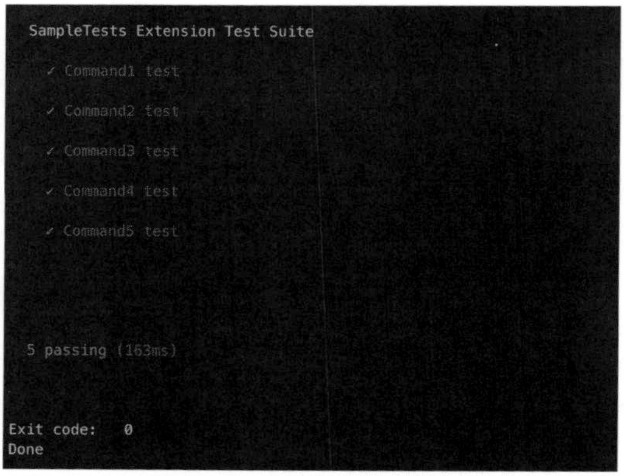

```
SampleTests Extension Test Suite

  ✓ Command1 test

  ✓ Command2 test

  ✓ Command3 test

  ✓ Command4 test

  ✓ Command5 test


  5 passing (163ms)


Exit code:   0
Done
```

▲ 図13-2-1　ローカル環境でのテスト実行結果

　ローカル環境でのインテグレーションテストについては、Chapter 6の「拡張機能のテスト」も参照してください。

13-3　ワークフローの作成と実行

13-3-1　サンプルワークフロー

　拡張機能の自動テストのために利用するサンプルのワークフローファイルは、次のようになります。シングルステージで、Windows、Linux、macOSのマルチプラットフォーム環境で拡張機能をビルド・テストを実行するシンプルなワークフローです。

● **リスト13-3-1** .github/workflows/vscode.yml

```yaml
name: VS Code extension CI

on:
  push:
    branches:
      - master

jobs:
  build:
    runs-on: ${{ matrix.os }}

    strategy:
      max-parallel: 3
      matrix:
        os: [macos-latest, windows-latest, ubuntu-latest]
        node-version: [8.x]

    steps:
    - uses: actions/checkout@v2
    - name: Use Node.js ${{ matrix.node-version }}
      uses: actions/setup-node@v2
      with:
        node-version: ${{ matrix.node-version }}
    - name: Install dependencies
      run: npm install

    - name: Start xvfb only if it's Linux
      if: startsWith(matrix.os,'ubuntu')
      run: |
        /usr/bin/Xvfb :99 -screen 0 1024x768x24 > /dev/null 2>&1 &
        echo ">>> Started xvfb"
      shell: bash
    - name: npm install, build, and test
      run: |
        npm test
      env:
        DISPLAY: ':99.0' # Only necessary for linux tests
```

設定内容について簡単に説明しておきましょう。

- masterブランチへのPushイベントをトリガーとしてスタートするワークフロー
- ワークフローで実行されるジョブは、Windows、Linux、macOSの別々のGitHub上で仮想環境で拡張機能のビルド・テストを走らせる。GitHub Actionsで利用可能な仮想環境の詳細ついては「GitHub Actions Virtual Environments」[4]を参照
- 実行する処理ステップはsteps部分に記述されている
  1. チェックアウトAction（actions/checkout@v2）でリポジトリからソースをチェックアウト
  2. Node.js環境のセットアップAction（actions/actions/setup-node@v2）で指定のバージョンのNode.jsをインストール
  3. runコマンドで「npm install」を実行して依存パッケージをインストール
  4. Linux仮想環境においてのみ、runコマンドでXvfbを起動。Xvfbは、仮想ディスプレイフレームバッファを提供するサーバーソフトウェアで、GUIを持たない環境でVS CodeのようなGUIアプリのテストをする際には、何らかの仮想のディスプレイバッファが必要となるため
  5. 最後に、runコマンドで「npm run test」を実行し、インテグレーションテストを行う。このとき、Linux環境用にDISPLAY環境変数を設定している

　なお、このワークフローではジョブ戦略においてmax-parallelを「3」に設定しています。これは、同時に実行できるジョブの最大です。GitHub Actionsは無料でも20並列（2021年3月時点）まで利用できる頼もしいサービス設定になっています。

　GitHub Actionsのワークフロー構文の詳細については、「GitHub Actionsのワークフロー構文」[5]を参照してください。

※4　https://github.com/actions/virtual-environments
※5　https://help.github.com/ja/actions/automating-your-workflow-with-github-actions/workflow-syntax-for-github-actions

13-3-2　ワークフローのテスト実行

　このワークフローをテスト実行してみます。ワークフローファイルをレポジトリ配下の.github/workflows/に作成して、レポジトリのソースコードに何らかの変更を加えて、マスターブランチに変更をPushしてみてください。

　次に、GitHubのリポジトリのページ上で、［Actions］タブをクリックしてください。

▲ **図13-3-1**　VS Code拡張機能CIテストレポジトリの［Actions］タブ

　masterブランチへのPushイベントをトリガーに、ワークフローの処理が開始がされることを確認しましょう。

▲ **図13-3-2**　GitHub Actionsワークフローでのテスト実行結果

　ここでは簡単なmasterブランチへのPushイベントをトリガーとしたビルド・インテグレーションテストのワークフローを紹介しましたが、ほかにもプルリクエストやIssue作成など、さまざまなイベントで、より複雑なワークフローを構成することが可能です。詳しくは「GitHub アクションでワークフローを自動化する」[6]を参照してください。

※6　https://help.github.com/ja/actions/automating-your-workflow-with-github-actions

Part 4
テキストエディターとしての
Visual Studio Code

ここまでは、主に開発者がプログラミングをする際に Visual Studio Code を使う上で知っておきたい内容や拡張機能の開発方法を説明しました。しかし、Visual Studio Code はソースコードだけではなく、論文や設計書、技術ブログなどのドキュメントを書く際に便利な機能も数多く揃っています。このパートでは、テキストエディターとして Visual Studio Code を活用するときに役に立つ数式レンダリングやグラフィカルな図表の作成、プレゼンテーション資料の作成などの情報を紹介します。

Chapter 14
VS Codeによるドキュメント作成

VS Codeは、ソースコードを記述するだけではなく、ブログや論文／書籍などのドキュメントを書くテキストエディターとしても利用でき、そのための有用な機能も数多く備えています。この章では、利用者のシナリオごとの基本的な使い方や便利な拡張機能を説明します。

14-1　Markdownによるドキュメント作成

　ここでは、文章を記述するための記法の1つである「Markdown（マークダウン）」の作成について説明します。Markdownは、文章の見出しや階層構造を表現できるテキスト定式で、パーサーを使うことで、HTMLやPDF、電子書籍のフォーマットであるePubなどに変換ができるため、広く利用されています。また、データ自体はプレーンテキストであるため、Gitなどのバージョン管理ツールで管理できるのも特徴です。

　Markdownを作成するときに便利な拡張機能として、「**Markdown All in One (Yu Zhang)**」[1]があります。これを利用すると、ショートカットキーでMarkdownのタグを入力できたり、画像の挿入時に画像パスの入力を補完したりできます。また、mdファイル（マークダウンファイル）を開いた際に、自動的にプレビューを起動させるような設定もできます。

　さらに、数式やグラフなどの出力や電子書籍などにエクスポートするのであれば、「**Markdown Preview Enhanced (Yiyi Wang)**」拡張機能[2]を使うとよいでしょう。

14-1-1　Markdownプレビュー

　Markdown形式のドキュメントを拡張子「md」として保存すると、VS Codeでは、エディターの視覚化をコードとMarkdownファイルのプレビューの間で切り

---

[1] https://marketplace.visualstudio.com/items?itemName=yzhang.markdown-all-in-one
[2] https://marketplace.visualstudio.com/items?itemName=shd101wyy.markdown-preview-enhanced

替えることができます。

たとえば、次のようなテキストを sample.md という名前で保存します。

●**リスト14-1-1** Markdownのサンプル

```
# VS Code入門

はじめてVS CodeでPythonを利用する方のためのわかりやすいマニュアルです。

## インストールと設定

Pythonのインストールは簡単です。公式サイトからダウンロードしてください。

![](https://www.python.org/static/img/python-logo.png)

## 使い方

VS Codeを使いこなすためのコツを説明します。

### Pythonの場合

よく利用されるライブラリは次の通りです。
* numpy
* pandas

> python2.xを利用する人は注意しましょう
```

ビューを切り替えるには、Ctrl + Shift + V（macOS：⌘ + Shift + V）を押します。また、Ctrl + K → V（macOS：⌘ + K → V）を押すと、プレビューを編集中のファイルと並べて表示して、編集中にリアルタイムで反映された変更を確認できます。

また、エディターのタブを右クリックして［プレビューを横に開く］を選択するか、コマンドパレットから［マークダウン：プレビューを横に開く］コマンドを実行して開くこともできます。

Part1
01
02
03
Part2
04
05
Part3
06
07
08
09
10
11
12
13
Part4
14
pendix

▲**図14-1-1**　Markdownのプレビュー

　リアルタイムではなく、Markdownプレビューをロックして使うには、コマンドパレットから［Markdown：Toggle Preview Locking］コマンドを実行します。

　Markdownプレビューをスクロールすると、プレビューのビューポートに合わせてMarkdownエディターも追従してスクロールします。これを無効にするには、ユーザー設定またはワークスペース設定でmarkdown.preview.scrollPreviewWithEditorおよびmarkdown.preview.scrollEditorWithPreviewを設定します。

　また、エディターで現在選択されている行は、Markdownプレビューの左マージンに明るい灰色のバーで示されます。Markdownプレビューで要素をダブルクリックすると、Markdownエディターが自動的に開き、クリックした要素に対してもっとも近い行にスクロールします。

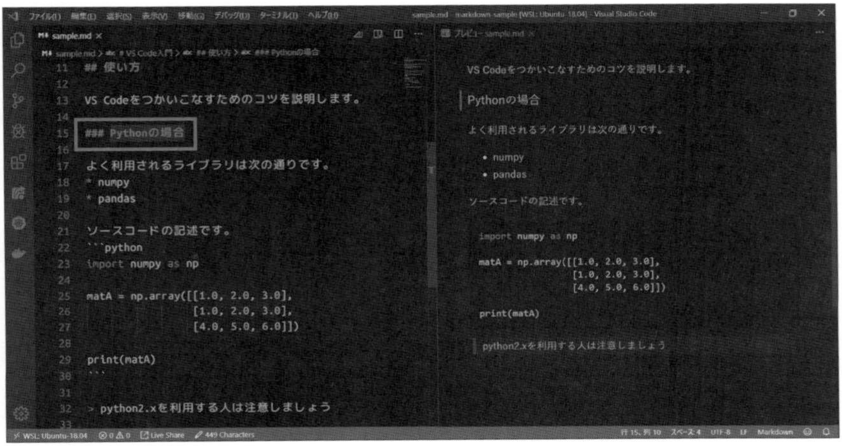

▲ **図14-1-2**　Markdownのプレビューで該当行のハイライト

　ただし、セキュリティ上の理由から、VS CodeではMarkdownプレビューに表示されるコンテンツを制限しています。スクリプトの実行を無効にし、リソースのロードのみを許可するといった設定になっています。また、Markdownプレビューがページ上のコンテンツをブロックすると、プレビューウィンドウの右上隅にアラートがポップアップ表示されます。

14-1-2　アウトラインビューと目次作成

　アウトラインビューは、ファイルエクスプローラーの下部にあるセクションです。Markdownを編集する場合、ここにはMarkdownの見出しが階層表示されます。ドキュメントを編集中に、全体の構造を把握したい場合に便利です。また、それぞれの見出しをクリックすると、エディターでは該当する位置にジャンプします。

　アウトラインは「位置」「名前」「種類」で並べ替えることができ、見出し横の三角アイコンで展開したり折りたたんだりを切り替えます。

▲ **図14-1-3**　アウトライン

　また、ドキュメントに目次を作成するときは、「**Markdown TOC (AlanWalk)**」拡張機能が便利です。インストールするには、[Ctrl] + [Shift] + [X]（macOS：[⌘] + [Shift] + [X]）を押して拡張機能ビューを開き、「Markdown TOC」で検索して表示される拡張機能を選択します。

　Markdown上で目次を挿入したい箇所を選択し、右クリックして表示されるリストか、コマンドパレットから [Markdown TOC: Insert/Update] を選択します。そうすると、次のような目次が自動生成されます。

● **リスト14-1-2**　自動生成される目次

```
<!-- TOC -->

- [VS Code入門](#vs-code入門)
    - [インストールと設定](#インストールと設定)
    - [使い方](#使い方)
        - [Pythonの場合](#pythonの場合)

<!-- /TOC -->
```

　文章に章番号と項番号を付けることもできます。同様に、右クリックまたはコマンドパレットから [Markdown Sections: Insert/Update] を選択すると、次のような番号付きのドキュメントが自動で作成できます。

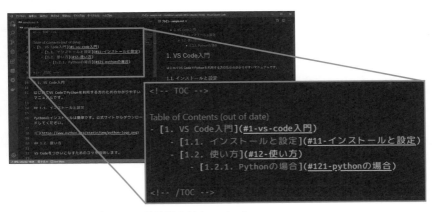

▲ **図14-1-4** セクション番号付きドキュメント

14-1-3 テーブルのフォーマッター

「**Table Formatter (huzo Iwasaki)**」[3]は、Markdownのテーブル構文をきれいにフォーマットするための拡張機能です。選択した表のみをフォーマットすることもドキュメント全体をまとめてフォーマットすることもできます。

▲ **図14-1-5** Table Formatter(Shuzo Iwasaki)
出典：https://raw.githubusercontent.com/shuGH/vscode-table-formatter/master/res/complex_demo.gif

---

[3] https://marketplace.visualstudio.com/items?itemName=shuworks.vscode-table-formatter

Part1
01
02
03
Part2
04
05
Part3
06
07
08
09
10
11
12
13
Part4
14
ppendix

たとえば、リスト14-1-3のようなテーブルを作成し、コントロールパネルから［Table: Format Current］を選択して実行します。

●**リスト14-1-3**　フォーマット前のテーブル

```
|果物|値段|
|:--|--:|
|りんご|100円|
|なし|200円|
|パイナップル|300円|
```

リスト14-1-4のように、見やすい形に自動でフォーマットされます。

●**リスト14-1-4**　フォーマットされたテーブル

```
|     果物     |  値段  |
| :---------- | ----: |
| りんご       | 100円 |
| なし         | 200円 |
| パイナップル  | 300円 |
```

　なお、ドキュメント中のテーブルを一括してフォーマットしたいときは［Table: Format All］を実行します。

14-1-4　画像の挿入

　Markdownにクリップボードから画像を挿入したいときは、「**Paste Image (mushan)**」[4]拡張機能を使うと便利です。

　拡張機能をインストールするには、Ctrl + Shift + X（macOS：⌘ + Shift + X）を押して拡張機能ビューを開き、「Paste Image」で検索して表示される拡張機能を選択してインストールします。

　ローカルにある挿入したい画像をグラフィックツールなどでコピー（全体あるいは範囲）して、VS Code上で、Ctrl + Alt + V（macOS：⌘ + Option + V）を押すと、Markdownファイル内にリンクが挿入されます。デフォルトでは、画

---

[4]　https://marketplace.visualstudio.com/items?itemName=mushan.vscode-paste-image

像ファイルは同一ディレクトリに日付と時間からなる名前で自動保存されますが、ユーザー設定またはワークスペース設定でカスタマイズできます。

●**リスト14-1-5** Paste Imageのファイル名の設定

```
"pasteImage.path": "${projectRoot}/source/img",
"pasteImage.basePath": "${projectRoot}/source",
"pasteImage.prefix": "/"
```

14-1-5 外部ファイルからのコードの挿入

「**Markdown Preview Enhanced（Yiyi Wang）**」[5]拡張機能を利用すると、Markdownドキュメント内にソースコードを外部ファイルとして挿入できます。

たとえば、samplecode.pyの2行目から7行目までをドキュメントに取り込みたい場合、次のように指定します。

●**リスト14-1-6** Markdown Preview Enhancedで外部ファイルのコードを挿入する

```
@import "samplecode.py" {line_begin=2 line_end=7}
```

ソースコードをMarkdownに直接記述するのではなく、元のファイルを参照するため、保守性が高くなります。

---

[5] https://marketplace.visualstudio.com/items?itemName=shd101wyy.markdown-preview-enhanced

▲ 図14-1-6　Markdownドキュメント内にソースコードを挿入

14-1-6　数式の表示

　論文作成やブログなどではMarkdownに数式を含めたいといったことがよくあります。「**Markdown Preview Enhanced (Yiyi Wang)**」拡張機能を使うと、KaTeXまたはMathJaxを使用して数式をレンダリングできます。KaTeXとMathJaxは、数式をWebブラウザーで表示するためのJavaScriptライブラリです。

　数式レンダリングの設定は、ユーザー設定またはワークスペース設定でmarkdown-preview-enhanced.mathRenderingOptionを設定します。たとえば、レンダリングにMathJaxを使うには、次のような設定を行います。

●**リスト14-1-7**　MathJaxを使う設定

```
"markdown-preview-enhanced.mathRenderingOption": "MathJax"
```

　KaTeXとMathJaxのどちらを使う場合も、数式は「$\LaTeX$」というテキストベースの組版処理システムの書き方で記述します。

Hint

本書ではLaTeXによる組版そのものについては取り上げませんが、詳細に関しては
『LaTeX2ε美文書作成入門』（奥村晴彦、黒木裕介 著／技術評論社 刊／ISBN978-
4-7741-8705-1）が参考になります。

文章中にインラインで表示したいときは「\$」と「\$」で数式を囲みます。

●**リスト14-1-8** 数式のインライン表示

運動方程式は\$F=ma\$となります

運動方程式は$F = ma$となります

▲**図14-1-7** リスト14-1-8の出力例

また、行間に数式を入れたいときは「\$\$」と「\$\$」または「```math」と「```」
ブロック内に数式を記述します。

●**リスト14-1-9** 行間に数式を表示

```
$$
\frac{\partial u}{\partial t} + c \frac{\partial u}{\partial x} = 0
$$
```

$$\frac{\partial u}{\partial t} + c \frac{\partial u}{\partial x} = 0$$

▲**図14-1-8** リスト14-1-9の出力例

複数行にわたる数式を記述する場合は、LaTeXのeqnarray環境を使用します。
「\begin{eqnarray}」と「\end{eqnarray}」で数式を囲むことで、複数行の数式
を記述できます。なお、eqnarray環境を利用する場合は、数式レンダリングの設
定を「MathJax」にしておく必要があります。

●リスト14-1-10　複数行にわたる数式

```math
\begin{eqnarray}
\Delta \varphi
 = \nabla^2 \varphi
 = \frac{ \partial^2 \varphi }{ \partial x^2 }
   + \frac{ \partial^2 \varphi }{ \partial y^2 }
   + \frac{ \partial^2 \varphi }{ \partial z^2 }
\end{eqnarray}
```

```math
\begin{eqnarray}
A = \left(
  \begin{array}{cccc}
    a_{ 11 } & a_{ 12 } & \ldots & a_{ 1n } \\
    a_{ 21 } & a_{ 22 } & \ldots & a_{ 2n } \\
    \vdots & \vdots & \ddots & \vdots \\
    a_{ m1 } & a_{ m2 } & \ldots & a_{ mn }
  \end{array}
\right)
\end{eqnarray}
```

$$\Delta \varphi = \nabla^2 \varphi = \frac{\partial^2 \varphi}{\partial x^2} + \frac{\partial^2 \varphi}{\partial y^2} + \frac{\partial^2 \varphi}{\partial z^2}$$

$$A = \begin{pmatrix} a_{11} & a_{12} & \ldots & a_{1n} \\ a_{21} & a_{22} & \ldots & a_{2n} \\ \vdots & \vdots & \ddots & \vdots \\ a_{m1} & a_{m2} & \ldots & a_{mn} \end{pmatrix}$$

▲図14-1-9　リスト14-1-10の出力例

　また、場合分けを行うときは、cases環境を使います。「\begin{cases}」と「\end{cases}」の間に式を入れます。

●**リスト14-1-11**　場合分けがある式

```
$$
  x^n = \begin{cases}
    1 & (n=0) \\
    x \cdot x^{n-1} & (それ以外のとき)
  \end{cases}
$$
```

$$
x^n = \begin{cases} 1 & (n=0) \\ x \cdot x^{n-1} & (それ以外のとき) \end{cases}
$$

▲**図14-1-10**　リスト14-1-11の出力例

　数式のレンダリング自体の設定もできます。たとえば、Mathjaxの設定を変更したいときはコマンドパレットから［Preview Enhanced: Open Mathjax config］を選択します。

14-1-7　グラフの作成

　グラフを作成したいときは、「**Vega**」[6]を利用するとよいでしょう。

　Vegaは、JSON形式でデータプロットの設定やデータを記述し、Canvas要素として表示したりSVG形式に出力できるツールです。棒グラフや散布図のみならず、マップやネットワーク図など、さまざまな図版が生成できます。どのような図版を出力可能なのかは、「Vegaのサンプルギャラリー」[7]を確認してください。

※6　https://vega.github.io/vega/
※7　https://vega.github.io/vega/examples/

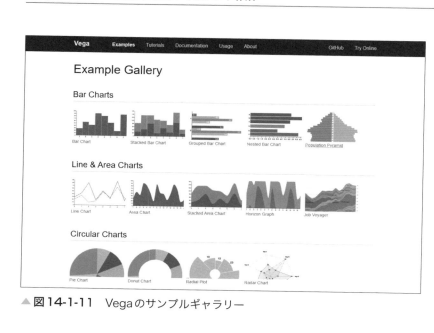

▲ **図14-1-11**　Vegaのサンプルギャラリー

　グラフを作成するにはvega-liteブロックでデータとグラフの書式を囲みます。基本的な図であれば、Vegaの軽量バージョンである「**vega-lite**」を使うとよいでしょう。たとえば、リスト14-1-12は、vega-liteを使って正弦(sin)波と余弦(cos)波を描画した例です。

●**リスト14-1-12**　vega-liteによる正弦波と余弦波

```
{
  "$schema": "https://vega.github.io/schema/vega-lite/v4.json",
  "description": "Plots two functions using a generated sequence.",
  "width": 300,
  "height": 150,
  "data": {
    "sequence": {
      "start": 0,
      "stop": 12.7,
      "step": 0.1,
      "as": "x"
    }
  },
  "transform": [
```

```
  {
    "calculate": "sin(datum.x)",
    "as": "sin(x)"
  },
  {
    "calculate": "cos(datum.x)",
    "as": "cos(x)"
  },
  {
    "fold": ["sin(x)", "cos(x)"]
  }
],
"mark": "line",
"encoding": {
  "x": {
    "type": "quantitative",
    "field": "x"
  },
  "y": {
    "field": "value",
    "type": "quantitative"
  },
  "color": {
    "field": "key",
    "type": "nominal",
    "title": null
  }
}
}
```

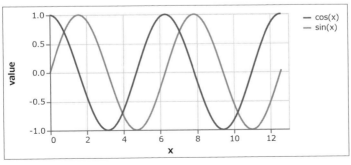

▲図14-1-12　リスト14-1-12の出力例

361

　グラフのサイズや軸、凡例、タイトルなどは任意にカスタマイズできます。また、URLを指定することによって、データソースはJSON形式やCSV形式のファイルからインポートができます。

　詳細については、vega-liteの公式ドキュメント[8]を参照してください。

14-1-8　フローチャートの作成

　フローチャートを作成するときは、flowchart.jsが利用できます。flowブロックでデータを囲むと、ノードの形状やテキストラベル、ノード同士の接続をテキスト形式で記述できます。

●リスト14-1-13　flowchart.js によるフローチャートの例

```
st=>start: Start:>http://www.google.com[blank]
e=>end:>http://www.google.com
op1=>operation: My Operation
sub1=>subroutine: My Subroutine
cond=>condition: Yes
or No?:>http://www.google.com
io=>inputoutput: catch something...
para=>parallel: parallel tasks

st->op1->cond
cond(yes)->io->e
cond(no)->para
para(path1, bottom)->sub1(right)->op1
para(path2, top)->op1
```

※8　https://vega.github.io/vega-lite/docs/

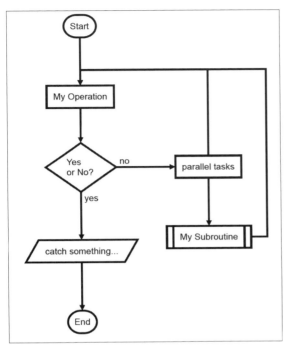

▲**図14-1-13**　リスト14-1-13の出力例

　利用できる部品は表14-1-1の通りです。また、URLのリンクを設定したいとき
は:>演算子を使用します。

▼**表14-1-1**　フローチャートのパーツ

説明	コード	描画されるパーツ
始点	st=>start: start	
終点	e=>end: end	
処理	op1=>operation: operation	
入出力	io=>inputoutput: inputoutput	
サブルーチン	sub1=>subroutine: subroutine	
条件分岐	cond=>condition: condition 改行 Yes or No?	
並列処理	para=>parallel: parallel	

14-1-9　UMLの作成

　「**Plant UML**」[9]は、シーケンス図／ユースケース図／クラス図などを書くためのオープンソースプロジェクトです。テキストでダイアグラムを作成できるため、コードだけではなく、設計書を書く際などに便利です。なお、Plant UMLを使用するにはJavaが必要です。また、シーケンス図とアクティビティ図以外のダイアグラムを使いたい場合は、「**Graphviz software**」[10]も必要です。

　Plant UMLをVS Codeで利用するための拡張機能が「**PlantUML (jebbs)**」[11]です。

---

[9]　http://plantuml.com/ja/
[10]　http://plantuml.com/ja/graphviz-dot
[11]　https://marketplace.visualstudio.com/items?itemName=jebbs.plantuml

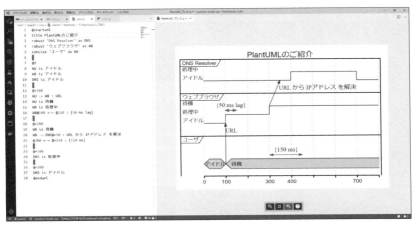

▲ **図14-1-14** PlantUMLの使用例

作成したダイアグラムは、PDF ／ PNG ／ HTML ／ SVGなどの形式でエクスポートできます。設計書の作成の際などに活用し、Gitなどでソースコードとしてバージョン管理できます。たとえば、次のようなコードを書き、Alt + D（macOS：Option + D）を押すと、プレビューが表示されます。

● **リスト14-1-14** UMLサンプル

```
@startuml
Alice -> Bob: Authentication Request
Bob --> Alice: Authentication Response

Alice -> Bob: Another authentication Request
Alice <-- Bob: another authentication Response
@enduml
```

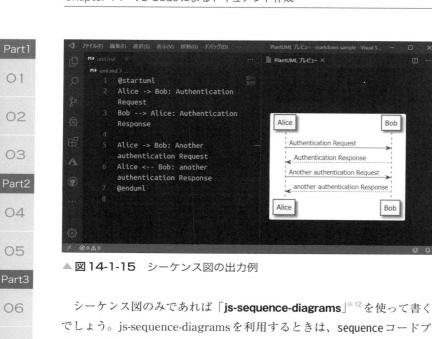

▲ **図14-1-15**　シーケンス図の出力例

　シーケンス図のみであれば「**js-sequence-diagrams**」[12]を使って書くのもよいでしょう。js-sequence-diagramsを利用するときは、sequenceコードブロックにデータを記述します。

　Plant UMLと同様に、左側から右側へのシーケンス軸順に記述します。各シーケンス間に矢印を入れる場合は軸名を「->」で結び、矢印の終端に「:」を設定します。矢印を破線にしたいときは「-->」、終端の形を変えるときは「->>」または「-->>」とします。

　「note left of <軸名>: <説明テキスト>」「note right of <軸名>: <説明テキスト>」といったように記述すると、シーケンス軸の左右にテキストブロックを入れることができます。

　また、「sequence {theme=hand}」とすると、手書き風のレイアウトにもできます。

●**リスト14-1-15**　手書き風UMLサンプル

```
Andrew->China: Says Hello
Note right of China: China thinks\n about it
China-->Andrew: How are you?
Andrew->>China: I am good thanks!
```

---

[12]　https://bramp.github.io/js-sequence-diagrams/

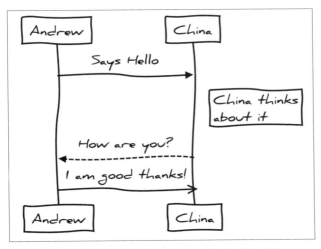

▲ **図14-1-16** リスト14-1-15の出力例（手書き風）

14-1-10　PDFやHTMLへの出力

　「**Markdown PDF (yzane)**」[13] 拡張機能を使用すると、Markdownファイルを PDF ／ HTML ／ PNG ／ JPEGファイルに変換できます。日本語にも対応しているので、入力・編集したMarkdownドキュメントから、そのまま配布資料用のPDFファイルを作成できます。

　この拡張機能をインストールするには、`Ctrl` + `Shift` + `X`（macOS：`⌘` + `Shift` + `X`）を押して拡張機能ビューを開き、「Markdown PDF」で検索して表示される拡張機能を選択します。インストールが完了したら、Markdownファイルを開いているときに、エディター画面で右クリックして表示されるメニューから「Markdown PDF: Export(pdf)」を選ぶか、コマンドパレットから「Markdown PDF: Export(pdf)」を選択します。

※13　https://marketplace.visualstudio.com/items?itemName=yzane.markdown-pdf

▲ **図14-1-17**　「Markdown PDF」によるPDF書き出し

　出力されるPDFのデザインは、自由に変更できます。ユーザー設定またはワークスペース設定で、次のように任意の外部CSSファイルを指定します。

● **リスト14-1-17**　PDF出力のデザイン設定

```
"markdown-pdf.styles": [
  "C:\\Users\\<USERNAME>\\Documents\\markdown-pdf.css",
  "/home/<USERNAME>/settings/markdown-pdf.css",
],
```

　PDFに出力するサイズはデフォルトではA4サイズとなっていますが、ユーザー設定またはワークスペース設定に次のように設定することで、Letter ／ Legal ／ Tabloid ／ Ledger ／ A0 ／ A1 ／ A2 ／ A3 ／ A4 ／ A5 ／ A6の各サイズに変更できます。

● **リスト14-1-18**　PDF出力のサイズ

```
"markdown-pdf.format": "A6",
```

また、任意のサイズやマージンを指定したい場合は、次のように設定します。

●リスト14-1-19　PDF出力のマージン指定

```
"markdown-pdf.width": "10cm",
"markdown-pdf.height": "20cm",
"markdown-pdf.margin.top": "1.5cm",
"markdown-pdf.margin.bottom": "1cm",
"markdown-pdf.margin.right": "1cm",
"markdown-pdf.margin.left": "1cm",
```

そのほかにも、独自のヘッダーやフッターを挿入したり、シンタックスハイライトの設定を行ったりできます。詳細については、GitHubにあるMarkdown PDFの`README.md`[14]を参照するとよいでしょう。

14-1-11　プレゼン用スライドの作成

VS Codeでプレゼン用スライドを作成することもできます。「**Marp for VS Code (Marp team)**」[15]拡張機能を使うと、シンプルな記法でスライドを作成でき、VS Code内でプレビューもできます。また、スライドをPDF／HTML／パワーポイント形式／画像ファイルなどにエクスポートすることも可能です。

たとえば、次のようなMarkdownファイルを作成します。ここではスライドのサイズやテーマ、ページ番号やフッターなどの情報を指定し、スライドを記述しています。スライドの改ページは「---」を挿入します。

●リスト14-1-20　スライドのサンプルMarkdown

```
---
marp: true
---
<!-- $theme: gaia -->
<!-- $size: 16:9 -->
<!-- page_number: true -->
```

※14　https://github.com/yzane/vscode-markdown-pdf/blob/master/README.ja.md
※15　https://marketplace.visualstudio.com/items?itemName=marp-team.marp-vscode

369

Part1

01

02

03

Part2

04

05

Part3

06

07

08

09

10

11

12

13

Part4

14

ppendix

```
<!-- paginate: true -->
<!-- footer: '2019/12/01' -->

<!-- backgroundColor: white -->
![bg right](https://picsum.photos/720?image=3)

# VS Code実践入門

---


# Visual Studio Codeとは
- 多くの人に愛されるエディター
- マルチプラットフォーム
- オープンソース
- 豊富な拡張機能と高いカスタマイズ性
- 軽量で高速


---
# データサイエンスにも最適

コードブロックを実行しながらデバッグができます
```python
# Import TensorFlow
!pip install -q tf-nightly-gpu
import tensorflow as tf
import tensorflow_datasets as tfds

import os

datasets, ds_info = tfds.load(name='mnist', with_info=True, as_supervised=
True)
mnist_train, mnist_test = datasets['train'], datasets['test']

---
```

　スライドとして出力するには、ツールバーアイコンからクイックピッカーを開くか、コントロールパネルから「Marp: export slide deck」を選択し、実行します。スライドの出力形式（PDF形式やパワーポイント形式など）を選び、データを保存します。パワーポイント形式で出力すると、次のように整形されたプレゼン用スライドが出力されます。スタイルはCSSでカスタマイズできるので、好みのデザインに変更しましょう。
```

▲ 図14-1-18　パワーポイント形式で書き出した例

　発表用スライドなどでコードを美しく表示させたいときに便利な拡張機能が「**Polacode (P & P)**」[※16]です。コードをバランスよく表現して、PNG形式の画像として保存できます。

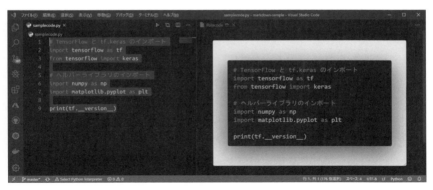

▲ 図14-1-19　「Polacode (P & P)」でコードを画像化しているところ

※ 16　https://marketplace.visualstudio.com/items?itemName=pnp.polacode

そのほかにも、先ほど紹介した「**Markdown Preview Enhanced**」拡張機能では、HTMLによるプレゼンテーションフレームワークであるreveal.jsを使用してのレンダリングも可能なので、動きのある講演用のスライド作成も可能です。

このように、Markdownでスライドを作成するメリットは、何といってもプレーンテキストでデータを管理できるという点です。変更履歴をGitなどのバージョン管理システムで管理でき、チームによるメンテナンスなども容易になります。

14-1-12　電子書籍の作成

「**Markdown Preview Enhanced（Yiyi Wang）**」拡張機能を使うと、ePub形式の電子書籍を作成できます。MarkdownをePub形式にコンバートするために、電子書籍のフォーマット変換ツールである「ebook-convert」が必要になります。環境に応じてインストールしておきます。

Windowsの場合

「**Calibre**」[17]をダウンロードしてインストールし、「ebook-convert」をPATH変数に設定します。

macOSの場合

Windowsと同様に、まずは「**Calibre**」をダウンロードします。calibre.appアプリケーションフォルダーに移動し、次のコマンドを実行してebook-convertへのシンボリックリンクを作成します。

●**コマンド14-1-1**　ebook-convertへのシンボリックの作成

```
$ sudo ln -s ~/Applications/calibre.app/Contents/MacOS/ebook-convert /usr/local/bin
```

※17　https://calibre-ebook.com/download

Part1
01
02
03
Part2
04
05
Part3
06
07
08
09
10
11
12
13
Part4
14
Appendix

> **Column** オープンソースの電子書籍管理ツールCalibre（カリバー）
>
> 「Calibre」（https://calibre-ebook.com/）は、オープンソースの電子書籍管理ツールです。ePub／MOBI／LRF／PDF／HTMLなど、20以上のフォーマットに対応しており、電子書籍ビューワーとしてだけではなく、電子書籍の検索やダウンロード、カスタマイズなども可能です。

Markdown から ePub を生成するには、コマンドパレットのプレビュー画面で右クリックし、[eBook] → [ePub] を選択します。これにより、電子書籍フォーマットのデータが生成されます。

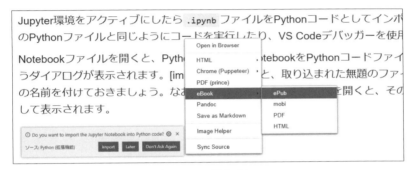

▲ **図14-1-20** Markdown を ePub で書き出し

生成したePub形式の電子書籍は、Calibreを使って読むことができます。

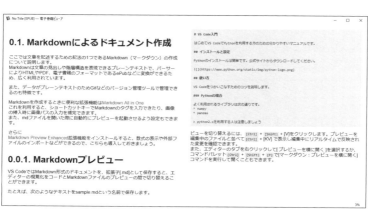

▲ 図14-1-21　Markdownから書き出したePub文書をCalibreで読む

　なお、電子書籍のフォーマットにするためには、リスト14-1-21のように、表紙絵やタイトル、PDFに出力するには用紙サイズやフォントサイズ、ヘッダー／フッターなどを指定します。

● リスト14-1-21　電子書籍のフォーマットのための指定

```
---
ebook:
  theme: github-light.css
  title: Alice's Adventures in Wonderland
  cover: /cover.jpg

  pdf:
    paper-size: letter
    default-font-size: 14
    header-template: "<span style='color: #6e6e6e;'> _SECTION_ </span>"
    footer-template: "<span> <center> _PAGENUM_ </center> </span>"
---
```

サンプルも公開されている※18ので、参考にするとよいでしょう。

※18　https://github.com/shd101wyy/ebook-example

14-2　Pythonによるデータサイエンス

Jupyter[19]は、Notebookと呼ばれる1つのキャンバス上でMarkdownテキストと実行可能なPythonソースコードを簡単に組み合わせて実行できるオープンソースプロジェクトです。機械学習の分野でよく利用されており、データサイエンティストに人気のツールです。

ここでは、「Jupyter Notebook」を使ってVS CodeでPythonのコードを動かす方法を説明します。

14-2-1　Pythonの実行

Pythonはデータサイエンスや科学技術計算を中心に多くのソフトウエア開発で人気のある動的言語の1つです。VS Codeには、Pythonで開発する際の便利な機能が数多く提供されています。たとえば、VS Codeのサイトでも、VS Codeを使ったPythonの始め方ガイドが掲載されています。[20]

VS CodeでPythonを使うには、まず環境にPythonをインストールします。Pythonの公式サイト[21]からプラットフォームに応じたものをダウンロードしてもよいですし、データサイエンス向けのPythonディストリビューションなどを提供する「**Anaconda**」[22]で簡単に環境を構築してもよいでしょう。

Pythonのインストールが完了したら、VS CodeのMarketplaceから「**Python**」拡張機能[23]をインストールします。この拡張機能では、IntelliSense／リンティング／デバッグ／コードナビゲーション／コードフォーマッティング／Jupyter Notebookのサポート／リファクタリングなどの機能を提供しています。

※19　https://jupyter.org/
※20　https://code.visualstudio.com/docs/python/python-tutorial
※21　https://www.python.org/
※22　https://www.anaconda.com/why-anaconda/
※23　https://marketplace.visualstudio.com/items?itemName=ms-python.python

> **Column** AnacondaにVS Codeが同梱
>
> データサイエンスでPythonプログラミングを始めるときに、もっとも手軽なのが「Anaconda」を導入することです。Anacondaは、データサイエンス向けのPythonパッケージなどを提供するプラットフォームです。科学技術計算などを中心とした多くのモジュールやツールのコンパイル済みバイナリファイルを提供しており、簡単にPythonを利用する環境を構築できます。Pythonのパッケージだけではなく、他言語のライブラリやいろいろなユーティリティも提供しており、NvidiaのGPUを利用する場合に必要な「CUDA」などの環境も簡単にインストールできるようになっています。
>
> Anacondは、パッケージ管理ツールとして conda コマンド を提供しています。Python公式サイトでは、パッケージは pip コマンドを使ってインストールしますが、Anacondaでは、conda コマンドでAnacondaが管理・運用する専用のリポジトリからダウンロードし、Conda環境にインストールします。また、Anacondaは、仮想環境も conda コマンドで提供しています。
>
> さらに、Anacondaのバージョン5.1からは、VS Codeが同梱されることになりました。これからPythonを始めるにはAnacondaのインストールだけで一通りの環境が揃うことになります。
>
> ・https://devblogs.microsoft.com/python/visual-studio-code-is-now-shipping-with-anaconda/)

　なお、Pythonのコードを実行するには、VS Codeで使用するインタープリターを指定する必要があります。VS Code内からコマンドパレットを開いて「Python3インタープリター」を選択し、[Python：Select Interpreter command to search] を入力してコマンドを選択します。インタプリターは、ステータスバーの「Python環境の選択」でも設定できます。そのほかにPython拡張機能で提供されれる主なコマンドは、次の通りです。

▼**表14-2-1**　Python拡張機能で提供されれる主なコマンド

コマンド	説明
Python: Select Interpreter	Pythonインタープリターやバージョンを切り替え
Python: Start REPL	VS Codeターミナルで選択したインタープリターを使用して、対話型のPython REPLを開始
Python: Run Python File in Terminal	VS CodeターミナルでアクティブなPythonファイルを実行（ファイルを右クリックしてを選択することにより実行も可能）
Python: Select Linter	PylintからFlake8またはその他のサポートされているリンターに切り替え
Format Document	ファイルで提供されているフォーマッタを使用してコードをフォーマット
Python: Configure Tests	テストフレームワークを選択し、テストエクスプローラーを表示
paths	パスマッピングを指定

　Python拡張機能の詳細な設定は、ユーザー設定またはワークスペース設定で行えます。リファレンスの詳細は、VS Codeの公式サイトの設定[24]を参照してください。

14-2-2　オートコンプリートとIntelliSense

　Pythonのオートコンプリートとは IntelliSenseは、作業フォルダー内のすべてのファイルとデフォルトでインストールされているPythonパッケージに提供されます。

　IntelliSenseにより、コード入力中にメソッド／クラスメンバー／ドキュメントを表示できます。

※24　https://code.visualstudio.com/docs/python/settings-reference

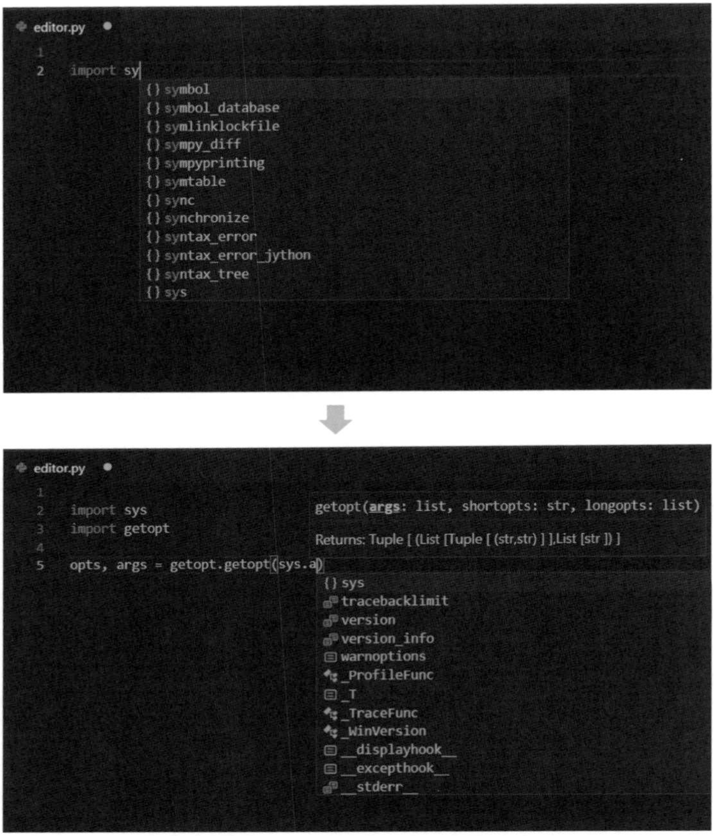

▲ 図14-2-1　オートコンプリートとIntelliSense

Tips　VS Code用のIntelliCode拡張機能

IntelliCode拡張機能は、コードコンテキストに基づいて、もっとも関連性の高い自動補完を推論します。たとえば、オーバーロードに関しては、メンバーのアルファベット順のリストを循環するのではなく、IntelliCodeがもっとも関連性の高いものを最初に提示します。これは、GitHubで数千件の高品質のオープンソースプロジェクトで開発されたデータで機械学習を行って推論された結果です。

コーディングコンテキストに基づいてリスト内のもっとも可能性の高いメンバーが予測されるので、開発者にとっては、より快適な環境になることでしょう。この拡張は、執筆時点ではPython ／ TypeScript ／ JavaScript ／ Javaで利用できます。

　デフォルト以外の場所にインストールされているパッケージに対して IntelliSenseを有効にするには、ユーザー設定で`python.autoComplete.extra Paths`にパスを追加します。

14-2-3　フォーマッター

　「フォーマッター」とは、行間隔／インデント／演算子の前後の間隔などに関する特定の規則を適用することによって、コードを人間が読みやすくするためのツールです。Python拡張機能は、フォーマッターとして「autopep8（デフォルト）」「black」「yapf」をサポートしています。これら以外のフォーマッターを使用したいときは、パスを設定します。

▼ **表14-2-2**　Python拡張機能が標準でサポートするフォーマッター

フォーマッター名	インストールコマンド	引数の設定	カスタムパスの設定
autopep8	`pip install pep8pip install --upgrade autopep8`	`autopep8Args`	`autopep8 Path`
black	`pip install black`	`blackArgs`	`blackPath`
yapf	`pip install yapf`	`yapfArgs`	`yapfPath`

14-2-4　Pythonのリンティング

　リンター（Linter）は、ソースコードの文法上の問題をチェックし、検出する機能です。たとえば、初期化されていない変数や未定義の変数の使用や未定義の関数の呼び出しや括弧の欠落、組み込み型や組み込み関数の再定義などの問題を検出します。

　Pythonのリンティングは、デフォルトでは「`Pylint`」が有効になっています。これ以外のリンターを有効にしたいときは、コマンドパレットを開き、[`Python：Select Linter`]を選択します。ここで選択したリンターに必要なパッケージをインストールするように求められます。

　リンティングを実行するには、同様にコマンドパレットを開き、[`Python：Run Linting`]を選択します。実行結果は、下部の[問題]パネルに表示され、コー

Part1
01
02
03
Part2
04
05
Part3
06
07
08
09
10
11
12
13
Part4
14
Appendix

ドエディターでは該当箇所に下線が表示されます。下線部分にカーソルを合わせると、詳細が表示されます。

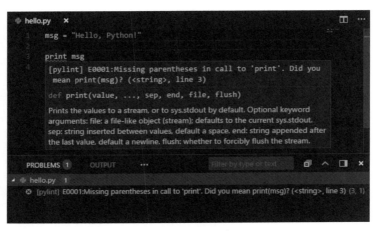

▲図14-2-2　リンター実行時のメッセージ

　リンティングの設定には、ユーザー設定またはワークスペース設定で、次のような項目があります。

▼表14-2-3　リンティングに関する主な設定

機能	設定(python.linting)	デフォルト値
リンティング全般	enabled	true
ファイル保存のリンティング	lintOnSave	true
リンティングメッセージの最大数	maxNumberOfProblems	100
ファイルとフォルダーのパターンを除外する	ignorePatterns	[".vscode/*.py", "**/site-packages/**/*.py"]

　その他の設定については、VS Code公式サイトの「Linting Python in Visual Studio Code」[25] を参照してください。

※25　https://code.visualstudio.com/docs/python/linting

14-2-5　Python Interactiveウィンドウでの実行

　Notebookを起動するには、コマンドパレットを開き、[**Python：インタープリターを選択**] コマンドでPython環境を選びます。Notebookのコードセルを定義するには、Pythonコード内に「#%%」コメントを挿入します。たとえば、次のコードをHello.pyという名前で保存します。

● **リスト14-2-1**　Notebookのコードセルの定義（Hello.py）

```
#%%
msg = "Hello World"
print(msg)

#%%
msg = "Hello again"
print(msg)
```

　ソースコード中のコードセルごとに、次のようなCodeLens adornmentsが表示されます。

▼ **表14-2-4**　CodeLens adornments

CodeLends	説明
Run Cell	1つのコードセルを実行
Run Below	そのコードセル以降のすべてを実行
Debug cell	デバックウインドウを開く

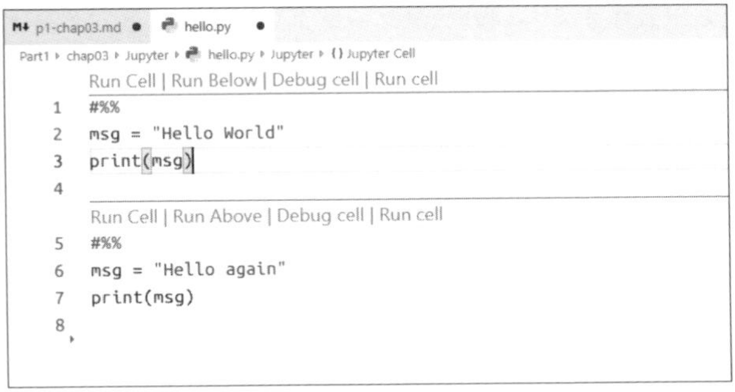

▲ **図14-2-3**　CodeLens adornmentsの例

Part1

01

02

03

Part2

04

05

Part3

06

07

08

09

10

11

12

13

Part4

14

ppendix

　これらをクリックするとJupyterが起動し、Python Interactiveウィンドウで
セルが実行されます。

▲図14-2-4　Jupyterの例

　なお、Pythonターミナルで選択した行は、 Shift + Enter （macOS： Shift
+ Enter ）でコードセルを実行することもできます。このコマンドを使用したあ
とは、カーソルが次のセルに自動的に移動します。ファイルの最後のセルに位置
していた場合、新しいセルに別の区切り文字を自動的に挿入します。

　Python Interactiveウィンドウをコンソールとして使用するには、コマンドパ
レットから［Python：Show Python Interactive windowコマンドでウィンドウを
開きます］を選択します。次に、 Enter を使用して新しい行に移動し、 Shift
を押しながら Enter を押してコードを実行し、次のコードを入力できます。

　このPython Interactiveウィンドウ内で、現在のJupyterセッション内の変数
の表示、検査、およびフィルター処理ができます。コードセルを実行したあと、
変数セクションを展開すると、現在の変数のリストが表示され、変数がコードで
使用されると自動的に更新されます。各列のヘッダーをクリックすると、テーブ
ル内の変数を並べ替えることができます。

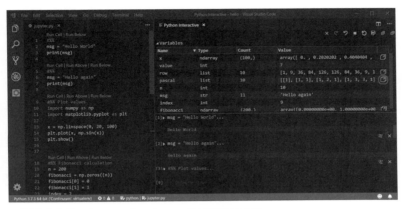

▲ 図14-2-5　Jupyterセッション内の変数の表示

　変数に関する情報については、行をダブルクリックするか、［データビューアーで変数を表示］ボタンを使用して、データビューアーで変数の詳細なビューを表示できます。また、行を検索して値をフィルタリングすることもできます。ただし、このデータビューアーを使用するには、Python向けデータ分析ライブラリ「**pandas**」[26]の0.20以降が必要です。

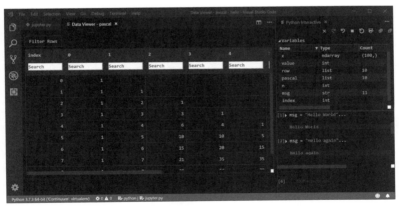

▲ 図14-2-6　データビューアーで変数

※26　https://pandas.pydata.org/

　ディープラーニングでは、多くの場合、大量のコンピューティングリソースが必要になります。そのため、リモートのJupyterサーバーに接続することで、Jupyter Notebookの処理をほかのコンピューターにオフロードできます。リモートJupyterサーバーに接続されると、コードセルはローカルコンピューターではなく接続されたリモートサーバー上で実行されます。リモートサーバーに接続するには、コマンドパレットを開き、「Jupyter: Enter the url of local/remote Jupyter Notebook」を選択します。

　プロンプトが表示されたら、サーバーのURI（ホスト名）とURLパラメーターを含む認証トークンを入力します。

▲ **図14-2-7**　リモートのJupyterサーバーに接続

　接続されたら、ローカルマシンと同じように開発ができます。

> **Tips** CSVファイルを見やすくするには？
>
> データサイエンスでは、CSV形式のデータを扱うことも多くあります。その際に便利なのが「**Rainbow CSV(mechatroner)**」(https://marketplace.visualstudio.com/items?itemName=mechatroner.rainbow-csv)拡張機能です。
> この拡張機能を使うと、コンマ (.csv)、タブ (.tsv)、セミコロン、パイプを使って列を強調表示できます。マルチカーソル列の編集に対応し、SQLに似た言語でクエリを実行することもできます。
>

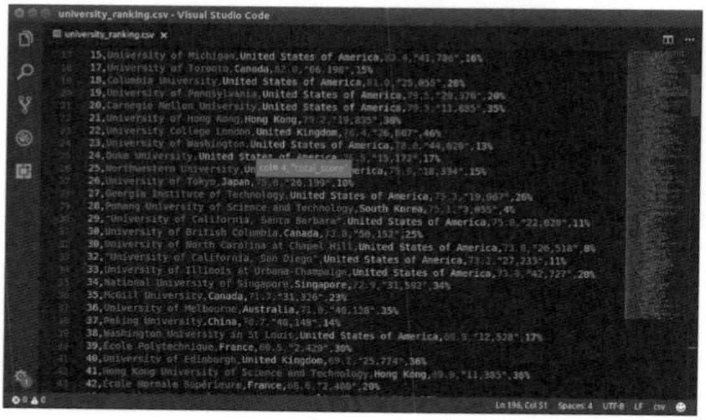

14-2-6　Jupyter Notebookのインポート／エクスポート

　Jupyter環境をアクティブにしたら.ipynbファイルをPythonコードとしてインポートできます。これで、ほかのPythonファイルと同じようにコードを実行したり、VS Codeデバッガーを使用したりできます。

　Notebookファイルを開くと、Python拡張機能はNotebookをPythonコードファイルとしてインポートするようにダイアログが表示されます。［import］を選択すると、取り込まれた無題のファイルが開くので、任意の名前を付けておきましょう。なお、インポートせずにファイルを開くと、そのままプレーンテキストとして表示されます。

▲ 図14-2-8　コードファイルのインポート

　Notebookのコードセルは#%%コメントで区切ります。また、Markdownセルは「#%% [markdown]」とすると、コードやグラフなどの出力とともにPython InteractiveウィンドウでHTMLとしてレンダリングされます。

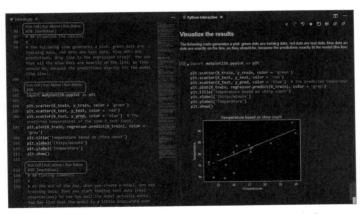

▲ 図14-2-9　グラフの出力とPython Interactiveウィンドウ

　なお、Notebookファイルではじめてコードを実行したときに、内部でPython拡張機能がJupyter Notebookサーバーを起動します。そのため、Python Interactiveウィンドウに結果が表示されるまでに時間がかかる場合があります。

　Jupyter Notebookへとエクスポートするときは、コマンドパレットからJupyter Notebook（`.ipynb`）にエクスポートできます。コマンドパレットでは、次のようなコマンドが利用できます。

- `Python: Export Current Python File as Jupyter Notebook`
  ファイルからJupyter Notebookを作成

- `Python: Export Current Python File and Output as Jupyter Notebook`
  ファイルからコードセルの出力も含めてJupyter Notebookを作成

- `Python: Export Python Interactive window as Jupyter Notebook`
  Python Interactiveウィンドウの内容からJupyterNotebookを作成

　エクスポートするとプロンプトが表示されるので、そのままWebブラウザーでJupyter Notebookを開きます。

Appendix

Visual Studio Codeを使いこなすには、便利な拡張機能の利用が欠かせません。拡張機能はMarketplaceで公開されていますが、ここでは筆者陣が特にお勧めする拡張機能の一部を紹介します。また、Windows上でLinux環境を実行できる「Windows Subsystem for Linux」のインストール方法と、VS Codeの統合ターミナルで利用する方法も解説します。

Part1
01
02
03
Part2
04
05
Part3
06
07
08
09
10
11
12
13
Part4
14
pendix

A-1　お勧め拡張機能一覧

　VS Codeには、数多くの拡張機能が公開されています。利用用途に応じて好みのものを選んで自由に利用できるのがVS Codeの大きな魅力でもあります。ここでは、著者陣がお勧めする便利な拡張機能を紹介します。

　このリストはGitHubで公開しているので、みなさまのお勧め拡張機能があれば、VS Codeを使ってプルリクエストをください。

　https://github.com/vscode-textbook/favorite-extensions

　また、本書のPart 3を参考にして自分で拡張機能を作成して公開し、開発コミュニティに貢献することもできます。

A-1-1　プログラミング全般

　特定の言語ではなく、プログラミングする際に便利な拡張機能です。ドキュメントを作成するときにも有用です。

REST Client (Huachao Mao)

https://marketplace.visualstudio.com/items?itemName=humao.rest-client

　VS Code上でHTTPリクエストを送信し、VS Code上でレスポンスを確認できる拡張機能です。基本認証／ダイジェスト認証／SSLクライアント証明書／Azure Active Directoryの認証にも対応しています。

Output Colorizer (IBM)

https://marketplace.visualstudio.com/items?itemName=IBM.output-colorizer

　出力／デバッグ／拡張パネルと*.logファイルの両方に構文の色付けを行う拡張機能です。

indent-rainbow (oderwat)

https://marketplace.visualstudio.com/items?itemName=oderwat.indent-rainbow

　インデントをカラー表示して見やすくする拡張機能です。色のカスタマイズも可能でPythonのコードを書くときにお勧めです。

Bracket Pair Colorizer (CoenraadS)

https://marketplace.visualstudio.com/items?itemName=CoenraadS.bracket-pair-colorizer

　対応するブラケットを色で識別できるようにする拡張機能です。デフォルトでは ()、[ ]、{ }を色付けしますが、カスタムブラケットも設定できます。

Bookmarks (Alessandro Fragnani)

https://marketplace.visualstudio.com/items?itemName=alefragnani.Bookmarks)

　ドキュメントの任意の場所にブックマークを設置し、自由にジャンプしたり、リスト化したりする拡張機能です。あとで見直したいときなどに便利です。ブックマークの一覧はサイドバーに表示されます。

Path Autocomplete (Mihai Vilcu)

https://marketplace.visualstudio.com/items?itemName=ionutvmi.path-autocomplete

　パスの入力補完のための拡張機能です。./で始まる相対パスも利用でき、フォルダーを選択したあとの自動補完もサポートしています。

Rainbow CSV (mechatroner)

https://marketplace.visualstudio.com/items?itemName=mechatroner.rainbow-csv

Part1
01
02
03
Part2
04
05
Part3
06
07
08
09
10
11
12
13
Part4
14
ppendix

カンマ（.csv）、タブ（.tsv）、セミコロン（;）、パイプ（|）で列を強調表示する拡張機能です。マルチカーソル列の編集にも対応し、SQLに似た言語でクエリを実行することもできます。

Partial Diff (Ryuichi Inagaki)

https://marketplace.visualstudio.com/items?itemName=ryu1kn.partial-diff

ファイル内、異なるファイル間、またはクリップボードとテキストの比較を行うための拡張機能です。差分を色で表示できるので、コード内容のチェックに便利です。

Trailing Spaces (Shardul Mahadik)

https://marketplace.visualstudio.com/items?itemName=shardulm94.trailing-spaces

末尾のスペースを強調表示するための拡張機能です。

Regex Previewer (Christof Marti)

https://marketplace.visualstudio.com/items?itemName=chrmarti.regex

正規表現をチェックする際に、マッチするかどうかを確認する拡張機能です。

Indentation Level Movement (Kai Wood)

https://marketplace.visualstudio.com/items?itemName=kaiwood.indentation-level-movement

インデントレベルで、選択の有無にかかわらず、カーソルで移動する拡張機能です。この拡張機能を使用すると、キーを1回押すだけで、メソッド間をジャンプしたり、テキストブロック全体を選択したりできます。

EvilInspector (saikou9901)

https://marketplace.visualstudio.com/items?itemName=saikou9901.
evilinspector

　文章中の全角スペースを強調表示、削除するための拡張機能です。

Encode Decode (Mitch Denny)

https://marketplace.visualstudio.com/items?itemName=mitchdenny.
ecdc

　1つまたは複数のテキストの選択をさまざまな形式に変換するための拡張機能
です。サポートされている変換は、次のとおりです。

- 文字列からBase64
- Base64から文字列
- 文字列からJSONバイト配列
- Base64からJSONへのバイト配列
- 文字列からMD5ハッシュ（Base64または16進数）
- 文字列からHTMLエンティティ
- HTMLエンティティから文字列
- 文字列からXMLエンティティ
- XMLエンティティから文字列
- 文字列からUnicode
- Unicodeから文字列

Sort lines (Daniel Imms)

https://marketplace.visualstudio.com/items?itemName=Tyriar.sort-lines

　昇順、大文字と小文字を区別した行の並べ替えをサポートする拡張機能です。

A-1-2　JavaScript開発

　VS Codeにデフォルトで組み込まれているJavaScriptの開発支援機能は、デバッグ、IntelliSense、コードナビゲーションなどのコアとなる機能のみです。拡張機能ビューの検索バーに「JavaScript」と入力すると、Marketplaceで提供されているJavaScript向けの拡張機能を見つけることができます。検索でタグを利用するときは「tag：javascript」となります。

JavaScript (ES6) code snippets (charalampos karypidis)

https://marketplace.visualstudio.com/items?itemName=xabikos.
JavaScriptSnippets

　ECMAScript構文のスニペットを追加する拡張機能です。サポートされている言語（フレームワーク）は、次の通りです。

- ・JavaScript（.js）
- ・TypeScript（.ts）
- ・JavaScript React（.jsx）
- ・TypeScript React（.tsx）
- ・Vue.js（.vue）
- ・HTML（.html）

npm IntelliSense (Christian Kohler)

https://marketplace.visualstudio.com/items?itemName=christian-kohler.
npm-intellisense

　npmモジュール用のIntelliSenseを提供する拡張機能です。

Debugger for Chrome (Microsoft)

https://marketplace.visualstudio.com/items?itemName=msjsdiag.
debugger-for-chrome

Google Chromeのデバッグ機能とVS Codeを連携させるための拡張機能です。Chromeのデバッガープロトコル経由で接続することで、VS Code上でブレークポイントを設定して実行したり、ステップ実行や変数のウォッチなどが行えます。

なお、Microsoft EdgeやMozilla Firefoxの同様の拡張機能もあります。

Document This (Joel Day)

https://marketplace.visualstudio.com/items?itemName=joelday.docthis

詳細なJSDocコメントを自動的に生成する拡張です。

ESLint (Dirk Baeumer)

https://marketplace.visualstudio.com/items?itemName=dbaeumer.vscode-eslint

ESLintをプロジェクトに統合する機能拡張です。ESLintがお気に入りのリンターではない場合は、JSHint、JSCS、JS Standardなど、ほかのさまざまなリンター拡張機能の中から選択できます。

A-1-3　Python開発

Python開発に便利な拡張機能も数多く提供されています。Marketplaceの検索バーに「python」と入力して検索してください。検索でタグを利用するときは「tag：python」となります。

Python Extension Pack (Microsoft)

https://marketplace.visualstudio.com/items?itemName=donjayamanne.python-extension-pack

Pythonの開発に便利な機能を提供するエクステンションパックです。次の拡張機能が含まれています。

Part1

01

02

03

Part2

04

05

Part3

06

07

08

09

10

11

12

13

Part4

14

Append

- Python 拡張機能
  https://marketplace.visualstudio.com/items?itemName=ms-python.python
- MagicPython 拡張機能
  https://marketplace.visualstudio.com/items?itemName=magicstack.
  MagicPython
- Jinja 拡張機能
  https://marketplace.visualstudio.com/items?itemName=magicstack.
  MagicPython
- Django 拡張機能
  https://marketplace.visualstudio.com/items?itemName=batisteo.
  vscode-django
- Visual Studio IntelliCode 拡張機能
  https://marketplace.visualstudio.com/items?itemName=VisualStudio
  ExptTeam.vscodeintellicode

Anaconda Extension Pack (Microsoft)

https://marketplace.visualstudio.com/items?itemName=ms-python.
anaconda-extension-pack

　Anacondaユーザーに便利な機能を提供するエクステンションパックです。
次の拡張機能が含まれています。

- Python 拡張 (Microsoft)
  https://marketplace.visualstudio.com/items?itemName=ms-python.
  python
- YAML 拡張 (Red Hat)
  https://marketplace.visualstudio.com/items?itemName=redhat.
  vscode-yaml

Python Docs 拡張機能 (Mukundan)

https://marketplace.visualstudio.com/items?itemName=Mukundan.
python-docs

VS Codeから、Python公式サイトのドキュメントを開くことができる拡張機能です。

flask-snippets拡張機能 (cstrap)

https://marketplace.visualstudio.com/items?itemName=cstrap.flask-snippets

Pythonの軽量WebアプリケーションフレームワークであるFlaskのスニペットを提供する拡張機能です。

A-1-4　フロントエンド開発

HTMLやCSSなどのWebのフロントエンド開発の際に便利な拡張機能です。

Easy Sass (Wojciech Sura)

https://marketplace.visualstudio.com/items?itemName=spook.easysass

CSSプリプロセッサの「Sass（Syntactically Awesome Stylesheets）」のファイル（.sass／.scss）を保存する際に、.cssおよび.min.cssに自動的にコンパイルする拡張機能です。

Auto Rename Tag (Jun Han)

https://marketplace.visualstudio.com/items?itemName=formulahendry.auto-rename-tag

HTML／XMLの開始あるいは終了タグの名前を変更すると、対となるタグの名前を自動的に変更する拡張機能です。

Prettier - Code formatter (Esben Petersen)

https://marketplace.visualstudio.com/items?itemName=esbenp.prettier-vscode

Part1
01
02
03
Part2
04
05
Part3
06
07
08
09
10
11
12
13
Part4
14
Append

395

　Node.js上で動作するコードフォーマッターであるPrettierを使用して JavaScript/TypeScript/CSSをフォーマットする拡張機能です。`prettier-eslint`と`prettier-tslint`が含まれています。

A-1-5　Markdown作成支援

　ドキュメント作成する際に便利な拡張機能です。プレビュー機能や画像の挿入、各種フォーマットへのエクスポート機能など、さまざまなものがあります。

Markdown All in One (Yu Zhang)

https://marketplace.visualstudio.com/items?itemName=yzhang. markdown-all-in-one

　Markdownを扱うときの便利な拡張機能です。ショートカットキーで Markdownのタグを入力できたり、画像の挿入時に画像パスの入力を補完したり、プレビュー表示などができます。

markdownlint (David Anson)

https://marketplace.visualstudio.com/items?itemName=DavidAnson. vscode-markdownlint

　Markdownの構文チェックを行う拡張機能です。チェック内容は設定ファイルで変更可能であるため、用途に合わせてルールを設定できます。

Markdown Preview GitHub Styling (Matt Bierner)

https://marketplace.visualstudio.com/items?itemName=bierner. markdown-preview-github-styles

　Markdownプレビューの表示をGitHubスタイルにする拡張機能です。

Markdown+Math (goessner)

https://marketplace.visualstudio.com/items?itemName=goessner.mdmath

　TeXの数式の組版とレンダリングを行うMarkdownエディターとして、VS Codeを利用できるようにする拡張機能です。内部的にKaTeXを使って、高速で数式を表示します。

Markdown PDF (yzane)

https://marketplace.visualstudio.com/items?itemName=yzane.markdown-pdf

　MarkdownファイルをPDF／HTML／PNG／JPEGファイルに変換する拡張機能です。日本語にも対応しており、Markdownドキュメントから配布資料として利用可能なPDFファイルの作成ができます。

Paste Image (mushan)

https://marketplace.visualstudio.com/items?itemName=mushan.vscode-paste-image

　クリップボード上の画像をMarkdownファイルに直接貼り付けられる拡張機能です。画像は、デフォルトでMarkdownファイルと同一ディレクトリに保存されます。保存先は設定ファイルで変更できます。

Markdown Imsize Support (Alexander Moosbrugger)

https://marketplace.visualstudio.com/items?itemName=amoosbr.markdown-imsize

　Markdownファイルの画像サイズを指定する拡張機能です。たとえば、次のような記法で画像サイズを指定できます。

```
![sample](https://github.com/amoosbr/vscode-markdown-imsize/raw/master/sample-image.png =200x100)
```

vscode-textlint (taichi)

https://marketplace.visualstudio.com/items?itemName=taichi.vscode-textlint

　JavaScriptで記述されたオープンソースのテキストリンティングユーティリティであるtextlintを使って文章をチェックする拡張機能です。

Code Spell Checker (Street Side Software)
https://marketplace.visualstudio.com/items?itemName=streetsidesoftware.code-spell-checker

　プログラミングに便利なシンプルなソースコードスペルチェッカーを利用するための拡張機能です。

Spell Right (Bartosz Antosik)
https://marketplace.visualstudio.com/items?itemName=ban.spellright

　プレーンテキストのほか、Markdownや LaTeX などにも対応したスペルチェッカーの拡張機能です。多言語に対応しており、スペルのサジェスチョンなども行えます。

A-1-6　テスト支援

　テストを支援するための拡張機能です。テストデータの自動生成や表計算データの読み込みなどができます。

vscode-random (Jorge Rebocho)
https://marketplace.visualstudio.com/items?itemName=jrebocho.vscode-random

　テストなどで使用するランダムデータを生成するための拡張機能です。次のようなデータを作成できます。

・整数
・GUID
・文字列

・コンマ区切りの値セットからランダムな文字列
・名前（姓と名）
・番地
・都市名
・国コード
・国名
・電話番号
・メールアドレス
・IPv4 ／ IPv6アドレス
・URL
・16進数の色
・RGBカラー

Excel Viewer (GrapeCity)

https://marketplace.visualstudio.com/items?itemName=GrapeCity.gc-excelviewer

　VS Codeワークスペース内で、CSVファイルとExcelスプレッドシートの読み取り専用ビューアーを提供する拡張機能です。業務データなどが、そのまま参照できます。VS Code 1.23.0以降で動作します。

A-1-7　文書作成支援

　開発者のドキュメント作成を容易にする拡張機能です。LaTeXによる組版やコードのイメージ出力など、わかりやすく、きれいなドキュメント作成をサポートします。

Table Formatter (Shuzo Iwasaki)

https://marketplace.visualstudio.com/items?itemName=shuworks.vscode-table-formatter

　Markdownのテーブル構文をきれいにフォーマットするための拡張機能です。

Part1
01
02
03
Part2
04
05
Part3
06
07
08
09
10
11
12
13
Part4
14
pendix

選択した表のみをフォーマットすることも、ドキュメント全体をまとめてフォーマットすることもできます。

PrintCode (nobuhito)

https://marketplace.visualstudio.com/items?itemName=nobuhito.printcode

　コードをPDFファイルに変換して、きれいに印刷するための拡張機能です。フォントサイズや用紙なども設定できます。

Polacode (P & P)

https://marketplace.visualstudio.com/items?itemName=pnp.polacode

　コードの画像を作成するための拡張機能です。発表用スライドなどで、きれいに表示させたいときに便利です。

Marp for VS Code (Marp team)

https://marketplace.visualstudio.com/items?itemName=marp-team.marp-vscode

　Markdownで発表用のスライドを作成する拡張機能です。シンプルな記法でスライドを作成でき、VS Code内でプレビューすることも可能です。スライドをPDF ／ HTML ／パワーポイント形式／画像ファイルにエクスポートできます。

Japanese Word Handler (Suguru Yamamoto)

https://marketplace.visualstudio.com/items?itemName=sgryjp.japanese-word-handler

　日本語の文章のカーソル移動や範囲選択に便利な拡張機能です。単語単位で移動できます

LaTeX Workshop (James Yu)

https://marketplace.visualstudio.com/items?itemName=James-Yu.latex-workshop

　LaTeX組版のコア機能を提供する拡張機能です。コンパイルやPDFファイルによるプレビュー、リンティングやギリシャ文字のスニペットなど、豊富な機能を備えています。

A-1-8 ユーティリティ

　Todo管理やクリップボードの履歴管理、文字数のカウントなど、ちょっとした「かゆいところ」に手が届くユーティリティです。

Clipboard Ring (SrTobi)

https://marketplace.visualstudio.com/items?itemName=SirTobi.code-clip-ring

　コピーやカットしたテキストをクリップボードに複数記憶する拡張機能です。デフォルトでは10件の情報を記憶できますが、設定を変更することで件数を増やすこともできます。

Settings Sync (Shan Khan)

https://marketplace.visualstudio.com/items?itemName=Shan.code-settings-sync

　VS Codeの設定を同期させる拡張機能です。GitHubのGistにVS Codeの設定ファイルをアップロードし、複数の環境間で同期させることが可能です。

　・extensions.json（拡張機能）
　・keybindings.json（キーカスタマイズ設定）
　・settings.json（環境設定）

Part1
01
02
03
Part2
04
05
Part3
06
07
08
09
10
11
12
13
Part4
14
Appen

Part1
01
02
03
Part2
04
05
Part3
06
07
08
09
10
11
12
13
Part4
14
pendix

Todo+ (Fabio Spampinato)

https://marketplace.visualstudio.com/items?itemName=fabio
spampinato.vscode-todo-plus

　高機能なTodoを管理する拡張機能です。タイマーや作業時間なども記録できます。Todoの進捗状況をステータスバーに表示できるほか、ドキュメント中の「//TODO」または「//FIXME」を見つけて一覧表示することもできます。

VSNote (Patrick Lee)

https://marketplace.visualstudio.com/items?itemName=patricklee.
vsnotes

　プレーンテキストのメモの作成と管理を行う拡張機能です。ノートにタグを付けて管理することが可能です。

WakaTime (WakaTime)

https://marketplace.visualstudio.com/items?itemName=WakaTime.
vscode-wakatime

　VS Codeでプログラミングを行うときに自動的に生成されるメトリックを追跡するための拡張機能です。1日の作業時間を表示したり、プロジェクト内のファイルごとの作業時間を確認したりできます。離席時間が一定になると、自動的に計測を停止します。利用には「WakaTime」（https://wakatime.com/）への登録が必要です。

Character Count (Adam Stevenson)

https://marketplace.visualstudio.com/items?itemName=stevensona.
character-count

　Markdownファイルを開くと、ステータスバーにファイル内の文字数を表示する拡張機能です。ドキュメント作成の目安になります。

A-1-9　アイコン・テーマ

　VS Codeを自分好みの見た目にできると、きっと生産性も高くなるでしょう。お気に入りのアイコンやテーマをじっくり探してください。

vscode-icons (VSCode Icons Team)

https://marketplace.visualstudio.com/items?itemName=vscode-icons-team.vscode-icons

　VS Codeのアイコンを変更する拡張機能です。

Material Icon Theme (Philipp Kief)

https://marketplace.visualstudio.com/items?itemName=PKief.material-icon-theme

　フォルダー・ファイルにマテリアルデザインのアイコンを表示する拡張機能です。きれいで、すっきりしたデザインが特徴です。

Part1
01
02
03
Part2
04
05
Part3
06
07
08
09
10
11
12
13
Part4
14
pendix

A-2 Windows Subsystem for Linux

「Windows Subsystem for Linux」は、Windows上でLinux環境を実行できる仕組みです。これにより、コマンドラインツールや各プログラミング言語で実装されたLinuxアプリケーションをWindowsで実行できます。

ここでは、次のような内容を紹介します。

・WSL 1のインストール
・WSL 2のインストール※1
・VS Codeとの統合

A-2-1 WSL 1のインストール

Windows Subsystem for Linuxオプション機能を有効にする

① PowerShellを右クリックで管理者として開き、次のコマンドを実行する

```
PS C:¥WINDOWS¥system32> Enable-WindowsOptionalFeature -Online -FeatureName Microsoft-Windows-Subsystem-Linux
```

② メッセージが表示されたら、コンピューターを再起動する

この操作は、コントロールパネルで行うこともできます。

① ［コントロールパネル］→ ［プログラムと機能］→ ［Windows の機能の有効化または無効化］を開く
② ［Windows Subsystem for Linux］のチェックボックスをONにする
③ メッセージが表示されたら、コンピューターを再起動する

※1 WSLはアーキテクチャを改めたバージョンの開発が進んでいます。後述のコラム「WSL 2 正式版の一般提供について」も参照してください。

Linux ディストリビューションをインストールする

ここでは、「Microsoft Store」からダウンロードしてインストール方法を紹介します。

コマンドラインかスクリプトからダウンロードしてインストールする方法もあるので、詳しくは「Windows Subsystem for Linux ディストリビューションパッケージを手動でダウンロードする」[※2]を参照してください。

①Windows スタートメニューから、「Microsoft Store」などで検索して、Microsoft Store を開く

②検索ボックスで「Linux」と検索すると「Windows で Linux を実行する」といったメニューが表示されるのでクリックする

③好みのディストリビューションを選択する。ここでは、「Ubuntu」を選択
④［インストールボタン］を押す

※ 2 https://docs.microsoft.com/ja-jp/windows/wsl/install-manual

実行する

インストールが完了するとスタートメニューにUbuntuが表示されます。実行してみましょう。

インストール直後の初回起動では、次のように初期化が行われます。

▲ **図A-2-1** Ubuntuの初回起動

また、続いて、マシンの管理者となるUNIXユーザー名とパスワードの設定を行います。任意のユーザー名を設定します。

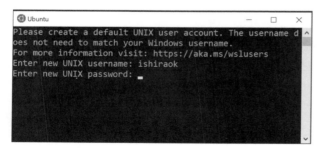

▲ **図A-2-2** UNIXユーザー名とパスワードの設定

次のメッセージが表示されたらインストール完了です。

```
passwd: password updated successfully
Installation successful!
```

UNIXのシェルが利用できるので、lsコマンド、cdコマンド、viコマンドといったUNIXのツールが動作します。

なお、WindowsのファイルシステムをLinux上のアプリケーションから操作することも可能です。たとえば、WindowsのCドライブは、/mnt/c/にマウントされています。

また、Linux上からWindowsアプリケーションを起動することも可能です。

```
$ code .
```

統合ターミナルでWSLを利用する

インストールしたWSLは、VS Codeのターミナルのデフォルトシェルとして利用できます。

コマンドパレットから、「terminal default」などを入力して、[Terminal: Select default shell] メニューを呼び出します。

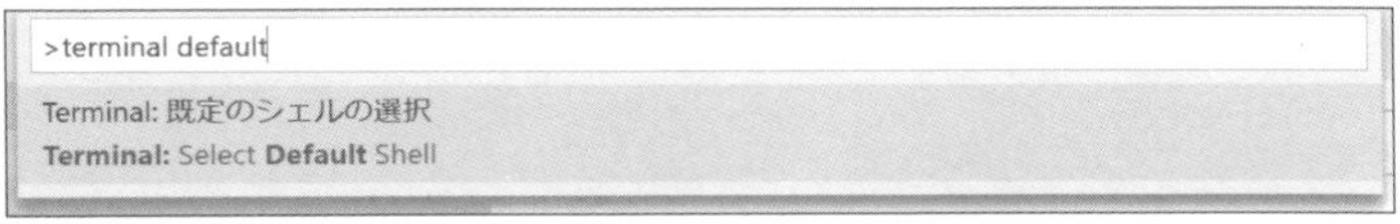

```
>terminal default
Terminal: 既定のシェルの選択
Terminal: Select Default Shell
```

▲ **図A-2-3** 統合ターミナルのデフォルトシェルの選択

ここで、「WSL Bash」を選択します。

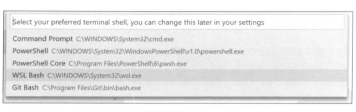

▲ **図A-2-4** 「WSL Bash」を選択

これで、ターミナルを表示したときに、ワークスペースの現在のディレクトリでWSLが起動します。

▲ **図A-2-5** 統合ターミナルでWSLが起動

特に、エディターウィンドウでシェルコマンドを入力し、コマンドパレットから「terminal run」などを入力して、[Terminal: Run Selected Text in Active Terminal] メニューを実行すると、カーソル行または選択テキストをターミナルウィンドウで実行できます。シェルコマンドを記述した手順書などを次々に実行するといったときに、コピー&ペーストを繰り返す必要がなく、非常に便利です。

▲ **図A-2-6** エディターのテキストをターミナルで実行

A-2-2　WSL 2のインストール

WSL 2とは

「Windows Subsystem for Linux 2」（WSL 2）は、Linuxバイナリを実行可能にするため、WSL 1からアーキテクチャを大きく改めた新しいバージョンです。

WSL 1ではLinuxとWindows間でファイルアクセスなどのシステムコールをすべて「翻訳」しながら動いていましたが、WSL 2は軽量な仮想マシン内でLinuxカーネルをそのまま実行しています。そのため、WSL 1に対して、次のような特徴があります。

・ファイルシステムのIOパフォーマンスの向上
・システムコールの完全な互換性の追加

2020年3月時点では、WSL 2 を使用するためには、次のような条件があります。

・WSL 1 がインストールされていること
・Windows 10のOS ビルドが「18917以降」であること
　※必要に応じて、Windows インサイダープログラムに参加する必要がある

Windowsのバージョンを確認するには、コマンドプロンプトを開き、ver コマンドを実行します。

```
C:\Users\Issei>ver

Microsoft Windows [Version 10.0.18947.1000]
```

なお、WSL 1では必須条件だった「Windows 10 Pro」という制限がなくなり、「Home」でも導入できるようになりました。

Column WSL 2正式版の一般提供について

Microsoftは、米国時間2020年3月13日の発表において、WSL 2をWindows 10 バージョン2004（2020年上半期を意味するバージョン番号）の一部として正式に利用可能になることを示しました。本書の刊行時には、正式版が使えるはずなので、ぜひ試してみてください。
・WSL2 will be generally available in Windows 10, version 2004
https://devblogs.microsoft.com/commandline/wsl2-will-be-generally-available-in-windows-10-version-2004/

仮想マシンプラットフォームのオプションコンポーネントを有効にする

①PowerShellを右クリックで管理者として開き、次のコマンドを実行する

```
PS C:\WINDOWS\system32> nable-WindowsOptionalFeature -Online -FeatureName
VirtualMachinePlatform
```

②メッセージが表示されたら、コンピューターを再起動する

ディストリビューションのバージョンを設定する

続けて、次のようにLinuxディストリビューションのバージョンを設定します。

```
現在のバージョンを確認する
PS C:\WINDOWS\system32> wsl -l
Windows Subsystem for Linux ディストリビューション:
Ubuntu (既定)

Ubuntu ディストリビューションのバージョンを設定する
PS C:\WINDOWS\system32> wsl --set-version Ubuntu 2
変換中です。この処理には数分かかることがあります...
WSL 2 との主な違いについては、https://aka.ms/wsl2 を参照してください

デフォルトのバージョンを設定する
PS C:\WINDOWS\system32> wsl --set-default-version 2

設定されているバージョンを確認する
PS C:\WINDOWS\system32> wsl -l -v
  NAME        STATE           VERSION
* Ubuntu      Running         2
```

　これ以降、スタートメニューで**Ubuntu**を起動したり、PowerShellでwslコマンドを実行した際に、WSL 2が起動します。WSL 1に比べて、起動が非常に高速化されていることも確認してみてください。

　前述のデフォルトターミナルを「WSL Bash」に設定している場合、VS Codeの統合ターミナルからもWSL 2が起動します。

A-2-3   Docker Desktop for WSL 2

「**Docker**」は、コンテナー化されたアプリケーションを開発、実行、共有するための総合開発プラットフォームです。「**Docker Desktop**」は、Windows環境でDockerを利用するための最適な方法です。

WindowsマシンにDocker Desktop for WSL 2をインストールすると、次のようにWSL 2でdockerコマンドが利用できるようになります。

1. VS Codeの統合ターミナルで、WSL 2を起動する
2. 起動したWSL 2から、Windows上で実行されているDockerプロセスと連携する

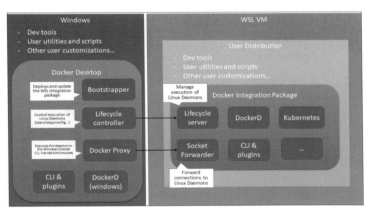

▲ **図A-2-7**   Docker Desktop for WSL 2の概念図

出典:https://blog.docker.com/2019/07/5-things-docker-desktop-wsl2-tech-preview/

インストール

執筆時点では、Docker DesktopでWSL 2の環境を利用するためには、Stable版ではなく、Edge版[3]を利用する必要があります。執筆時点では、「Docker Desktop Edge 2.2.2.0 (43066)」を使用しました。

※3   Docker Desktop WSL 2 Tech Preview
　　　https://docs.docker.com/docker-for-windows/wsl-tech-preview/

まずは「Docker Desktop for Windows」のダウンロードページ[※4]にアクセスします。

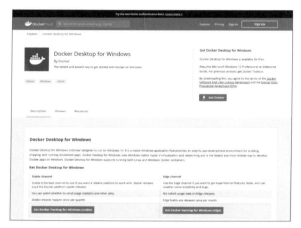

▲ 図A-2-8　インストーラーのダウンロードページ

ここでは、右側の［Get Docker Desktop for Windows (Edge)］を押して、Edge版をダウンロードします。

ダウンロードしたインストーラーを実行すると、次のような設定が可能です。一番下のチェックボックスにチェックをして［OK］ボタンを押します。

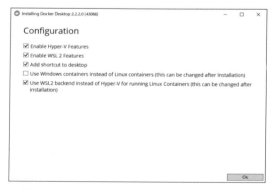

▲ 図A-2-9　インストーラーの実行

※ 4　https://hub.docker.com/editions/community/docker-ce-desktop-windows/

　次のように、「Installation succeeded」というメッセージが表示されたら完了です。［Close］ボタンを押して閉じて構いません。

▲ 図A-2-10　インストールの完了

　スタートメニューなどから「Docker Desktop」を起動します。タスクトレイにDockerアイコンが常駐するので、右クリックしてメニューを表示させて［Setteings］を選択します。

▲ 図A-2-11　「Setting」を選択

インストール時に一番下のチェックボックスをオンにしていれば、「Enable the experimental WSL 2 based engine」が有効になっているはずです。そうでない場合は、ここでチェックボックスをオンにして、［Apply & Restart］ボタンを押します。

▲ 図A-2-12　「Setting」の確認

WSL 2のインストール手順で説明したように、WSL 2モードでLinuxディストリビューションが実行されていることを確認します。

● コマンドA-2-1　Linuxディストリビューションの確認

```
PS C:\WINDOWS\system32> wsl -l -v
  NAME        STATE         VERSION
* Ubuntu      Running       2
```

最後に、WSL Integrationの設定を行います。Docker Desktopの［Settings］→［Resources］→［WSL Integration］からDockerにアクセスするLinuxディストリビューションを選択します。ここまでの手順どおりであれば、Ubuntuの選択肢が表示されているので、スライダーを動かして有効にして、［Apply & Restart］ボタンを押します。

Part1
01
02
03
Part2
04
05
Part3
06
07
08
09
10
11
12
13
Part4
14
pendix

▲ 図A-2-13　ディストリビューションの設定

Dockerを実行する

　では、統合ターミナルで開いたWSL 2で「`sudo docker run hello-world`」コマンドを実行してみましょう。

```
$ sudo docker run hello-world

[sudo] password for issei:
Unable to find image 'hello-world:latest' locally
latest: Pulling from library/hello-world
1b930d010525: Pull complete
Digest: sha256:451ce787d12369c5df2a32c85e5a03d52cbcef6eb3586dd03075f3034f1
0adcd
Status: Downloaded newer image for hello-world:latest

Hello from Docker!
This message shows that your installation appears to be working correctly.

...
```

　WSL 2上でdockerコマンドを動かすことができました。これにより、開発者が必要とする環境が、VS Codeの1つで完結することになります。

あとがき

　まずは、この書籍を手に取っていただいた読者の皆さまに感謝申し上げます。本書を通して、VS Codeの魅力を少しでも共感していただけましたら、著者一同、何よりも喜ばしく思います。皆さまにとって、新しい発見やよりよい時間を過ごすためのきっかけになることを心より願っております。

　実は、2020年初頭、ちょうどCOVID-19による世界的危機に見舞われている中、本書の最終校正を進めています（例に漏れず、ほぼすべての作業をリモートワークで行いました）。不安定な情勢と閉塞感の中、我々自身ができる1つの成果物として本書が世に生まれていくことは、何か特別な思いを感じずにはいられません。ご縁があって本書が手元に届いた皆さま、そして、その周りの大切な方々のご健康を心からお祈りしております。

　また、編集を務めていただきましたマイナビ出版の西田雅典さんには、あらためて感謝申し上げます。このような機会を作ってくださり、著者3名それぞれと企画や編集を進めるという作業は、非常に困難で多忙を極めるものだったと思います。ありがとうございます。

　冒頭に紹介したように、VS Codeは2015年に登場し、2020年現在もなお、コミュニティに支えられながら、まだまだ進化を続けています。開発ツールの中でもっとも強力なコミュニティと言っても過言ではないでしょう。

　本書を読み終えたあなたも、コントリビューターとして、またはいちユーザーとしてだけでも、そのコミュニティに参加できます。今後どのように魅力的なプロダクトに成長していくのか、一緒に楽しみましょう。その喜びや楽しみが、さらにVS Codeを成長させる原動力になるはずです。

　1人でも多くの皆さまに、より楽しいコーディングライフが訪れますように！
Happy Coding!

2020年4月　著者を代表して

平岡 一成

著者プロフィール

川崎 庸市 (かわさき よういち)

担当 Part 3、全体の監修

株式会社ZOZOテクノロジーズ開発部所属のエンジニア。過去には、国内モバイルベンチャーや大手インターネットサービス企業にて大規模サービスの基盤プラットフォーム開発、外資系ソフトウェアベンダーにて自社エンタープライズ検索製品やクラウドサービスの技術コンサルティングやアーキテクチャ策定支援に従事。キャリアの半分以上でソフトウェア開発業務に携わり、現在はインフラ運用の自動化・効率化が目下の関心事。エディター選びも人一倍のこだわりを持つ。業務外ではNoOps Japan コミュニティーの運営に従事。趣味はサウナ。

GitHub ／ Twitter ／ LinkedIn：@yokawasa

平岡 一成 (ひらおか いっせい)

担当 Part 2、Appendix-2

Webアプリケーションエンジニアとして、キャリアの長くはECサービスのシステム開発と運用を担当。国内有数規模のバックエンドAPIプラットフォームを経験。チームをリードする役割だったことも多く、メンバーが気持ちよくソフトウェア開発をできる環境作りには人並み以上にこだわりを見せる。まだまだソフトウェア開発は楽しくなる！という思いで、現在は、日本マイクロソフト株式会社でAzure導入の技術支援を行うクラウドソリューションアーキテクトに従事。二児の父で、趣味はキャンプで不便を楽しむこと。

GitHub ／ Twitter ／ LinkedIn：@hoisjp

阿佐 志保 (あさ しほ)

担当 Part 1、Part 4、Appendix-1

金融系シンクタンクなどで、銀行／証券向けインフラエンジニア、製造業向けインフラエンジニアとして従事。都市銀行情報系基盤システム構築や証券会社向けバックオフィスシステムの統合認証基盤構築プロジェクトなどを経験。出産で離職後、Linuxやクラウドなどを独学で勉強し、初学者向けの技術書を執筆。現在は、日本マイクロソフト株式会社でパートナー向け営業活動や技術支援などに従事。主な著書に『Windows 8開発ポケットリファレンス』（技術評論社）、『しくみがわかるKubernetes』（翔泳社）などがある。趣味は手芸。

Index

STAFF

● DTP： 本蘭 直美（有限会社ゲイザー）
● 装丁： 新美 稔（有限会社バランスオブプロポーション）
● 編集担当： 西田 雅典（株式会社マイナビ出版）

プログラマーのための
Visual Studio Code の教科書

2020年 5月 1日　初版第1刷発行
2021年11月22日　　　第4刷発行

著者　　　川崎 庸市、平岡 一成、阿佐 志保
　　　　　かわさき よういち　ひらおか いっせい　あさ しほ
発行者　　滝口 直樹
発行所　　株式会社マイナビ出版
　　　　　〒101-0003　東京都千代田区一ツ橋2-6-3 一ツ橋ビル 2F
　　　　　　　　TEL：0480-38-6872（注文専用ダイヤル）
　　　　　　　　TEL：03-3556-2731（販売）
　　　　　　　　TEL：03-3556-2736（編集）
　　　　　　　　E-Mail：pc-books@mynavi.jp
　　　　　　　　URL：https://book.mynavi.jp
印刷・製本　　株式会社ルナテック

Ⓒ2020 川崎 庸市, 平岡 一成, 阿佐 志保, Printed in Japan.
ISBN978-4-8399-7092-5
● 定価はカバーに記載してあります。
● 乱丁・落丁についてのお問い合わせは、TEL：0480-38-6872（注文専用ダイヤル）、電子メール：
　sas@mynavi.jp までお願いいたします。
● 本書は著作権法上の保護を受けています。本書の一部あるいは全部について、著者、発行者の許
　諾を得ずに、無断で複写、複製することは禁じられています。